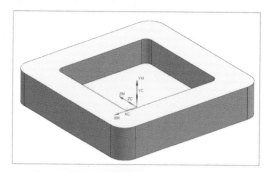

└ 插铣待加工部件

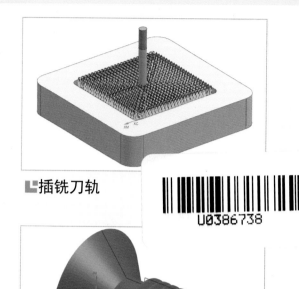

└ 插铣刀轨

U0386738

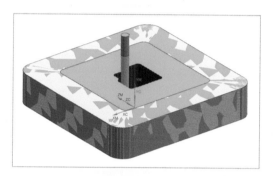

└ 插铣模拟加工

└ 车螺纹待加工部件

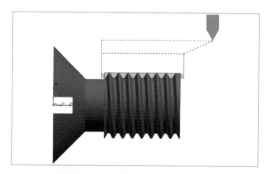

└ 车削待加工部件

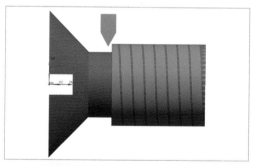

└ 车螺纹模拟加工

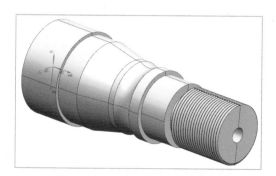

└ 插铣待加工部件

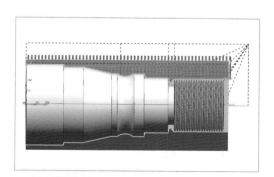

└ 车削刀轨

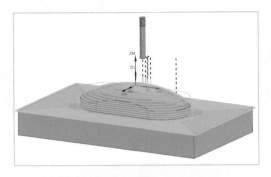

⌐ 深度轮廓铣刀轨

⌐ 深度轮廓铣模拟加工

⌐ 外径粗车待加工部件

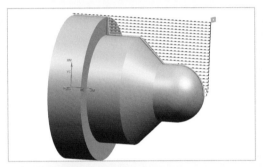

⌐ 外径粗车刀轨

⌐ 外径粗车模拟加工

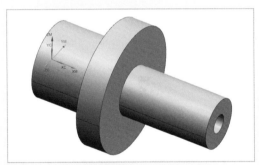

⌐ 中心线钻孔待加工部件

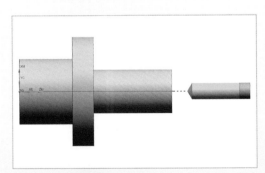

⌐ 中心线钻孔刀轨

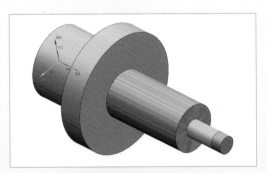

⌐ 中心线钻孔模拟加工

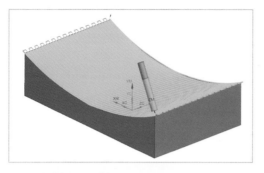

┗ 多轴铣刀轨

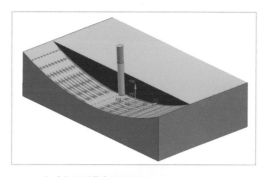

┗ 多轴铣模拟加工

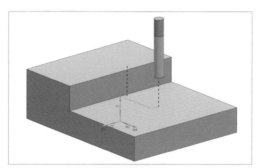

┗ 平面铣刀轨

┗ 平面铣模拟加工

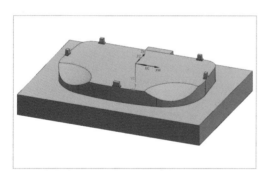

┗ 某电器产品外壳凸模

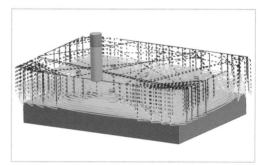

┗ 某电器产品外壳凸模刀轨

┗ 某电器产品外壳凸模模拟加工

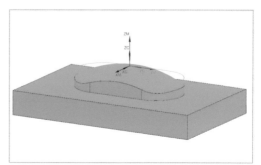

┗ 深度轮廓铣待加工部件

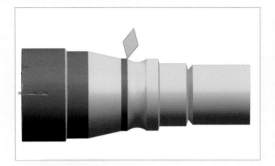

⌐ 车削模拟加工

⌐ 齿轮

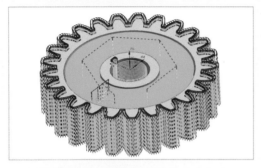

⌐ 齿轮加工刀轨

⌐ 齿轮模拟加工

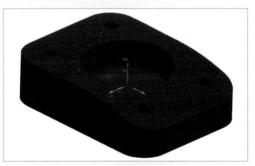

⌐ 底座

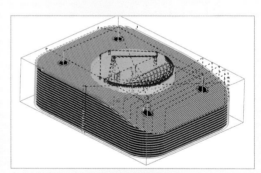

⌐ 底座加工刀轨

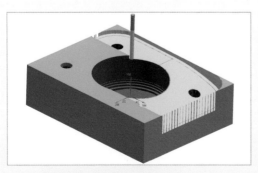

⌐ 底座模拟加工

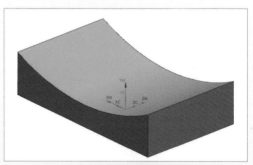

⌐ 多轴铣待加工部件

清华社"视频大讲堂"大系

CAD/CAM/CAE技术视频大讲堂

UG NX 12.0中文版数控加工
从入门到精通

CAD/CAM/CAE 技术联盟　编著

清华大学出版社

北　京

内 容 简 介

　　《UG NX 12.0 中文版数控加工从入门到精通》全面讲解了应用 UG NX 12.0 进行数控加工的方法与技巧。全书按知识结构顺序分为 4 篇 14 章：第 1 篇为基础知识篇（第 1～2 章），包括数控加工基础、UG CAM 入门等知识；第 2 篇为铣削加工篇（第 3～7 章），包括铣削公用参数、平面铣、型腔铣、深度轮廓铣和插铣、多轴铣等知识；第 3 篇为车削加工篇（第 8～10 章），包括车削加工基础、外径车、车螺纹和中心线钻孔等知识；第 4 篇为综合实例篇（第 11～14 章），包括铣削加工某电器产品外壳凸模、铣削加工齿轮、铣削加工底座和车削加工综合实例等知识。另外，本书随书资源中还配备了极为丰富的学习资源，具体内容如下。

　　1. 12 集高清同步微课视频，可像看电影一样轻松学习，然后对照书中实例进行练习。

　　2. 7 个经典中小型案例，用案例学习上手更快，更专业。

　　3. 4 种不同类型的综合实例练习，学以致用，动手会做才是硬道理。

　　4. 附赠 5 种类型数控加工的源文件和动画演示，可以拓宽视野，增强实战能力。

　　5. 全书实例的源文件和素材，方便按照书中实例操作时直接调用。

　　全书实例丰富，讲解透彻，适合各高校机械和工业设计相关专业学生作为数控加工课程的辅导教材和教学参考书，也可以作为从事数控加工相关工作人员的自学指导书。

图书在版编目（CIP）数据

UG NX 12.0 中文版数控加工从入门到精通 / CAD/CAM/CAE 技术联盟编著.—北京：清华大学出版社，2020.7
　（2025.4重印）
　（清华社"视频大讲堂"大系 CAD/CAM/CAE 技术视频大讲堂）
　ISBN 978-7-302-55956-6

I . ①U⋯　II . ①C⋯　III . ①数控机床－加工－计算机辅助设计－应用软件　IV . ①TG659-39

　中国版本图书馆 CIP 数据核字（2020）第 120449 号

责任编辑：杨静华　贾小红
封面设计：李志伟
版式设计：文森时代
责任校对：马军令
责任印制：刘　菲

出版发行：清华大学出版社
　　　　　网　　　址：https://www.tup.com.cn, https://www.wqxuetang.com
　　　　　地　　　址：北京清华大学学研大厦 A 座　　　　　邮　　编：100084
　　　　　社 总 机：010-83470000　　　　　　　　　　　邮　　购：010-62786544
　　　　　投稿与读者服务：010-62776969, c-service@tup.tsinghua.edu.cn
　　　　　质量反馈：010-62772015, zhiliang@tup.tsinghua.edu.cn
印 装 者：三河市人民印务有限公司
经　　销：全国新华书店
开　　本：203mm×260mm　　印　　张：22.75　　插　页：2　　字　数：683 千字
版　　次：2020 年 9 月第 1 版　　　　　　　　　　　　印　　次：2025 年 4 月第 6 次印刷
定　　价：79.80 元

产品编号：074279-01

UG 是美国 EDS 公司出品的一套集 CAD/CAM/CAE 于一体的软件系统。它的功能覆盖了从概念设计到产品生产的整个过程，并且广泛地运用在航天、汽车、模具加工和医疗器械等工程设计领域。它提供了强大的实体建模技术、高效能的曲面建构能力，进而能够完成最复杂的造型设计。除此之外，装配功能、2D 出图功能、模具加工功能及与 PDM 之间的紧密结合，使得 UG 在工业界成为一套无可匹敌的高级 CAD/CAM 系统。

UG 自从 1990 年进入我国以来，以其强大的功能和工程背景，已经在我国的航天、汽车、模具和家电等领域被得到广泛的应用。尤其 UG 软件 PC 版本的推出，为 UG 在我国的普及起到了良好的推动作用。

一、本书的编写目的和特色

本书写作的一个基本出发点是要将 UG 与其所应用的专业知识有机地结合起来，将 UG 融入模具设计专业知识中去，在讲解 UG 功能的同时，告诉读者怎样在机械制造专业领域应用 UG 完成模具设计任务。具体而言，本书具有如下四点相对明显的特色。

☑ **作者权威**

本书的编者都是高校多年从事数控加工教学研究的一线人员，他们具有丰富的教学实践经验与教材编写经验，有一些执笔作者是国内 UG 图书出版界知名的作者，前期出版的一些相关书籍经过市场检验，很受读者欢迎。多年的教学工作使他们能够准确地把握学生的心理与实际需求，本书是作者总结多年的数控加工经验以及教学的心得体会，历时多年精心准备，力求全面细致地展现 UG 在工业制造应用领域的各种功能和使用方法。

☑ **内容全面**

本书内容全面，涵盖 UG 在数控加工工程中被应用的各个主要方面。具体实例几乎覆盖到数控加工中所有加工类型，如铣削加工、插铣加工、多轴铣等。通过学习本书，读者可以全景式地掌握数控加工的各种基本方法和技巧。

☑ **实例丰富**

本书的实例不管是数量还是种类，都非常丰富。从数量上说，本书结合大量的数控加工实例详细讲解 UG 知识要点，全书包含实例案例 11 个，让读者在学习案例的过程中潜移默化地掌握 UG 软件操作技巧。从种类上说，基于本书面向专业面宽泛的特点，我们在组织实例的过程中，注意实例的行业分布广泛性，以普通工业造型和机械零件造型为主。

☑ **提升技能**

本书从全面提升 UG 数控加工能力的角度出发，结合大量的案例来讲解如何利用 UG 进行数控加工，让读者懂得数控加工基本流程，并能够独立地完成各种工业产品的数控加工。

本书中有很多实例本身就是工程项目案例，经过作者精心提炼和改编，不仅保证了读者能够学好知识点，更重要的是能帮助读者掌握实际的操作技能，同时培养工程实践能力。

Note

二、本书的配套资源

本书提供了极为丰富的学习配套资源，可扫描封底的"文泉云盘"二维码获取下载方式，以便读者朋友在最短的时间内学会并掌握这门技术。

1. 配套教学视频

针对本书实例专门制作了 12 集同步教学视频，读者可以扫描书中的二维码观看视频，像看电影一样轻松愉悦地学习本书内容，然后对照课本加以实践和练习，可以大大提高学习效率。

2. 附赠 5 种类型数控加工的源文件和动画演示

为了帮助读者拓宽视野，本书赠送了 5 种类型数控加工的源文件，及其配套的时长 60 分钟的动画演示，可以增强实战能力。

3. 全书实例的源文件

本书配套资源中包含实例和练习实例的源文件和素材，读者可以安装 UG NX 12.0 软件后，打开并使用它们。

三、关于本书的服务

1. "UG NX 12.0 简体中文版"安装软件的获取

按照本书上的实例进行操作练习，以及使用 UG NX 12.0 进行绘图，需要事先在计算机上安装 UG NX 12.0 软件。"UG NX 12.0 简体中文版"安装软件可以登录官方网站联系购买正版软件，或者使用其试用版。另外，当地电脑城、软件经销商一般有售。

2. 关于本书的技术问题或有关本书信息的发布

读者朋友遇到有关本书的技术问题，可以扫描封底"文泉云盘"二维码查看是否已发布相关勘误/解疑文档。如果没有，可在文档下方找到联系方式，我们将及时回复。

3. 关于手机在线学习

扫描书后刮刮卡（需刮开涂层）二维码，即可获取书中二维码的读取权限，再扫描书中二维码，可在手机中观看对应教学视频。充分利用碎片化时间，随时随地提升。需要强调的是，书中给出的是实例的重点步骤，详细操作过程还需读者通过视频来学习并领会。

四、关于作者

本书由 CAD/CAM/CAE 技术联盟组织编写。CAD/CAM/CAE 技术联盟负责人由 Autodesk 中国认证考试中心首席专家担任，全面负责 Autodesk 中国官方认证考试大纲制定、题库建设、技术咨询等培训工作。其创作的很多教材成为国内具有引导性的旗帜作品，在国内相关专业方向图书创作领域具有举足轻重的地位。

在本书的写作过程中，编辑贾小红女士给予了很大的帮助和支持，在此表示感谢。同时，还要感谢清华大学出版社的所有编审人员为本书的出版所付出的辛勤劳动。本书的出版是大家共同努力的结果，谢谢所有给予支持和帮助的人们。

编　者

2020 年 9 月

目 录

Contents

第1篇 基础知识篇

第2篇 铣削加工篇

Note

第 3 篇　车削加工篇

第4篇 综合实例篇

基础知识篇

本篇将全景式地讲解 UG NX 12.0 数控加工的基础知识。包括数控加工基本理论知识和 UG CAM 入门知识。

通过本篇的学习，读者可以大体了解 UG NX 12.0 数控加工的基本理论和基本功能，达到初步掌握 UG 数控加工基础知识的学习目的，为下一篇正式进入数控加工实战做好必要的知识准备。

第1章

数控加工基础

数控加工是 20 世纪中期随着计算机技术、数字化技术和自动化技术在制造业的应用中发展起来的一种先进的制造加工技术。它综合计算机、自动控制、电器传动、测量、监控和机械制造等多个学科的内容，迅猛良好的发展形势使其在制造业中占据主导地位。

☑ 数控加工技术发展概述　　☑ 数控加工原理与特点

☑ 数控机床的组成与分类　　☑ 数控加工坐标系的设定

☑ 数控加工工艺

任务驱动&项目案例

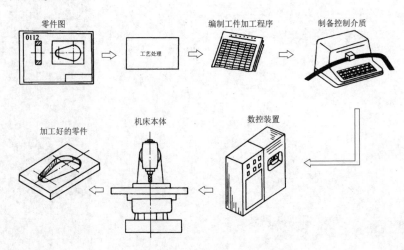

1.1　数控加工技术发展概述

近年来，在微电子技术、计算机技术、信息工程和材料工程等高新技术的推动下，传统的制造技术得到了飞速的发展，迅速发展成为一门新兴的制造技术——数字化制造技术。对比传统制造技术，其重要的特征就是数控加工技术得到了广泛的应用，这一发展的原动力来自制造业对产品制造效率的强烈追求。

1.1.1　数控系统的发展

数控系统是数字控制系统（Numerical Control System）的简称，它能逻辑地处理输入系统中的、具有特定代码的程序，并将其译码，从而驱使机床以运动加工出用户所需的零件。数控系统的发展到现在已经经历了两个阶段。

第一阶段为常规数控（NC）阶段，即逻辑数字控制阶段。数控系统主要是由电路的硬件和连线组成，故又称为硬件数控系统。其特点是具有很多硬件电路和连接结点，电路复杂，可靠性不好。这个阶段数控系统的发展经历了 3 个时代，即电子管时代（1952 年）、晶体管时代（1959 年）和小规模集成电路时代（1965 年）。

第二阶段为计算机数字控制（CNC）阶段。数控系统主要是由计算机硬件和软件组成，其突出特点是利用存储在存储器里的软件控制系统工作，故又称为软件控制系统。这种系统容易扩大功能，柔性好，可靠性高。第二阶段数控系统的发展也经历了 3 个时代。20 世纪 60 年代末，先后出现了由一台计算机直接控制多台机床的直接数控系统（简称 DNC，又称群控系统），以及采用小型计算机控制的计算机数控系统，使数控系统进入了以小型计算机化为特征的第四代。从 1974 年微处理器开始用于数控系统，数控系统发展到第五代，即微型机数控（MNC）系统。经过几年的发展，数控系统从性能到可靠性均得到了很大的提高，自 70 年代末到 80 年代初，数控技术在全世界得到了大规模的发展和应用。从 90 年代开始，PC 机的发展日新月异，PC 数控系统应运而生，数控系统的发展进入第六代。现在市场上流行和企业普遍使用的仍然是第五代数控系统，其典型代表是日本的 FANUC-0 系列和德国的 SINUMERIK810 系列数控系统。

1.1.2　数控编程技术的发展

自 1952 年美国帕森斯（Parsons）公司与麻省理工学院（MIT）合作研究出世界上第一台数控机床以来，数控机床按照数控系统的发展已经经历了五代。与此同时，数控编程技术也有了很大的发展，由手工编程到自动编程，进一步又从语言编程发展到交互式图像编程，当前正向集成化、智能化的纵深方向发展。数控编程技术的发展对提高数控加工的生产率、发挥数控机床的潜力及改善产品加工质量都具有十分重要的作用。因此对数控编程技术的研究和应用受到世界各国的高度关注与重视。

1. 手工编程

手工编程是指由人工编制零件数控加工程序的各个步骤，即从零件图纸分析、工艺分析、确定加工路线和工艺参数、计算数控系统所需输入的数据、编写零件的数控加工程序单到程序的检验均由人工来完成。

对于点位加工或几何形状不太复杂的零件加工，数控编程计算较简单，程序段较少，使用手工编程即可实现。而对轮廓形状不是由简单直线、圆弧组成的复杂零件，特别是具有复杂空间曲面的零件以及几何形状虽不复杂，但程序量很大的零件，由于数值计算相当烦琐，工作量大，容易出错，且难以校对，使用手工编程就比较困难。因此，为了缩短生产周期，提高数控机床的利用率，有效地解决复杂零件的加工问题，仅仅使用手工编程已不能满足生产要求，此时可以采用自动编程的方法。

2．自动编程

自动编程是指利用计算机来帮助人们解决复杂零件的数控加工编程问题，即数控编程的大部分工作由计算机来完成。自动编程代替设计人员完成了枯燥、烦琐的数值计算工作，并省去了编写程序单的工作量，因此可将编程效率提高几十倍，同时也解决了手工编程无法解决的形状复杂零件的加工编程问题。

根据编程方式的不同，自动编程又可分为 APT（Automatically Creogrammed Tool）编程与交互式图像编程两种方式。

☑ APT 编程：自第一台数控机床问世不久，美国麻省理工学院（MIT）即开始研究自动编程的语言系统，即 APT 语言。把用该语言书写的零件加工程序输入计算机中，经计算机 APT 编译系统编译，产生数控加工程序。经过不断的发展，APT 编程能够承担复杂自由曲面加工的编程工作。然而，由于 APT 语言是开发得比较早的计算机数控编程语言，而当时计算机的图像处理能力不强，因此必须在 APT 源程序中用语言的形式去描述本来十分直观的几何图形信息及加工过程，再由计算机处理生成加工程序。这样致使其直观性差，编程过程比较复杂而不易掌握。目前已被交互式图形编程所取代。

☑ 交互式图像编程：交互式图像编程是一种计算机辅助编程技术。它的主要特点是以图形要素为输入方式，而不需要使用数控语言。从编程数据的来源；零件及刀具几何形状的输入、显示和修改；刀具相对于工件的运动方式的定义；走刀轨迹的生成；加工过程的动态仿真显示；刀位检测到数控加工程序的产生等都是在图形交互方式下利用屏幕菜单和命令驱动进行的。因此，交互式图像编程具有形象、直观和效率高等优点。

20 世纪 70 年代出现的交互式图像编程技术，推动了 CAD 和 CAM 向一体化方向发展；到了 20世纪 80 年代，在 CAD/CAM 一体化概念的基础上，逐步形成了计算机集成制造系统（CIMS）的概念。目前，国内外对 CIMS 的近期目标看法不一，但一致认为 CAD/CAM 技术是 CIMS 的基础研究内容，而 CAM 的一个重要组成部分则是数控编程技术。为了适用 CIMS 及 CAD/CAM 一体化技术的发展需要，数控编程技术出现了向集成化和智能化发展的趋势。

目前，在我国应用较为广泛的集成化图像数控编程软件主要有 Creo、UG、CATIA、EUCLID、Master CAM 等，这些软件的数控编程功能都比较强，且各有特色。

1.2 数控加工原理与特点

1.2.1 数控加工原理

在数控机床上加工零件时，首先要将被加工零件的几何信息和工艺信息数字化。先根据零件加工图样的要求确定零件加工的工艺过程、工艺参数、刀具参数，再按数控机床规定采用的代码和程序格式，将与加工零件有关的信息如工件的尺寸、刀具运动中心轨迹、位移量、切削参数（主轴转速、切削进给量、背吃刀量）以及辅助操作（换刀、主轴的正转与反转、切削液的开与关）等编制成数控加工程序，然后将程序输入数控装置中，经数控装置分析处理后，发出指令控制机床进行自动加工。数控加工原理如图 1-1 所示。

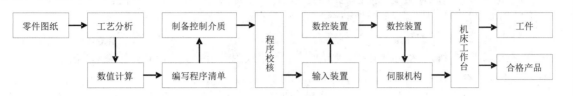

图 1-1　数控加工原理

1.2.2　数控加工特点

数控加工与常规机床加工在方法与内容上有许多相似之处，不同点主要表现在控制方式上。在常规机床上加工零件时，是用工艺规程、工艺卡片来规定每道工序的操作程序的，操作人员按规定的步骤加工零件；而在数控机床上加工零件时，要把被加工的全部工艺过程、工艺参数和位移数据编制成程序，并以数字信息的形式记录在控制介质（穿孔纸带、磁盘等）上，用它来控制机床加工。因此，与常规机床加工相比，数控加工具有以下特点。

1. 数控加工工艺内容要求具体而详细

在使用常规机床加工时，许多具体的工艺问题，如工艺中各工步的划分与安排、刀具的几何形状及尺寸、走刀路线、加工余量、切削用量等，在很大程度上都是由操作人员根据自己的实践经验和习惯自行考虑和决定的，一般不需要工艺人员在设计工艺规程时进行过多的规定，零件的尺寸精度也可由试切削来保证。而在数控加工时，原本在常规机床上由操作人员灵活掌握并可通过适时调整来处理的上述工艺问题，不仅成为数控工艺设计时必须认真考虑的内容，而且编程人员必须事先设计和安排好并做出正确的选择，编入加工程序中。数控工艺不仅包括详细描述的切削加工步骤，而且还包括夹具型号、规格、切削用量和其他特殊要求的内容。在自动编程中更需要详细地确定各种工艺参数。

2. 数控加工工艺要求更严密而精确

数控机床虽然自动化程度高，但自适应性差。它不像常规机床加工那样，可以根据加工过程中出现的问题比较灵活自由地进行人为调整。例如，在攻螺纹时，数控机床不知道孔中是否已挤满切屑，是否需要退刀清理切屑再继续进行，这种情况必须事先由工艺员精心考虑；否则可能导致严重的后果。在常规机床上加工零件时，通常是经过多次"试切削"过程来满足零件的精度要求，而数控加工过程是严格按程序规定的尺寸进给的，因此在对图形进行数学处理、计算和编程时一定要准确无误，以使数控加工顺利进行。

3. 制定数控加工工艺要进行零件图形的数学处理和编程尺寸设定值的计算

编程尺寸并不是零件图上设计尺寸的简单再现，在对零件图进行数学处理和计算时，编程尺寸设定值要根据零件尺寸公差要求和零件的形状几何关系重新调整计算，才能确定合理的编程尺寸。

4. 选择切削用量时要考虑进给速度对加工零件形状精度的影响

数控加工时，刀具怎么从起点沿运动轨迹走向终点是由数控系统的插补装置或插补软件来控制的。根据插补原理可知，在数控系统已定的条件下，进给速度越快，则插补精度越低；插补精度越低，工件的轮廓形状精度越差。因此，选择数控加工切削用量时要考虑进给速度对加工零件形状精度的影响，特别是高精度加工时影响非常明显。

Note

5. 数控加工工艺的特殊要求

（1）由于数控机床较常规机床的刚度高，所配的刀具也较好，因此，在同等情况下，所采用的切削用量通常比常规机床大，加工效率也较高。选择切削用量时要充分考虑这些特点。

（2）由于数控机床的功能复合化程度越来越高，因此，工序相对集中是现代数控加工工艺的特点，明显表现为工序数目少，工序内容多，并且由于在数控机床上尽可能安排较复杂的工序，所以数控加工的工序内容要比常规机床加工的工序内容复杂。

（3）由于数控加工的零件比较复杂，因此在确定装夹方式和设计夹具时，要特别注意刀具与夹具、工件的干涉问题。

6. 程序的编写、校验与修改是数控加工工艺的一项特殊内容

在常规机床加工工艺中，划分工序、选择设备等重要内容对数控加工工艺来说属于已基本确定的内容，所以制定数控加工工艺的着重点在于整个数控加工过程的分析，关键在确定进给路线及生成刀具运动轨迹。

1.3　数控机床的组成与分类

1.3.1　数控机床的组成

数控机床一般由机床本体、输入装置、数控装置、伺服单元、驱动装置（或称执行机构）、测量装置及辅助装置组成。

1. 机床本体

数控机床的机床本体与常规机床相似，由主轴传动装置、进给传动装置、床身、工作台以及辅助运动装置、液压气动系统、润滑系统、冷却装置等组成。但数控机床在整体布局、外观造型、传动系统、刀具系统的结构以及操作机构等方面都已发生了很大的变化。这种变化的目的是满足数控机床的要求和充分发挥数控机床的特点。

2. 输入装置

输入装置的作用是将程序载体上的数控代码信息转换成相应的电脉冲信号，并传送至数控装置的存储器。根据程序控制介质的不同，输入装置可以是光电阅读机、录放机或软盘驱动器。最早使用光电阅读机对穿孔纸带进行阅读，之后大量使用磁带机和软盘驱动器。有些数控机床不用任何程序存储载体，而是将程序清单的内容通过数控装置上的键盘，用手工的方式输入。也可采用通信方式将数控程序由编程计算机直接传送至数控装置中。

3. 数控装置

数控装置是数控机床的中枢。主要包括微型计算机、各种接口电路、显示器等硬件及相应的软件。它能完成信息的输入、存储、变换、插补运算以及各种控制功能。

数控装置接收输入装置送来的脉冲信号，经过编译、运算和逻辑处理后，输出各种信号和指令来控制机床的各个部分，并按程序要求实现规定的、有序的动作。这些控制信号包括：各坐标轴的进给位移量、进给方向和速度的指令信号；主运动部件的变速、换向和启停指令信号；选择和交换刀具的刀具指令信号；控制冷却、润滑的启停，工件和机床部件松开、夹紧，分度工作台转位等辅助信号等。

4．伺服单元

伺服单元是数控装置和机床本体的联系环节。它把来自数控装置的微弱指令信号放大成控制驱动装置的大功率信号。根据接收指令的不同，伺服单元有脉冲式和模拟式之分，而模拟式伺服单元按电源种类又可分为直流伺服单元和交流伺服单元。

5．驱动装置

驱动装置把经放大的指令信号变为机械运动，通过简单的机械连接部件驱动机床，使工作台精确定位或按规定的轨迹做严格的相对运动，最后加工出图纸所要求的零件。驱动装置和伺服单元可合称为伺服驱动系统。它是机床工作的动力装置，数控装置的指令要靠伺服驱动系统付诸实施。所以，伺服驱动系统是数控机床的重要组成部分。从某种意义上说，数控机床功能的强弱主要取决于数控装置，而数控机床性能的好坏主要取决于伺服驱动系统。

6．测量装置

测量装置也称反馈元件，通常安装在机床的工作台或丝杠上，相当于常规机床的刻度盘和人的眼睛。它把机床工作台的实际位移转变成电信号反馈给数控装置，供数控装置与指令值比较产生误差信号，以控制机床向消除该误差的方向移动。

按有无检测装置，数控系统有开环与闭环之分。闭环数控系统按测量装置的安装位置又可分为闭环与半闭环数控系统。开环数控系统的控制精度取决于步进电机和丝杠的精度，闭环数控系统的控制精度取决于检测装置的精度。因此，测量装置是高性能数控机床的重要组成部分。

7．辅助装置

辅助控制装置的主要作用是接收数控装置输出的开关量指令信号，经过编译、逻辑判别和运算，再经功率放大后驱动相应的电器，带动机床的机械、液压、气动等辅助装置完成指令规定的开关量动作。这些控制包括主轴运动部件的变速、换向和启停指令，刀具的选择和交换指令，冷却、润滑装置的启停，工件和机床部件的松开、夹紧，分度工作台转位分度等开关辅助动作。目前已广泛采用可编程控制器（PLC）作为数控机床的辅助控制装置。

1.3.2　数控机床的分类

数控机床可以根据不同的方法进行分类，常用的分类方法有按伺服系统控制方式分类、按运动轨迹分类、按联动坐标轴数分类和按控制系统的功能水平分类。

1．按伺服系统控制方式分类

按伺服系统控制方式的不同，数控机床可分为开环控制机床、闭环控制机床、半闭环控制机床。

（1）开环控制机床

图 1-2 为开环控制机床的示意图。这类数控机床采用开环进给伺服系统。其数控装置发出的指令信号是单向的，没有检测反馈装置对运动部件的实际位移量进行检测，不能进行运动误差的校正。因此步进电机的步距角误差、齿轮和丝杠组成的传动链误差都将直接影响加工零件的精度。

开环控制机床通常为经济型、中小型机床，具有结构简单、价格低廉、调试方便等优点，但通常输出的扭矩值大小受到限制，而且当输入的频率较高时，容易产生失步，难以实现运动部件的控制。因此，这类机床已不能充分满足日益提高功率、运动速度和加工精度的控制要求。

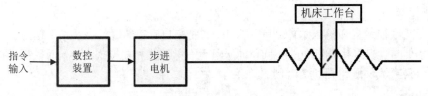

图1-2　开环控制机床示意图

（2）闭环控制机床

图1-3为闭环控制机床的示意图。这类机床的位置检测装置安装在进给系统末端的执行部件上，该位置检测装置可实测进给系统的位移量或位置。数控装置将位移指令与工作台端测得的实际位置反馈信号进行比较，根据其差值不断控制运动，使运动部件严格按照实际需要的位移量进行运动；还可利用测速元器件随时测得驱动电机的转速，将速度反馈信号与速度指令信号相比较，对驱动电机的转速随时进行修正。这类机床的运动精度主要取决于检测装置的精度，与机械传动链的误差无关。因此可以消除由于传动部件制造过程中存在的精度误差给工件加工带来的影响。

相比于开环数控机床，闭环数控机床精度更高、速度更快、驱动功率更大。但是，这类机床价格昂贵，对机床结构及传动链依然提出了严格的要求。传动链的刚度、间隙，导轨的低速运动特性，机床结构的抗震性等因素都会增加系统调试难度。如果闭环系统设计和调整得不好，很容易造成系统的不稳定。所以，闭环控制数控机床主要用于一些精度要求很高的镗铣床、超精车床、超精磨床等。

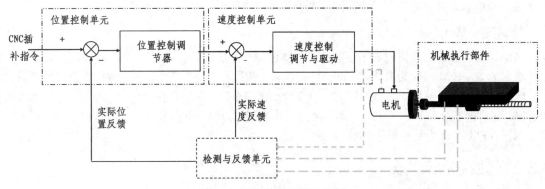

图1-3　闭环控制机床示意图

（3）半闭环控制机床

图1-4为半闭环控制机床示意图。这类机床的检测元件装在驱动电机或传动丝杠的端部，可间接测量执行部件的实际位置或位移。由于这类机床的闭环环路内不包括机械传动环节，控制系统的调试十分方便，因此可以获得稳定的控制特性。同时由于采用了高分辨率的测量元件，如脉冲编码器，因此可以获得比较满意的加工精度与速度。

与开环数控机床相比，半闭环数控机床可以获得更高的精度，但由于机械传动链的误差无法得到消除或校正，因此它的加工精度比闭环数控机床的要低。

2．按运动轨迹分类

按照刀具与工件相对运动的不同，可将数控机床分为点位控制数控机床、点位直线控制数控机床、连续控制数控机床。

（1）点位控制数控机床

图1-5为点位控制数控机床的加工示意图。这类机床的数控装置只能控制机床移动部件从一个位

置（点）精确地移动到另一个位置（点），即仅控制行程终点的坐标值。刀具在移动过程中不进行任何切削加工，至于两相关点之间的移动速度及路线则取决于生产率。为了在精确定位的基础上有尽可能高的生产率，刀具在两相关点之间的移动先是以快速移动到接近定位点，然后进行分级或连续降速，使之慢速趋近定位点。常见的点位控制数控机床有数控钻床、数控冲床等。

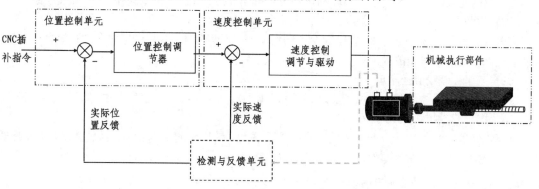

图 1-4 半闭环控制机床示意图

（2）点位直线数控控制机床

图 1-6 为点位直线控制数控机床的加工示意图。这类机床是指数控系统除控制直线轨迹的起点和终点的准确定位外，还要控制在这两点之间以指定的进给速度进行直线切削。常见的点位直线控制机床有数控车床、数控磨床等。

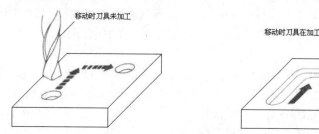

图 1-5 点位控制数控机床加工示意图 图 1-6 点位直线控制数控机床加工示意图

（3）连续控制数控机床

图 1-7 为连续控制数控机床的加工示意图。这类机床也称为轮廓控制机床。它能对两个或两个以上的坐标轴同时进行控制（二轴、二轴半、三轴、四轴、五轴联动），不仅要控制机床移动部件的起点和终点坐标，而且要控制整个加工过程中每一点的速度、方向和位移量。常见的连续控制数控机床有数控车床、数控铣床、数控线切割机、数控加工中心等。

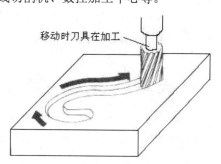

图 1-7 连续控制加工示意图

3．按联动坐标轴数分类

按照联动坐标轴数的不同，数控机床可分为以下 4 种。

（1）两坐标联动数控机床

这类机床能同时控制两个坐标轴联动，适于数控车床加工旋转曲面或数控铣床铣削平面轮廓。

（2）两个半坐标联动数控机床

这类机床本身有 3 个坐标轴，能做 3 个方向运动，但机床控制装置只能同时联动控制两个坐标轴，第三个坐标轴仅能做等距的周期移动，如经济型数控铣床。

（3）三坐标联动数控机床

这类机床能同时控制 3 个坐标轴的联动，可以用于加工不太复杂的空间曲面，如三坐标数控铣床。

（4）多坐标数控机床

这类机床能同时控制 4 个或 4 个以上坐标轴的联动。其机床的结构复杂，精度要求高、程序编制复杂，适于加工形状复杂的零件，如叶轮、叶片类零件。

4．按控制系统的功能水平分类

按控制系统的功能水平，可以把数控机床分为经济型、普及型、高级型三类，主要由技术参数、功能指标、关键部件的功能水平来决定。这些指标具体包括 CPU 性能、分辨率、进给速度、伺服性能、通信功能、联动轴数等。

（1）经济型数控机床

经济型数控机床也称为低档数控机床。这类数控机床一般采用 8 位 CPU 或单片机控制，分辨率为 10μm，进给速度为 6～15m/min，采用步进电机驱动，具有 RS232 接口。低档数控机床最多联动轴数为二轴或三轴，具有简单 CRT 字符显示或数码管显示功能，无通信功能。

（2）普及型数控机床

普及型数控机床通常为中档数控机床，一般采用 16 位或更高性能的 CPU，分辨率在 1μm 以内，进给速度为 15～24 m/min，采用交流或直流伺服电机驱动；联动轴数为 3～5 轴；有较齐全的 CRT 显示及很好的人机界面，大量采用菜单操作，不仅有字符，还有平面线性图形显示功能、人机对话、自诊断等功能；具有 RS232 或 DNC 接口，通过 DNC 接口，可以实现几台数控机床之间的数据通信，也可以直接对几台数控机床进行控制。

（3）高级型数控机床

高级型数控机床通常为高档数控机床，一般采用 32 位或 64 位 CPU，并采用精简指令集 RISC 作为中央处理单元，分辨率可达 0.1μm，进给速度为 15～100m/min，采用数字化交流伺服电机驱动，联动轴数在五轴以上，有三维动态图形显示功能。高档数控机床具有高性能通信接口，具备联网功能，通过采用 MAP（制造自动化协议）等高级工业控制网络或厂家生产的 Ethernet（以太网），可实现远程故障诊断和维修，为解决不同厂家生产的不同类型的数控机床的联网和数控机床进入 FMS（柔性制造系统）和 CIMS（计算机集成制造系统）等制造系统创造了条件。

1.4　数控加工坐标系的设定

在数控加工中需要了解的坐标系有两种：机床坐标系和加工坐标系。这两种坐标系的建立遵守下面两个原则。

（1）刀具相对于静止的工件而运动原则。

虽然机床的结构不同，有的是刀具运动，零件固定；有的是零件运动，刀具固定等，但为了编程方便，一律规定为零件固定不动，刀具运动。同时运动的正方向是增大工件和刀具之间距离的方向。

（2）标准坐标系均采用右手直角笛卡儿坐标系原则。

坐标轴 X、Y、Z 的关系及其正方向用右手直角定则来判定，大拇指方向为 X 轴的正方向，食指方向为 Y 轴的正方向，中指方向为 Z 轴的正方向。围绕 X、Y、Z 轴的回转运动及其正方向+A、+B、+C 用右手螺旋定则来判定，大拇指分别指向 X、Y、Z 的正向，则四指弯曲的方向为对应的 A、B、C 的正向，如图 1-8 所示。

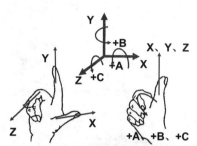

图 1-8　直角笛卡儿坐标轴

1.4.1　机床坐标系

数控机床一般都有一个基准位置，称为机床原点或机床绝对原点，是机床制造商设置在机床上的一个物理位置。以这个原点建立的坐标系称为机床坐标系（也称绝对坐标系），是机床固有的坐标系，一般情况下不允许用户改动。机床坐标系的原点一般位于机床坐标轴的正向最大极限处。

对数控机床的坐标轴及其运动方向规定如下。

（1）Z 轴定义为平行于机床主轴，Z 轴正方向定义为从工作台到刀具夹持的方向，即刀具远离工作台的运动方向。

（2）X 轴定义为平行于工件的装夹平面。

☑　对于刀具旋转的机床（如铣床），从主轴向立柱看，X 轴的正方向指向右方，如图 1-9 所示。

☑　对于工件旋转的机床（如车床），刀架上的刀具离开工件旋转中心的方向为 X 轴的正方向，如图 1-10 所示。

（3）Y 轴的正方向根据 X 轴和 Z 轴由右手法则确定。

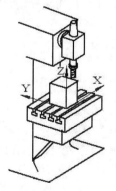

图 1-9　立式铣床坐标系

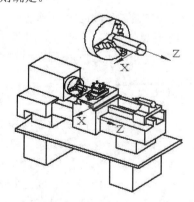

图 1-10　卧式车床坐标系

1.4.2 工件坐标系

编程时一般选择工件上的某一点作为程序原点，并以这个原点作为坐标系的原点建立一个新的坐标系。这个坐标系就称为工件坐标系（也称加工坐标系）。为了编程方便，选择工件原点时，应尽可能将其选择在工艺定位基准上，这样对保证加工精度有利，如数控车削的加工坐标系原点，通常选在零件轮廓右端面或左端面的主轴线上；数控铣削的加工坐标系原点一般选在工件的一个顶角上。工件原点一旦确立，工件坐标系也就确定了。图 1-11 说明了工件坐标系与机床坐标系的位置关系。

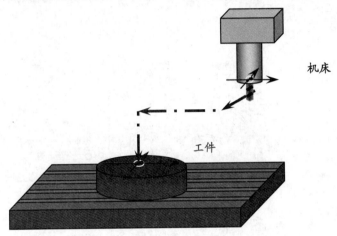

图 1-11 工件坐标系与机床坐标系的位置关系

1.5   数控加工工艺

由于数控加工自动化程度高、质量稳定、可多坐标联动、便于工序集中、操作技术要求高等特点均比较突出，同时价格比较昂贵，加工方法、加工对象选择不当往往会造成较大损失。为了既能充分发挥出数控加工的优点，又能达到较好的经济效益，在选择加工方法和对象时要特别慎重，甚至有时还要在基本不改变工件原有性能的前提下，对其形状、尺寸、结构等作适应数控加工的修改。

一般情况下，在选择和决定数控加工内容的过程中，有关工艺人员必须对零件图或零件模型作足够具体与充分的工艺性分析。在进行数控加工的工艺性分析时，编程人员应根据所掌握的数控加工的基本特点及所用数控机床的功能和实际工作经验，力求把前期准备工作做得更仔细、更扎实一些，以便为下面要进行的工作铺平道路，减少失误和返工、不留遗患。

数控机床加工工件从零件图到加工好零件的基本过程如图 1-12 所示。

1.5.1   数控加工工艺设计的主要内容

工艺设计是对工件进行数控加工的前期准备工作，它必须在程序编制工作之前完成。一般来说，为了便于工艺规程的编制、执行和生产组织管理，需要把工艺过程划分为不同层次的单元。它们是工序、安装、工位、工步和走刀。其中工序是工艺过程中的基本单元。零件的机械加工工艺过程由若干个工序组成。在一个工序中可能包含一个或几个安装，每个安装可能包含一个或几个工位，每个工位可能包含一个或几个工步，每个工步可能包括一个或几个走刀。

（1）工序。一个或一组工人，在一个工作地或一台机床上对一个或同时对几个工件连续完成的那一部分工艺过程称为工序。划分工序的依据是工作地点是否变化和工作过程是否连续。工序是组成工艺过程的基本单元，也是生产计划的基本单元。

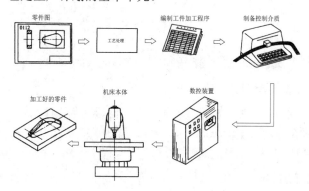

图 1-12 数控机床加工工件的基本过程

（2）安装。在机械加工工序中，使工件在机床上或在夹具中占据某一正确位置并被夹紧的过程，称为装夹。安装是指工件经过一次装夹后所完成的那部分工序内容。

（3）工位。采用转位（或移位）夹具、回转工作台或在多轴机床上加工时，工件在机床上一次装夹后，要经过若干个位置依次进行加工，工件在机床上所占据的每一个位置上所完成的那一部分工序就称为工位。

（4）工步。在加工表面和加工工具不变的条件下，所连续完成的那一部分工序内容称为工步。

（5）走刀。加工刀具在加工表面上加工一次所完成的工步部分称为走刀。

根据大量加工实例分析，数控加工中失误的主要原因多为工艺考虑不周和计算与编程时粗心大意。因此在进行编程前做好工艺分析规划是十分必要的；否则，由于工艺方面的考虑不周，将可能造成数控加工的错误。工艺设计不好，往往要造成事倍功半，有时甚至要推倒重来。可以说，数控加工工艺分析决定了数控程序的质量。因此，编程人员一定要先把工艺设计做好，不要先急于考虑编程。

根据实际应用中的经验，数控加工工艺设计主要包括下列内容。
- ☑ 选择并决定零件的数控加工内容。
- ☑ 零件图样的数控加工分析。
- ☑ 数控加工的工艺路线设计。
- ☑ 数控加工工序设计。
- ☑ 数控加工专用技术文件的编写。

数控加工专用技术文件不仅是进行数控加工和产品验收的依据，也是需要操作者遵守和执行的规程，同时还为产品零件重复生产积累了必要的工艺资料，并进行了技术储备。这些由工艺人员做出的工艺文件是编程人员在编制加工程序单时所依据的相关技术文件。编写数控加工工艺文件也是数控加工工艺设计的内容之一。

不同的数控机床，工艺文件的内容也有所不同。一般来讲，数控铣床的工艺文件应包括以下内容。
- ☑ 编程任务书。
- ☑ 数控加工工序卡片。
- ☑ 数控机床调整单。
- ☑ 数控加工刀具卡片。
- ☑ 数控加工进给路线图。
- ☑ 数控加工程序单。

其中以数控加工工序卡片和数控加工刀具卡片最为重要。前者是说明数控加工顺序和加工要素的文件；后者是刀具使用的依据。

1.5.2 工序的划分

根据数控加工的特点，加工工序的划分一般可按下列方法进行。

1. 以同一把刀具加工的内容划分工序

有些零件虽然能在一次安装中加工出很多待加工面，但考虑到程序太长，会受到某些限制，如控制系统的限制（主要是内存容量）、机床连续工作时间的限制（如一道工序在一个工作班内不能结束）等。此外，程序太长会增加出错率、查错与检索困难。因此程序不能太长，一道工序的内容不能太多。

2. 以加工部分划分工序

对于加工内容很多的零件，可按其结构特点将加工部位分成几个部分，如内形、外形、曲面或平面等。

3. 以粗、精加工划分工序

对于易发生加工变形的零件，由于粗加工后可能发生较大的变形而需要进行校形，因此一般来说凡要进行粗、精加工的工件都要将工序分开。

综上所述，在划分工序时，一定要根据零件的结构与工艺性、机床的功能、零件数控加工内容的多少、安装次数及本单位生产组织状况灵活掌握。零件宜采用工序集中的原则，还是采用工序分散的原则，要根据实际需要和生产条件确定，要力求合理。

加工顺序的安排应根据零件的结构和毛坯状况，以及定位安装与夹紧的需要来考虑，重点是工件的刚性不被破坏。加工顺序的安排一般应按下列原则进行。

（1）上道工序的加工不能影响下道工序的定位与夹紧，中间穿插有通用机床加工工序的也要综合考虑。

（2）先进行内型腔加工工序，后进行外型腔加工工序。

（3）在同一次安装中进行的多道工序，应先安排对工件刚性破坏小的工序。

（4）以相同定位、夹紧方式或同一把刀具加工的工序，最好连接进行，以减少重复定位次数、换刀次数与挪动压板次数。

1.5.3 加工刀具的选择

选择刀具应根据机床的加工能力、工件材料的性能、加工工序、切削用量以及其他相关因素正确选用刀具及刀柄。刀具选择总的原则是适用、安全、经济。

适用是要求所选择的刀具能达到加工的目的，完成材料的去除，并达到预定的加工精度。如粗加工时选择有足够大并有足够切削能力的刀具能快速去除材料；而在精加工时，为了能把结构形状全部加工出来，要使用较小的刀具加工到每一个角落。再如，切削低硬度材料时，可以使用高速钢刀具，而切削高硬度材料时，就必须要用硬质合金刀具。

安全指的是在有效去除材料的同时，不会产生刀具的碰撞、折断等。要保证刀具及刀柄不会与工件相碰撞或者挤擦，造成刀具或工件的损坏。例如，加长的、直径很小的刀具切削硬质的材料时，很容易折断，选用时一定要慎重。

经济指的是能以最小的成本完成加工。在同样可以完成加工的情形下，选择相对综合成本较低的方案，而不是选择最便宜的刀具。刀具的寿命和精度与刀具价格关系极大，必须引起注意的是，在大多数情况下，选择好的刀具虽然增加了刀具成本，但由此带来的加工质量和加工效率的提高则可以使总体成本可能比使用普通刀具更低，产生更好的效益。如进行钢材切削时，选用高速钢刀具，其进给量只能达到 100mm/min；而采用同样大小的硬质合金刀具，进给量可以达到 500mm/min 以上，可以大幅缩短加工时间，虽然刀具价格较高，但总体成本反而更低。通常情况下，优先选择经济性良好的可转位刀具。

选择刀具时还要考虑安装调整的方便程度、刚性、寿命和精度。在满足加工要求的前提下，刀具的悬伸长度尽可能地短，以提高刀具系统的刚性。

数控加工刀具可分为整体式刀具和模块化刀具两大类，主要取决于刀柄。图 1-13 为整体式刀柄。这种刀柄直接夹住刀具，刚性好，但须针对不同的刀具分别配备，其规格、品种繁多，给管理和生产带来不便。

图 1-14 为模块式刀柄。模块式刀柄比整体式刀柄多出中间连接部分，装配不同刀具时更换连接部分即可，克服了整体式刀柄的缺点，但对连接精度、刚性、强度等都有很高的要求。模块式刀柄是发展方向，其主要优点是：减少换刀停机时间，提高生产加工时间；加快换刀及安装时间，提高小批量生产的经济性；提高刀具的标准化和合理化的程度；提高刀具的管理及柔性加工的水平；扩大刀具的利用率，充分发挥刀具的性能；有效地消除刀具测量工作的中断现象，可采用线外预调。事实上，由于模块刀具的发展，数控刀具已形成了三大系统，即车削刀具系统、钻削刀具系统和镗铣刀具系统。

图 1-13　整体式刀柄

图 1-14　模块式刀柄

1.5.4　走刀路线的选择

走刀路线是刀具在整个加工工序中相对于工件的运动轨迹，它不但包括了工序的内容，而且也反映出工序的顺序。走刀路线是编写程序的依据之一。因此，在确定走刀路线时最好画一张工序简图，将已经拟定出的走刀路线画上去（包括进刀、退刀路线），这样可为编程带来不少方便。

工序顺序是指同一道工序中，各个表面加工的先后次序。它对零件的加工质量、加工效率和数控加工中的走刀路线有直接影响，应根据零件的结构特点和工序的加工要求等合理安排。工序的划分与安排一般可随走刀路线来进行，在确定走刀路线时，主要遵循以下原则。

1. 保证零件的加工精度和表面粗糙度要求

当铣削平面零件外轮廓时，一般采用立铣刀侧刃切削，如图 1-15 所示。刀具切入工件时，应避免沿零件外廓的法向切入，而应沿外廓曲线延长线的切向切入，以避免在切入处产生刀具的刻痕而影响表面质量，保证零件外廓曲线平滑过渡。同理，在切离工件时，也应避免在工件的轮廓处直接退刀，而应该沿零件轮廓延长线的切向逐渐切离工件。

铣削封闭的内轮廓表面时，若内轮廓曲线允许外延，则应沿切线方向切入切出；若内轮廓曲线不允许外延（见图 1-16），刀具只能沿内轮廓曲线的法向切入切出，此时刀具的切入切出点应尽量选在内轮廓曲线两几何元素的交点处。当内部几何元素相切无交点时，为防止刀补取消时在轮廓拐角处留下凹口，刀具切入切出点应远离拐角。

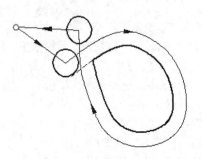
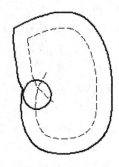

图 1-15 铣削平面零件外轮廓   图 1-16 铣削封闭的内轮廓表面

图 1-17 展示了圆弧插补方式铣削外整圆时的走刀路线。当整圆加工完毕时，不要在切点处直接退刀，而应让刀具沿切线方向多运动一段距离，以免取消刀补时，刀具与工件表面相碰，造成工件报废。铣削内圆弧时也要遵循从切向切入的原则，最好安排从圆弧过渡到圆弧的加工路线，如图 1-18 所示。这样可以提高内孔表面的加工精度和加工质量。

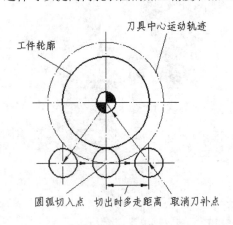
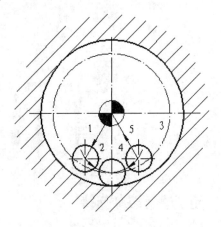

图 1-17 圆弧插补方式铣削外整圆时的走刀路线   图 1-18 圆弧过渡到圆弧的加工路线

铣削曲面时，常用球头刀采用行切法进行加工。所谓行切法是指刀具与零件轮廓的切点轨迹是一行一行的，而行间的距离是按零件加工精度的要求确定的。

对于边界敞开的曲面加工，可采用两种走刀路线。如发动机大叶片，采用如图 1-19（a）所示的加工方案时，每次沿直线加工，刀位点计算简单，程序少，加工过程符合直纹面的形成，可以准确保证母线的直线度。当采用如图 1-19（b）所示的加工方案时，符合这类零件数据给出情况，便于加工后检验，叶形的准确度较高，但程序较多。由于曲面零件的边界是敞开的，没有其他表面限制，所以边界曲面可以延伸，球头铣刀应从边界外开始加工。

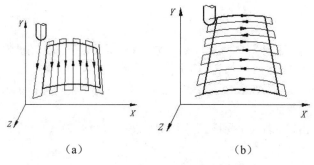

图 1-19　边界敞开曲面两种走刀路线

图 1-20（a）和图 1-20（b）分别为用行切法加工和环切法加工凹槽的走刀路线，而图 1-20（c）是先用行切法，最后环切一刀光整轮廓表面。三种方案中，图 1-20（a）方案的加工表面质量最差，在周边留有大量的残余；图 1-20（b）方案和图 1-20（c）方案加工后能保证精度，但图 1-20（b）方案采用环切的方案，走刀路线稍长，而且编程计算工作量大。

此外，轮廓加工中应避免进给停顿。因为加工过程中的切削力会使工艺系统产生弹性变形并处于相对平衡状态，进给停顿时，切削力突然减小会改变系统的平衡状态，刀具会在进给停顿处的零件轮廓上留下刻痕。

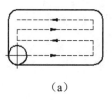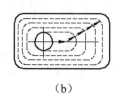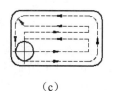

（a）　　　　　　　　　（b）　　　　　　　　　（c）

图 1-20　三种方案

为提高工件表面的精度和减小表面粗糙度，可以采用多次走刀的方法，精加工余量一般以 0.2～0.5mm 为宜。而且精铣时宜采用顺铣，以提高零件被加工表面的表面粗糙度。

2．应使走刀路线最短，减少刀具空行程时间，提高加工效率

图 1-21 为正确选择钻孔加工路线的例子。按照一般习惯，总是先加工均布于同一圆周上的 8 个孔，再加工另一圆周上的孔，如图 1-21（a）所示。但是对点位控制的数控机床而言，要求定位精度高，定位过程尽可能快，因此这类机床应按空程最短来安排走刀路线以节省时间，如图 1-21（b）所示。

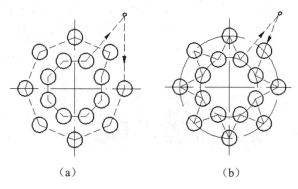

（a）　　　　　　　　　　　　　（b）

图 1-21　钻孔加工路线

1.5.5　切削用量的确定

合理选择切削用量对于发挥数控机床的最佳效益有着至关重要的作用。选择切削用量的原则是：粗加工时，一般以提高生产率为主，但也应考虑经济性和加工成本；半精加工和精加工时，应在保证加工质量的前提下，兼顾切削效率、经济性和加工成本。具体数值应根据机床说明书、刀具说明书、切削用量手册，并结合经验而定。

铣削时的铣削用量由切削深度（背吃刀量）、切削宽度（侧吃刀量）、切削线速度、进给速度等要素组成。其铣削用量如图 1-22 所示。

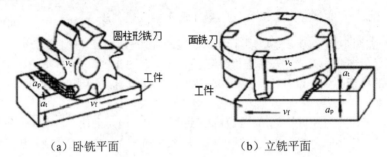

（a）卧铣平面　　　　　　　　　　　（b）立铣平面

图 1-22　铣削用量示意图

1．切削深度 a_p

切削深度也称背吃刀量。在机床、工件和刀具刚度允许的情况下，a_p 等于加工余量，这是提高生产率的一个有效措施。为了保证零件的加工精度和表面粗糙度，一般应留一定的余量进行精加工。

2．切削宽度 a_t

在编程中切削宽度称为步距。一般切削宽度 L 与刀具直径 D 成正比，与切削深度成反比。在粗加工中，步距取得大有利于提高加工效率。在使用平底刀进行切削时，一般 L 的取值范围为 $L=（0.6～0.9）D$。而使用圆鼻刀进行加工，刀具直径应扣除刀尖的圆角部分，即 $d=D-2r$（D 为刀具直径，r 为刀尖圆角半径），而 L 可以取（0.8～0.9）d。而在使用球头铣刀进行精加工时，步距的确定应首先考虑所能达到的精度和表面粗糙度。

3．切削线速度 v_c

切削线速度也称单齿切削量，单位为 m/min。提高 v_c 值也是提高生产率的一个有效措施，但 v_c 与刀具寿命的关系比较密切。随着 v_c 的增大，刀具寿命急剧下降，故 v_c 的选择主要取决于刀具寿命。一般好的刀具供应商都会在其手册或者刀具说明书中提供刀具的切削速度推荐参数 v_c。另外，切削速度 v_c 值还要根据工件的材料硬度来作适当的调整。例如，用立铣刀铣削合金钢 30CrNi2MoVA 时，v_c 可采用 8m/min 左右；而用同样的立铣刀铣削铝合金时，v_c 可选 200m/min 以上。

4．进给速度 v_f

进给速度是指机床工作台在作插位时的进给速度，v_f 的单位为 mm/min。v_f 应根据零件的加工精度和表面粗糙度要求以及刀具和工件材料来选择。v_f 的增加也可以提高生产效率，但是刀具的寿命会降低。加工表面粗糙度要求低时，v_f 可选择得大些。进给速度可以按下面的公式进行计算：

$$v_f = n \times z \times f_z$$

式中，v_f 表示工作台进给量，单位为 mm/min；n 表示主轴转速，单位为转/分（r/min）；z 表示刀具齿数，单位为齿；f_z 表示进给量，单位为 mm/齿。

5. 主轴转速 n

主轴转速的单位是 r/min，一般根据切削速度 v_c 来选定。计算公式为

$$n = \frac{1000 v_c}{\pi D_c}$$

式中，D_c 为刀具直径（mm）。在使用球头刀时要进行一些调整，球头铣刀的计算直径 D_{eff} 要小于铣刀直径 D_c，故其实际转速不应按铣刀直径 D_c 计算，而应按计算直径 D_{eff} 计算。

$$D_{eff} = [D_c^2 - (D_c - 2t)^2] \times 0.5$$

$$n = \frac{1000 v_c}{\pi D_{eff}}$$

数控机床的控制面板上一般备有主轴转速修调（倍率）开关，可在加工过程中根据实际加工情况对主轴转速进行调整。

在数控编程中，还应考虑在不同情形下选择不同的进给速度。如在初始切削进刀时，特别是 Z 轴下刀时，因为进行端铣，受力较大，同时考虑程序的安全性问题，所以应以相对较慢的速度进给。

另外，Z 轴方向的进给速度由高往低走时，产生端切削，可以设置不同的进给速度。在切削过程中，有的平面侧向进刀，可能产生全刀切削即刀具的周边都要切削，切削条件相对较恶劣，可以设置较低的进给速度。

在加工过程中，v_f 也可通过机床控制面板上的修调开关进行人工调整，但是最大进给速度要受到设备刚度和进给系统性能等的限制。

在实际的加工过程中，可能对各个切削用量参数进行调整，如使用较高的进给速度进行加工，虽然刀具的寿命有所降低，但节省了加工时间，反而有更好的效益。

对于加工中不断产生的变化，数控加工中切削用量的选择在很大程度上依赖于编程人员的经验，因此，编程人员必须熟悉刀具的使用和切削用量的确定原则，不断积累经验，从而保证零件的加工质量和效率，充分发挥数控机床的优点，提高企业的经济效益和生产水平。

1.5.6　铣削方式

1. 周铣和端铣

用刀齿分布在圆周表面的铣刀而进行铣削的方式叫作周铣，如图 1-23（a）所示；用刀齿分布在圆柱端面上的铣刀而进行铣削的方式叫作端铣，如图 1-23（b）所示。

2. 顺铣和逆铣

沿着刀具的进给方向看，如果工件位于铣刀进给方向的右侧，那么进给方向称为顺时针；反之，当工件位于铣刀进给方向的左侧时，进给方向定义为逆时针。如果铣刀旋转方向与工件进给方向相反，称为逆铣，如图 1-24（a）所示；铣刀旋转方向与工件进给方向相同，称为顺铣，如图 1-24（b）所示。逆铣时，切削由薄变厚，刀齿从已加工表面切入，对铣刀的使用有利，当铣刀刀齿接触工件后不能马上切入金属层，而是在工件表面滑动一小段距离，在滑动过程中，由于强烈的摩擦，就会产生大量的热量，同时在待加工表面易形成硬化层，降低了刀具寿命，影响工件表面粗糙度，给切削带来不利。另外，逆铣时，由于刀齿由下往上（或由内往外）切削。顺铣时，刀齿开始和工件接触时切削厚度最

大，且从表面硬质层开始切入，刀齿受很大的冲击负荷，铣刀变钝较快，但刀齿切入过程中没有滑移现象。顺铣的功率消耗要比逆铣时小，在同等切削条件下，顺铣功率消耗要低 5%～15%，同时顺铣也更加有利于排屑。一般应尽量采用顺铣法加工，以降低被加工零件的表面粗糙度，保证尺寸精度。但是当切削面上有硬质层、积渣、工件表面凹凸不平较显著时，如加工锻造毛坯，应采用逆铣法。

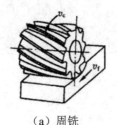
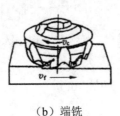

（a）周铣　　　　　　　（b）端铣

图 1-23　周铣和端铣

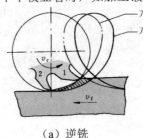
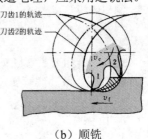

（a）逆铣　　　　　　　（b）顺铣

图 1-24　逆铣与顺铣

1.5.7　对刀点的选择

在加工时，工件可以在机床加工尺寸范围内任意安装，要想正确执行加工程序，必须确定工件在机床坐标系的确切位置。对刀点是工件在机床上定位装夹后，设置在工件坐标系中，用于确定工件坐标系与机床坐标系空间位置关系的参考点。选择对刀点时要考虑到找正容易，编程方便，对刀误差小，加工时检查方便、可靠。

对刀点的设置没有严格规定，可以设置在工件上，也可以设置在夹具上，但在编程坐标系中必须有确定的位置，如图 1-25 所示的 X_1 和 Y_1。对刀点既可以与编程原点重合，也可以不重合，主要取决于加工精度和对刀的方便性。当对刀点与编程原点重合时，$X_1=0$，$Y_1=0$。对刀点要尽可能选择在零件的设计基准或者工艺基准上，这样就能保证零件的精度要求。例如，零件上孔的中心点或两条相互垂直的轮廓边的交点可以作为对刀点，有时零件上没有合适的部位，可以加工出工艺孔来对刀。

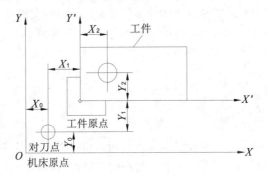

图 1-25　对刀点的设置

确定对刀点在机床坐标系中的位置的操作称为对刀。对刀是数控机床操作中非常关键的一项工作，对刀的准确程度将直接影响零件加工的位置精度。生产中常用的对刀工具有指示表、中心规和寻边器等，对刀操作一定要仔细，对刀方法一定要与零件的加工精度相适应。无论采用哪种工具，都是使数控铣床的主轴中心与对刀点重合，从而确定工件坐标系在机床坐标系中的位置。

1.5.8　高度与安全高度

起止高度指进退刀的初始高度。在程序开始时，刀具将先到这一高度，同时在程序结束后，刀具也将退回到这一高度。起止高度大于或等于安全高度，安全高度也称为提刀高度，是为了避免刀具碰撞工件而设定的高度（Z 值）。安全高度是在铣削过程中，刀具需要转移位置时将退到这一高度再进行 G00 插补到下一进刀位置，此值一般情况下应大于零件的最大高度（即高于零件的最高表面）。

慢速下刀相对距离通常为相对值，刀具以 G00 快速下刀到指定位置，然后以接近速度下刀到加工位置。如果不设定该值，刀具就以 G00 的速度直接下刀到加工位置。若该位置又在工件内或工件上，且采用垂直下刀方式，则极不安全。即使是空的位置下刀，使用该值也可以使机床有缓冲过程，确保下刀所到位置的准确性，但是该值也不宜取得太大，因为下刀插入速度往往比较慢，太长的慢速下刀距离将影响加工效率。

在加工过程中，当刀具需要在两点间移动而不切削时，是否要提刀到安全平面呢？当设定为抬刀时，刀具将先提高到安全平面，再在安全平面上移动；否则将直接在两点间移动而不提刀。直接移动可以节省抬刀时间，但是必须要注意安全，在移动路径中不能有凸出的部位，特别注意在编程中，当分区域选择加工曲面并分区加工时，中间没有选择的部分是否有高于刀具移动路线的部分。在粗加工时，对较大面积的加工通常建议使用抬刀，以便在加工时可以暂停，对刀具进行检查。而在精加工时，常使用不抬刀以加快加工速度，特别是像角落部分的加工，抬刀将造成加工时间大幅延长。在孔加工循环中，使用 G98 将抬刀到安全高度进行转移，而使用 G99 就直接移动，不提刀到安全高度，如图 1-26 所示。

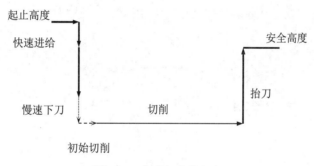

图 1-26　高度与安全高度

1.5.9　刀具半径补偿和长度补偿

数控机床在进行轮廓加工时，由于刀具有一定的半径（如铣刀半径），因此在加工时，刀具中心的运动轨迹必须偏离零件实际轮廓一个刀具半径值；否则加工出的零件尺寸与实际需要的尺寸将相差一个刀具半径值或者一个刀具直径值。此外，在零件加工时，有时还需要考虑加工余量和刀具磨损等因素的影响。因此，刀具轨迹并不是零件的实际轮廓，在内轮廓加工时，刀具中心向零件内偏离一个刀具半径值；在外轮廓加工时，刀具中心向零件外偏离一个刀具半径值。若还要留加工余量，则偏离的值还要加上此预留量。考虑刀具的磨损因素，偏离的值还要减去磨损量。在手工编程使用平底刀或侧向切削时，必须加上刀具半径补偿值，此值可以在机床上设定。程序中调用刀具半径补偿的指令为 G41/G42 D_。使用自动编程软件进行编程时，其刀位计算时已经自动加进了补偿值，所以无须在程序中添加。

根据加工情况，有时不仅需要对刀具半径进行补偿，还要对刀具长度进行补偿。如铣刀用过一段时间以后，由于磨损，长度会变短，这时就需要进行长度补偿。铣刀的长度补偿与控制点有关。一般用一把标准刀具的刀头作为控制点，则该刀具称为零长度刀具。如果加工时更换刀具，则需要进行长度补偿。长度补偿的值等于所换刀具与零长度刀具的长度差。另外，当把刀具长度的测量基准面作为控制点，则刀具长度补偿始终存在。无论用哪一把刀具都要进行刀具的绝对长度补偿。程序中调用长度补偿的指令为 G43 H_。G43 是刀具长度正补偿，H_ 是选用刀具在数控机床中的编号。使用 G49 可取消刀具长度补偿。刀具的长度补偿值也可以在设置机床工作坐标系时进行补偿。在加工中心机床上刀具长度补偿的使用，一般是将刀具长度数据输入机床的刀具数据表中，当机床调用刀具时，自动进行长度的补偿。

1.5.10　数控编程的误差控制

加工精度是指零件加工后的实际几何参数（尺寸、形状及相互位置）与理想几何参数符合的程度（分别为尺寸精度、形状精度及相互位置精度）。其符合程度越高，精度越高；反之，二者之间的差异即为加工误差。图 1-27 说明了加工后的实际加工面与理想加工面之间存在着一定的误差。所谓"理想几何参数"是一个相对的概念，对尺寸而言其配合性能是以两个配合件的平均尺寸造成的间隙或过盈考虑的，故一般即以给定几何参数的中间值代替。而对理想形状和位置则应为准确的形状和位置。可见，"加工误差"和"加工精度"仅仅是评定零件几何参数准确程度这一个问题的两个方面而已。实际生产中，加工精度的高低往往是以加工误差的大小来衡量的。在生产中，任何一种加工方法不可能也没必要把零件做得绝对准确，只要把这种加工误差控制在性能要求的允许（公差）范围之内即可，通常称之为"经济加工精度"。

数控加工的特点之一就是具有较高的加工精度，因此对于数控加工的误差必须加以严格控制，以达到加工要求。

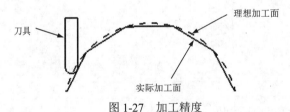

图 1-27　加工精度

由机床、夹具、刀具和工件组成的机械加工工艺系统（简称工艺系统）会有各种各样的误差产生，这些误差在具体的工作条件下会以不同的方式（或扩大、或缩小）反映为工件的加工误差。工艺系统的原始误差主要有工艺系统的几何误差、定位误差、工艺系统的受力变形引起的加工误差、工艺系统的受热变形引起的加工误差、工件内应力重新分布引起的变形以及原理误差、调整误差及测量误差等。

在交互图形自动编程中一般仅考虑两个主要误差：刀轨计算误差和残余高度。

刀轨计算误差的控制操作十分简单，仅需要在软件上输入一个公差带即可；而残余高度的控制则与刀具类型、刀轨形式、刀轨行间距等多种因素有关，因此其控制主要依赖于程序员的经验，具有一定的复杂性。

由于刀轨是由直线和圆弧组成的线段集合近似地取代刀具的理想运动轨迹（称为插补运动），因此存在着一定的误差，称为插补计算误差。

插补计算误差是刀轨计算误差的主要组成部分，它会造成加工不到位或过切的现象，因此是 CAM 软件的主要误差控制参数。一般情况下，在 CAM 软件上通过设置公差带来控制插补计算误差，即实际刀轨相对理想刀轨的偏差不超过公差带的范围。

如果将公差带中造成过切的部分（即允许刀具实际轨迹比理想轨迹更接近工件）定义为负公差的话，则负公差的取值往往要小于正公差，以避免出现明显的过切现象，尤其是在粗加工时。

在数控加工中，相邻刀轨间所残留的未加工区域的高度称为残余高度，它的大小决定了加工表面的表面粗糙度，同时决定了后续的抛光工作量，是评价加工质量的一个重要指标。在利用 CAD/CAM 软件进行数控编程时，对残余高度的控制是刀轨行间距计算的主要依据。在控制残余高度的前提下，以最大的行间距生成数控刀轨是高效率数控加工所追求的目标。

在加工塑料模具的型腔和模具型芯时，经常会碰到相配合的锥体或斜面，加工完成后，可能会发现锥体端面与锥孔端面贴合不拢，经过抛光直到加工刀痕完全消失仍不到位，通过人工抛光，虽然能达到一定的表面粗糙度标准，但同时会造成精度的损失。故需要对刀具与加工表面的接触情况进行分析，对切削深度或步距进行控制，才能保证达到足够的精度和表面粗糙度标准。

使用平底刀进行斜面的加工或者曲面的等高加工时，会在两层间留下残余高度；而用球头铣刀进行曲面或平面的加工时也会留下残余高度；用平底刀进行斜面或曲面的投影切削加工时也会留下残余高度，这种残余类同于球头铣刀作平面铣削。下面介绍斜面或曲面数控加工编程中残余高度与刀轨行间距的换算关系，以及控制残余高度的几种常用编程方法。

1. 平底刀进行斜面加工的残余高度

对于使用平底刀进行斜面的加工，以一个与水平面夹角为 60° 的斜面为例作说明。选择刀具加工参数是：直径为 8mm 的硬质合金立铣刀，刀尖半径为 0，走刀轨迹为刀具中心；利用等弦长直线逼近法走刀，切削深度为 0.3mm，切削速度为 4000r/min，进给量为 500mm/min；三坐标联动，利用编程软件自动生成等高加工的 NC 程序。

（1）刀尖不倒角平头立铣刀加工。理想的刀尖与斜面的接触情况如图 1-28 所示，每两刀之间在加工表面出现了残留量，通过抛光工件，去掉残留量，即可得到要求的尺寸，并能保证斜面的角度。若在刀具加工参数设置中减小加工的切削深度，可以使表面残留量减少，抛光更容易，但加工时，NC 程序量增多，加工时间延长。这种用不倒角平头刀加工状况只是理想状态，在实际工作中，刀具的刀尖角是不可能为零的，刀尖不倒角，加工刀尖磨损快，甚至产生崩刃，致使刀具无法加工。

（2）刀尖倒斜角平头立铣刀加工。实际应用时用刀具的刀尖倒角 30°，倒角刃带宽 0.5mm 的平头立铣刀进行加工。刀具加工的其他参数设置同上，加工表面残留部分不仅包括分析（1）中的残留部分，而且增加了刀具被倒掉的部分形成的残留余量 aeb，这样，使得表面残留余量增多，其高度为 e 与理想面之间的距离为 ed，如图 1-29 所示。

而人工抛光是以 e、f 为参考的，去掉 e、f 之间的残留（即去掉刀痕），则所得表面与理想表面仍有 ed 距离，此距离将成为加工后存在的误差，即工件尺寸不到位，这就是锥体端面与锥孔端面贴合不拢的原因。若继续抛光则无参考线，不能保证斜面的尺寸和角度，导致注塑时产品产生飞边。

（3）刀尖倒圆角平头立铣刀加工。将刀具的刀尖倒角磨成半径为 0.5mm 的圆角，刃带宽 0.5mm 的平头立铣刀进行加工，发现切削状况并没有多大改善，而且刀尖圆弧刃磨时控制困难，实际操作中一般较少使用，如图 1-30 所示。

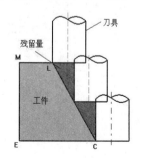
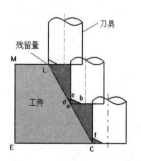
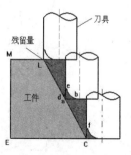

图 1-28　理想刀尖与斜面的接触　图 1-29　刀尖与斜面的实际接触　图 1-30　刀尖倒圆角平头立铣刀加工

通过以上分析可知：在使用平底刀加工斜面时，不倒角刀具的加工是最理想的状况，抛光去掉刀痕即可得到标准斜面，但刀具极易磨损和崩刃。实际加工中，刀具不可不倒角。而倒圆角刀具与倒斜角刀具相比，加工状况并没有多大改善，且刀具刃磨困难，实际加工时一般很少用。在实际应用中，倒斜角立铣刀的加工是比较现实的。改善加工状况，保证加工质量有以下方法。

（1）刀具下降：刀尖倒斜角时，刀具与理想斜面最近的点为 e，要使 e 点与理想斜面接触，即 e 点与 a 点重合，刀具必须下降 ea 距离，这可以通过准备功能代码 G92 位置设定指令实现。这种方法适用于加工斜通孔类零件。但是，当斜面下有平台时，刀具底面会与平台产生干涉而过切。

（2）采用刀具半径补偿：在按未倒角平头立铣刀生成 NC 程序后，将刀具作一定量的补偿，补偿值为距离 ed，使刀具轨迹向外偏移，从而得到理想的斜面。这种方法的思想源于倒角刀具在加工锥体时实际锥体比理想锥体大了，而加工锥孔时实际锥孔比理想锥孔小了，相当于刀具有了一定量的磨损，而对其进行补偿后，可以使实际加工出的工件正好是所要求的锥面或斜面。但是这种加工方式只能在没有其他侧向垂直的加工面时使用；否则，其他没有锥度的加工面将过切。

（3）偏移加工面：在按未倒角平头立铣刀生成 NC 程序前，将斜面 LC 向 E 点方向偏移 ed 距离，再编制 NC 程序进行加工，从而得到理想的斜面。这种方法先将锥体偏移一定距离使之变小，将锥孔偏移一定距离使之变大，再生成 NC 程序加工，从而使实际加工出的工件正好是所要求的锥面或斜面。

2. 用球头铣刀进行平面或斜面加工时的残余高度控制

在曲面精加工中更多采用的是球头铣刀，以下讨论基于球头铣刀加工的行距换算方法。图 1-31 为刀轨行距计算中最简单的一种情况，即加工面为平面。

这时，刀轨行距与残余高度之间的换算公式为

$$l = 2\sqrt{R^2 - (h - R)^2} \qquad \text{或} \qquad h = R - \sqrt{R^2 - (l/2)^2}$$

式中，l、h 分别表示残余高度和刀轨行距。在利用 CAD/CAM 软件进行数控编程时，必须在行距或残余高度中任设其一，其间关系就是由上式确定的。

同一行刀轨所在的平面称为截平面，刀轨的行距实际上就是截平面的间距。对曲面加工而言，多数情况下被加工表面与截平面存在一定的角度，而且在曲面的不同区域有着不同的夹角。从而造成同样的行距下残余高度大于加工表面与截平面无角度的情况，如图 1-32 所示。

图 1-32 中，尽管在 CAD/CAM 软件中设定了行距，但实际上两条相邻刀轨沿曲面的间距 l'（称为面内行距）却远大于 l。而实际残余高度 h' 也远大于图 1-31 中的 h。其间关系为

$$l' = l/\sin\theta \qquad \text{或} \qquad h' = R - \sqrt{R^2 - (l/2\sin\theta)^2}$$

由于现有的 CAD/CAM 软件均以图 1-31 所示的最简单的方式做行距计算，并且不能随曲面的不同区域的不同情况对行距大小进行调整，因此并不能真正控制残余高度（即面内行距）。这时，需要编程人员根据不同加工区域的具体情况灵活调整。

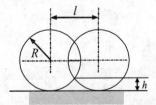

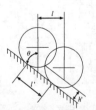

图 1-31　加工表面与截平面无角度　　　　图 1-32　实际情况

对于曲面的精加工而言，在实际编程中控制残余高度是通过改变刀轨形式和调整行距来完成的。一种是斜切法，即截平面与坐标平面成一定夹角（通常为 45°），该方法的优点是实现简单快速，但有适应性不广的缺点，对某些角度复杂的产品就不适用；另一种是分区法，即将被加工表面分割成不同的区域进行加工。该方法不同区域采用了不同的刀轨形式或者不同的切削方向，也可以采用不同的行距，修正方法可按上式进行。这种方式效率高且适应性好，但编程过程相对复杂一些。

第2章

UG CAM 入门

UG CAM 是通过一系列逻辑步骤对设计的零件进行加工的过程。在进行 UG CAM 加工之前，除了需要掌握一些数控知识外，还需掌握 UG CAM 模块的基本知识。

本章将介绍 UG CAM 的基本环境和操作界面以及 UG CAM 的加工过程。

☑ UG CAM 概述　　　　　　　　☑ UG 加工环境

☑ UG CAM 操作界面　　　　　　☑ UG CAM 加工过程

任务驱动&项目案例

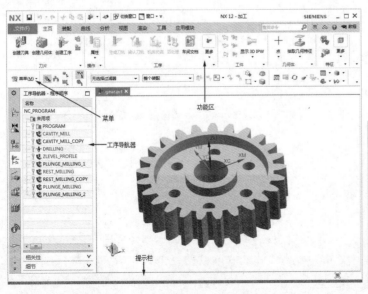

2.1　UG CAM 概述

本节将要讲述 UG CAM 的特点及其与 UG CAD 的关系。

2.1.1　UG CAM 的特点

1. 强大的加工功能

UG CAM 提供了以铣加工为主的多种加工方法，包括 2-5 轴铣削加工、2-4 轴车削加工、电火花线切割和点位加工等。

（1）UG CAM 提供了一个完整的车削加工解决方案。该解决方案的易用性很强，可以用于简单程序；该解决方案提供了足够强大的功能，可以跟踪多主轴、多转塔应用中最复杂的几何图形。可以对二维零件剖面或全实体模型进行粗加工、多程精加工、切槽、螺纹切削以及中心线钻孔。编程人员可以规定进给速度、主轴速度、零件余隙等参数，并对 A 轴和 B 轴工具进行控制。

（2）UG CAM 提供了多种铣削加工方法，可以满足各类铣削加工需求。

- ☑ Point to Point：完成各种孔加工。
- ☑ Panar Mill（平面铣削）：包括单向行切、双向行切、环切以及轮廓加工等。
- ☑ Fixed Contour（固定多轴投影加工）：用投影方法控制刀具在单张曲面上或多张曲面上的移动，控制刀具移动的可以是已生成的刀具轨迹、一系列点或一组曲线。
- ☑ Variable Contour：可变轴投影加工。
- ☑ Parameter line（等参数线加工）：可对单张曲面或多张曲面连续加工。
- ☑ Zig-Zag Surface：裁剪面加工。
- ☑ Rough to Depth（粗加工）：将毛坯粗加工到指定深度。
- ☑ Cavity Mill（多级深度型腔加工）：特别适用于凸模和凹模的粗加工。
- ☑ Sequential Surface（曲面交加工）：按照零件面、导动面和检查面的思路对刀具的移动提供最大程度的控制。

（3）UG CAM 为 2-4 轴线切割机床的编程提供了一个完整解决方案。可以进行各种线操作，包括多程压型、线逆向和区域去除。另外，该模块还为主要线切割机床制造商提供了后处理器支持，比如 AGIE、Charmilles、三菱等。

（4）UG CAM 提供了可靠的高度加工（High Speed Machining，简称 HSM）解决方案。UG CAM 提供的 HSM 可以均匀去除材料，进行高速粗加工，避免刀具嵌入过深，快速高效地完成加工任务，缩短产品的交付周期和降低成本。

2. 刀具轨迹编辑功能

UG CAM 提供的刀具轨迹编辑器可用于观察刀具的运动轨迹，并提供延伸、缩短或修改刀具轨迹的功能。同时，能够通过控制图形和文本的信息来编辑刀轨。因此，当要求对生成的刀具轨迹进行修改，或当要求显示刀具轨迹和使用动画功能显示时，都需要刀具轨迹编辑器。动画功能可选择显示刀具轨迹的特定段或整个刀具轨迹。附加的特征能够用图形方式修剪局部刀具轨迹，以避免刀具与定位件、压板等的干涉，并检查过切情况。

UG CAM 的刀具轨迹编辑器主要特点是显示对生成刀具轨迹的修改或修正；可进行对整个刀具轨迹或部分刀具轨迹的动画；可控制刀具轨迹动画速度和方向；允许选择的刀具轨迹在线性或圆形方向延伸；能够通过已定义的边界来修剪刀具轨迹；提供运动范围，并执行在曲面轮廓铣削加工中的过切检查。

3．三维加工动态仿真功能

UG/Verify 是 UG CAM 的三维仿真模块，利用它可以交互地仿真检验和显示 NC 刀具轨迹，它是一个无须利用机床、低成本、高效率的测试 NC 加工应用的方法。UG/Verify 使用 UG CAM 定义的 BLANK 作为初始的毛坯形状，显示 NC 刀轨的材料移去过程，检验包括错误（如刀具和零件碰撞曲面切削或过切和过多材料）。最后在显示屏幕上建立一个完成零件的着色模型，用户可以把仿真切削后的零件与 CAD 的零件模型比较，因而可以方便地看到，什么地方出现了不正确的加工情况。

4．后置处理功能

UG/Postprocessing 是 UG CAM 的后置处理功能模块，包括一个通用的后置处理器（GPM），使用户能够方便地建立用户定制的后置处理。通过使用加工数据文件生成器（MDFG），一系列交互选项提示用户选择定义特定机床和控制器特性的参数，包括控制器和机床特征、线性和圆弧插补、标准循环、卧式或立式车床、加工中心等。这些易于使用的对话框允许为各种钻床、多轴铣床、车床、电火花线切割机床生成后置处理器。后置处理器的执行可以直接通过 UG 或通过操作系统来完成。

2.1.2　UG CAM 与 UG CAD 的关系

UG CAM 与 UG CAD 是紧密集成的，因此在 UG CAM 中可以直接利用 UG CAD 创建的模型进行加工编程。通过 UG CAM 能够使用 UG 提供的行业领先的 CAD 系统的建模和装配功能。这些功能全部集成在同一个系统中。这样，用户就不必花费时间在一个不同的系统中创建几何图形，然后再将其导入。UG CAD 的混合建模提供了多种高性能工具，用于基于特征的参数化设计以及传统、显示建模和独特的直接建模，能够处理任何几何模型。

2.1.3　加工术语

1．组装

组装是包括（或作为组件参考）要加工的部件、毛坯、固定件、夹具和机床的部件。

2．装配

可以使用 NX 加工应用模块来加工各种装配部件。可以选择某个装配件文件或任一组件部件文件中的几何体以便用在某个工序中。如果选定几何体位于组件部件文件中，则 CAM 工序中将包含选定几何体。

CAM 对象（工序、刀具）只有在装配件文件中才可以被调用。可以调用刀具库或组件库部件文件。可以使用部件合并以将 CAM 对象从组件部件调用到装配件。

可以创建包含组件，如夹具和固定件的装配。此方法的特点如下。

- ☑　避免将夹具、固定件等几何体合并到要加工的部件中。
- ☑　可以为尚不具备写权限的模型生成完全关联的刀轨。
- ☑　使得多个 NC 程序员可以在独立的文件中同时编制 NC 数据。

3．工序导航器

工序导航器是一种图形化的组织辅助工具，具有图示几何体、加工方法和刀具参数组以及程序内的工序之间关系的树形结构。参数可以基于其在树形结构中的位置在组与组之间和组与工序之间向下传递或继承。可以查看和管理工序和参数组之间的关系，以在工序中共享参数。

4．工序

一个工序包含生成单个刀轨所使用的全部信息。

5．关联性

如果在生成刀轨后编辑工序使用的几何体或刀具，则重新生成时工序将自动使用新信息，不必重新选择几何体；如果删除了生成刀轨所需的几何体，则软件将提示指定新的几何体。

6．MCS

有两个特定于加工的坐标系：机床坐标系和参考坐标系。机床坐标系是所有后续刀轨输出点的基准位置。

2.2　UG 加工环境

UG 加工环境是指用户进入 UG 的制造模块后，进行加工编程等操作的软件环境。UG 可以为数控车、数控铣、数控电火花线切割等提供编程功能。但是每个编程者面对的加工对象可能比较固定，例如专门从事三维数控铣的人在工作中可能就不会涉及数控车、数控线切割编程，因此这些功能可以屏蔽掉。UG 为读者提供了这样的手段，用户可以定制和选择 UG 的编程环境，只将最适用的功能呈现在用户面前。

2.2.1　初始化加工环境

在 UG 12.0 软件中打开 CAD 模型后，选择"文件"→"启动"→"加工"命令，"文件"选项卡如图 2-1 所示。第一次进入加工模块时，系统要求设置加工环境，包括指定当前零件相应的加工模板、数据库、刀具库、材料库和其他一些高级参数。

"加工环境"对话框如图 2-2 所示，用户可选择模板零件，然后单击"确定"按钮，即可进入加工环境。此时，在 UG NX 的界面上的"主页"选项卡中出现"刀片"和"工序"两个组，分别如图 2-3 和图 2-4 所示。

图 2-1　"文件"选项卡

图 2-2　"加工环境"对话框

图 2-3　"刀片"组

图 2-4　"工序"组

如果用户已经进入加工环境，也可选择"菜单"→"工具"→"工序导航器"→"删除组装"命令，删除当前设置，然后重新进入图 2-2 中对加工环境进行设置。

2.2.2　设置加工环境

在如图 2-2 所示的"加工环境"对话框的"要创建的 CAM 组装"列表框中列出了 UG 所支持的加工环境，包括以下选项。

（1）mill_planar（平面铣）：主要进行面铣削和平面铣削，用于移除平面层中的材料。这种操作最常用于粗加工材料，为精加工操作做准备。

（2）mill_contour（轮廓铣）：型腔铣、深度加工固定轴曲面轮廓铣，可移除平面层中的大量材料，最常用于在精加工操作之前对材料进行粗铣。"型腔铣"用于切削具有带锥度的壁以及轮廓底面的部件。

（3）mill_multi-axis（多轴铣）：主要进行可变轴的曲面轮廓铣、顺序铣等。多轴铣是用于精加工由轮廓曲面形成的区域的加工方法，允许通过精确控制刀轴和投影矢量，使刀轨沿着非常复杂的曲面的复杂轮廓移动。

（4）hole_making（孔加工）：可以创建钻孔、攻丝、铣孔等操作的刀轨。

（5）turning（车加工）：使用固定切削刀具加强并合并基本切削操作，可以进行粗加工、精加工、开槽、螺纹加工和钻孔功能。

（6）wire_edm（线切割）：对工件进行切割加工，主要有 2 轴和 4 轴两种线切割方式。

2.3　UG CAM 操作界面

本节将要讲述 UG CAM 的操作界面以及基本工具。

2.3.1　基本介绍

进入加工环境后，出现如图 2-5 所示的加工界面。

1. 菜单

用于显示 UG NX 12.0 中各功能菜单，主菜单是经过分类并固定显示的。通过菜单可激发各层级联菜单，UG NX 12.0 的所有功能几乎都能在菜单上找到。

2. 功能区

功能区的命令以图形的方式在各个组和库中表示命令功能，以"主页"选项卡为例，如图 2-6 所示。所有功能区的图形命令都可以在菜单中找到相应的命令，这样可以使用户避免在菜单中查找命令的烦琐操作。

3. 工作区

客户视图区用来显示零件模型、刀轨及加工结果等。

4. 资源条

资源条包括一些导航器的按钮，例如"装配导航器""部件导航器""工序导航器""机床导航器""角色"等。通常导航器处于隐藏状态，当单击相应的导航器图标时，将打开导航器对话框。

5. 提示栏

提示用户当前正在进行的操作和操作的相关信息。根据提示栏里信息可以观察正在进行操作的信息。

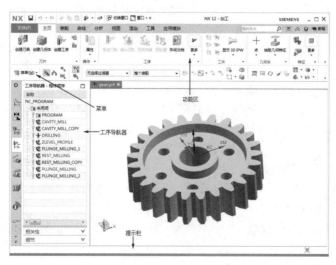

图 2-5　UG 加工主界面

图 2-6 "主页"选项卡中各个组和库

2.3.2 工序导航器

选择"菜单"→"工具"→"工序导航器"→"视图"下拉菜单，如图 2-7 所示。各图标功能如下。

（1）程序顺序视图：相当于一个具体工序（工步）的自动编程操作产生的刀轨（或数控程序），包括制造毛坯几何体、加工方法、刀具号等。

（2）加工方法视图：包含粗加工、半精加工、精加工、钻加工相关参数，如刀具、几何体类型等。

（3）几何视图：包含制造坐标系、制造毛坯几何体、加工零件几何体等。

（4）机床视图：包含刀具参数、刀具号、刀具补偿号等。

图 2-7 视图

在 UG 加工主界面中左边资源条上单击相关图标就会打开导航器窗口，它是一个图形化的用户交互界面，可以在导航器对加工工件进行相关的设置、修改和操作等。

在工序导航器里的加工程序上右击并打开快捷菜单，可以进行剪切、复制、删除、生成等操作，如图 2-8（a）所示。

在上边框条里共有 4 种显示形式，分别为程序顺序视图、机床视图、几何视图、加工方法视图，也就是父节点组共有 4 个，分别为程序节点、机床节点、几何节点、加工方法节点。在导航器里的空白处右击打开另一个快捷菜单，可以进行 4 种显示形式的转换，单击在菜单底部的"列"可以打开需要列出的有关视图信息，选某个选项后，将在导航器的增加相关的列。例如在图 2-8（b）中，选择"换刀"选项，则在导航器里出现"换刀"列；如果取消选择"换刀"选项，则不显示在导航器里。

快捷菜单中的导航器为"程序顺序"导航器，在根节点"NC_PROGRAM"下有两个程序组节点，分别为"未用项"和"PROGRAM"项。根节点"NC_PROGRAM"不能改变；"未用项"节点也是系统给定的节点，不能改变，主要用于容纳一些暂时不用的操作；"PROGRAM"是系统创建的主要加工节点。

图 2-8（a）图中选项的功能如下。

（1）编辑：对几何体、刀具、导轨设置、机床控制等进行指定或设定。

（2）剪切：剪切选中的程序。

（3）复制：复制选中的程序。

（4）删除：删除选中的程序。

（5）重命名：重新命名选中的程序。

（6）生成：生成选中的程序刀轨。

图2-8　工序导航器快捷菜单

（7）重播：重播选中的程序刀轨。

（8）后处理：后处理用于生成NC程序，单击此选项，打开如图2-9所示的"后处理"对话框，其中的各项设置好后，单击"确定"按钮，将生成NC程序，保存为"*.txt"文件，NC后处理程序如图2-10所示。

（9）插入：在图2-8（a）中单击"插入"选项后，将打开如图2-11所示的"插入"菜单，可以创建工序、程序组、刀具、几何体、方法等。

图2-9　"后处理"对话框

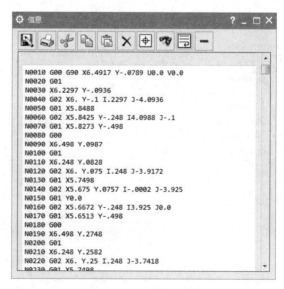

图2-10　NC后处理程序

（10）对象：在图2-8（a）中单击"对象"选项后，将打开如图2-12所示的"对象"菜单，可以进行CAM的变换和显示。单击"变换"选项将打开如图2-13所示的"变换"对话框，可以进行平移、缩放、绕点旋转、绕直线旋转等操作。

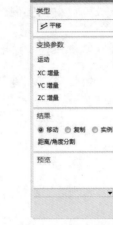

图2-11　"插入"菜单　　图2-12　"对象"菜单　　　　图2-13　"变换"对话框

如果选择"绕直线旋转"类型，"变换"对话框如图2-14（a）所示。选择"直线方法"为"选择"，选中某一直线，输入旋转角度为90°，选中"复制"单选按钮，单击"确定"按钮，变换后的刀轨如图2-14（b）所示。

（11）刀轨：在图2-8（a）中单击"刀轨"选项后，将打开如图2-15所示的"刀轨"菜单。可以进行刀轨的编辑、删除、列表、确认、仿真等操作。

在"刀轨"菜单中单击"编辑"选项后，将打开"刀轨编辑器"对话框，可以对刀轨进行过切和碰撞检查、动画仿真。更重要的是，可以对刀轨的"CLSF"文件进行编辑、粘贴、删除等操作，实现合理的"CLSF"，如图2-16所示。

（a）"变换"对话框　　　　　（b）变换后的刀轨

图2-14　"变换"操作　　　　　　　　　　图2-15　"刀轨"菜单

在"刀轨"菜单中单击"列表"选项后，将打开"信息"窗口，列出了"CLSF"文件的所有语句，如图2-17所示。

图2-16 "刀轨编辑器"对话框

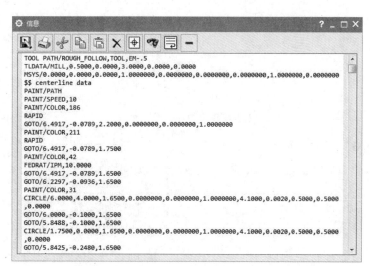

图2-17 "信息"窗口

2.3.3 功能区

功能区一般与主要的操作指令相关，可以直观快捷地执行操作，提高效率。经常用的有"刀片"组、"操作"组和"工序"组等。

1."刀片"组

"刀片"组如图2-18所示，主要包括以下选项。

（1）创建刀具：创建刀具节点，对象将显示在"操作导航器"的"机床视图"中。

（2）创建几何体：创建加工几何节点，对象将显示在"操作导航器"的"几何视图"中。

（3）创建工序：创建一个具体的工序操作，对象将显示在"操作导航器"的所有视图中。

（4）创建程序：创建数控加工程序节点，对象将显示在"操作导航器"的"程序视图"中。

（5）创建方法：创建加工方法节点，对象将显示在"操作导航器"的"加工方法视图"中。

2."操作"组

"操作"组如图2-19所示，主要包括以下选项。

（1）显示对象：从操作导航器中显示CAM对象。

（2）编辑对象：对几何体、刀具、导轨设置、机床控制等进行指定或设定。

（3）剪切对象：剪切选中的程序。

（4）复制对象：复制选中的程序。

（4）复制对象：复制选中的程序。

（5）粘贴对象：粘贴复制的程序。

（6）删除对象：从操作导航器中删除 CAM 对象。

以上各功能与图 2-8 中的导航器快捷菜单的各功能作用相同，也可以在"工序导航器"中通过右击，在弹出的快捷菜单中进行相应的操作。

图 2-18　"刀片"组

图 2-19　"操作"组

3．"工序"组

"工序"组如图 2-20 所示，主要包括以下选项。

图 2-20　"工序"组

（1）生成刀轨：为选中的操作生成刀轨。

（2）确认刀轨：确认选定的刀轨并显示刀运动和材料移除，单击此图标将打开"刀轨可视化"对话框。

（3）机床仿真：使用以前定义的机床仿真。

（4）后处理：对选定的操作进行后处理，生产 NC 程序，同图 2-8（a）工序导航器快捷菜单里的"后处理"选项功能相同。

（5）车间文档：创建加工工艺报告，其中包括刀具几何体、加工顺序和控制参数。单击此图标，将打开如图 2-21 所示的"车间文档"对话框，每种报告模式可保存为纯文本格式（TEXT 文件）和超文本格式（HTML 文件）。纯文本格式的车间工艺文件不能包含图像信息，而超文本格式的车间工艺文件可以包含图像信息，需要利用 Web 浏览器阅读。

（6）重播刀轨：在视图窗口中重现选定的刀轨。

（7）列出刀轨：在信息窗口中列出选定刀轨 GOTO、机床控制信息以及进给率等，如图 2-17 所示。

（8）同步：使 4 轴机床和复杂的车削装置的刀轨同步。

（9）CLSF 输出：列出可用的 CLSF 输出格式，单击此图标，将打开如图 2-22 所示的"CLSF 输出"对话框，单击"确定"按钮后将生成如图 2-17 所示的"信息"窗口。

（10）批处理：提供以批处理方式处理与 NC 有关的输出的选项。

图 2-21　"车间文档"对话框　　　　图 2-22　"CLSF 输出"对话框

2.4　UG CAM 加工过程

本节将要讲述 UG CAM 的一般加工过程。

2.4.1　创建刀具

单击"主页"选项卡"刀片"面板中的"创建刀具"按钮，打开如图 2-23 所示的"创建刀具"对话框。在"库"栏中选择已经定义好的刀具。

（1）在"库"栏中单击"从库中调用刀具"按钮，打开如图 2-24 所示的"库类选择"对话框，共分以下 4 个大类：铣、钻、车、实体。每个大类里面包括许多子类，图 2-24 中显示了在"铣"大类里面就包括数个子类。

图 2-23　"创建刀具"对话框　　　图 2-24　"库类选择"对话框

（2）选中某一子类，假如选中"端铣刀（不可转位）"子类，单击"确定"后，将打开如图2-25所示的"搜索准则"对话框，该图中给出了参数选项：直径、刀刃长度、材料、夹持系统等。在全部或部分选项的右边文本框中输入数值，单击"计算匹配数"按钮 ，右边将显示符合条件的刀具数量，单击"确定"按钮即可打开如图2-26所示的"搜索结果"对话框，列出符合条件的刀具的详细信息。

图2-25　"搜索准则"对话框

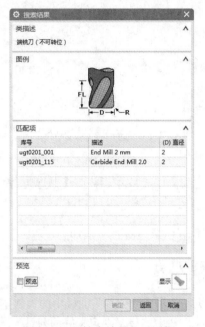

图2-26　"搜索结果"对话框

（3）选中某个适合的刀具，在"库号"下选中"ugt0201_001"刀具，单击"显示"按钮，可以在视图区中图形上亮出刀具轮廓，显示刀具轮廓如图2-27所示。

（4）选定刀具后，单击"确定"按钮，返回"创建刀具"对话框，同时在"机床"工序导航器中列出了创建的刀具，如图2-28所示。

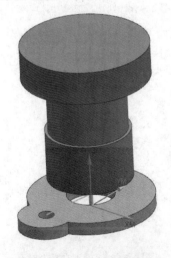

图2-27　显示刀具轮廓

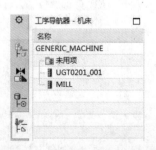

图2-28　"机床"工序导航器

刀具位置可以通过右击打开快捷菜单进行改变操作，快捷菜单与图 2-8 中的快捷菜单相似，可以对刀具节点进行编辑、剪切、复制、粘贴、重命名等操作。由于一个操作只能使用一把刀具，在同一把刀具下，改变操作的位置没有实际意义。但在不同刀具之间改变操作的位置，将改变操作所使用的刀具。

2.4.2　创建几何体

1. "创建几何体"对话框

单击"主页"选项卡"刀片"面板中的"创建几何体"按钮，打开如图 2-29 所示的"创建几何体"对话框。

（1）"类型"栏列出了具体的 CAM 类型。

（2）"几何体子类型"栏包括 MCS 、MILL_GEOM 、MILL_AERA 、MILL_BND 、MILL_TEXTA、WORKPIECE 等。

（3）"位置"栏列出了将要创建的几何体所在节点位置，主要有 GEOMETRY、MCS_MILL、NONE、WORKPIECE 这 4 个节点位置。

2. 创建几何体

在"创建几何体"对话框中选择"mill_planar"类型，在"几何体子类型"栏中选择"WORKPIECE "，在"位置"栏中选择"WORKPIECE"，在"名称"栏的文本框中输入"WORKPIECE_1"，单击"确定"按钮建立一个几何体。按照同样方法建立第二个几何体，在"名称"栏的文本框中输入"WORKPIECE_2"。两个几何体建立完毕后，打开如图 2-30 所示的"工序导航器-几何"。

图 2-29　"创建几何体"对话框

图 2-30　工序导航器-几何

图 2-30 中各节点的作用说明如下。

（1）GEOMETRY：该节点是系统的根节点，不能进行编辑、删除等操作。

（2）未用项：该节点也是系统给定的节点，用于容纳暂时不用的几何体，不能进行编辑、删除等操作。

（3）MCS_MILL：该节点是一个几何节点，选中此节点，并右击打开快捷菜单，可以进行编辑、剪切、复制、粘贴、重命名等操作。

（4）WORKPIECE：该节点是工件节点，用来指定加工工件。"WORKPIECE_1"和"WORKPIECE_2"这两个工件节点是刚刚创建的几何体节点，在"WORKPIECE"下面，是"WORKPIECE"的子节点，构成父子关系，"WORKPIECE"是"MCS_MILL"的子节点，构成父子关系。"WORKPIECE_1"和"WORKPIECE_2"作为最低层的节点，将继承"MCS_MILL"加工坐标系和"WORKPIECE"中定义的零件几何体和毛坯几何体的参数。

几何体节点可以定义成操作导航器中的共享数据，也可以在特定的操作中个别定义，只要使用了共享数据几何体，就不能在操作中个别定义几何体。

可以通过右击打开快捷菜单对几何体节点进行编辑、剪切、复制、粘贴、重命名等操作，如果改变了几何体节点的位置，使"父子"关系改变，会导致几何体失去从父组几何体中继承过来的参数，使加工参数发生改变；同时，其下面的子组也可能失去从几何体继承的参数，造成子组及其以下几何体和操作的参数发生改变。

2.4.3　创建方法

加工方法是为了自动计算切削进给率和主轴转速时才需要指定的，加工方法并不是生成刀具轨迹的必要参数。

1. "创建方法"对话框

单击"主页"选项卡"刀片"面板中的"创建方法"图标，打开如图 2-31 所示的"创建方法"对话框。对话框里的选项和"创建几何体"对话框的选项基本相同，区别在于"位置"栏，也就是指创建"方法"所在的位置不同，不同的"类型"提供容纳"方法"位置的数目不同。

例如，对于"mill_planar"提供 5 个位置：METHOD、MILL_FINISH、MILL_ROUGH、MILL_SEMI_FINISH、NONE；对于"drill"只提供 3 个位置：METHOD、NONE、DRILL_METHOD。

2. 创建方法实例

在"类型"栏中选择"mill_planar"选项，在"位置"栏中选择"METHOD"选项，利用默认的"名称"，单击"确定"按钮，打开如图 2-32 所示的"铣削方法"对话框。"铣削方法"对话框由以下 4 部分组成。

（1）余量：主要指部件余量，在"部件余量"的右侧文本框内输入数值，即可指定本加工节点的加工余量。

（2）公差：设置包括"内公差"和"外公差"两项，使用"内公差"可指定刀具穿透曲面的最大量，使用"外公差"可指定刀具能避免接触曲面的最大量。在"内公差"和"外公差"右侧文本框内输入数值，为本加工节点指定内外公差。通常采用系统默认值。

图 2-31　"创建方法"对话框

图 2-32　"铣削方法"对话框

（3）刀轨设置：包括"切削方法"和"进给"两个选项。

① 切削方法：单击"切削方法"图标，打开如图 2-33 所示的"切削方法"搜索结果对话框，列出了可以选择的切削方法。选择"END MILLING"选项，单击"确定"按钮可返回"铣削方法"对话框。

② 进给：单击"进给"图标，打开如图 2-34 所示的"进给"对话框，用于设置各运动形式的进给率参数，由"切削""更多"和"单位"等组成。"切削"用于设置正常切削时的进给速度；"更多"给出了刀具的其他运动形式的参数；"单位"用于设置切削和非切削运动的单位。通常采用系统默认值。单击"确定"按钮可返回"铣削方法"对话框。

（4）选项。

① 颜色：单击"颜色"图标，打开如图 2-35 所示的"刀轨显示颜色"对话框，用于设置不同刀轨的显示颜色，单击每种刀轨右边的颜色图标，将打开颜色对话框，进行颜色的选择和设置。

② 编辑显示：单击"编辑显示"图标，打开如图 2-36 所示的"显示选项"对话框，可以进行刀具和刀轨的设置。

以上各项设置完毕后，在"铣削方法"对话框中单击"确定"按钮，建立新的加工方法。同时在"工序导航器-加工方法"中列出了创建的加工方法，如图 2-37 所示。

Note

图 2-33　"切除方法"搜索结果对话框

图 2-34　"进给"对话框

图 2-35　"刀轨显示颜色"对话框

图 2-36　"显示选项"对话框

图 2-37　工序导航器-加工方法

图 2-37 中各节点的说明如下。

☑ METHOD：系统给定的根节点，不能改变。

☑ 未用项：系统给定的节点，不能删除，用于容纳暂时不用的加工方法。

☑ MILL_ROUGH：系统提供的粗铣加工方法节点，可以进行编辑、剪切、复制、删除等操作。

☑ MILL_SEMI_FINISH：系统提供的半精铣加工方法节点，可以进行编辑、剪切、复制、删除等操作。

☑ MILL_FINISH：系统提供的精铣加工方法节点，可以进行编辑、剪切、复制、删除等操作。

加工方法节点之上同样可以有父节点，之下有子节点。加工方法继承其父节点加工方法的参数，同时也可以把参数传递给它的子节点加工方法。

加工方法的位置可以通过右击打开快捷菜单进行编辑、剪切、复制、粘贴、重命名等操作。但改变加工方法的位置，也就改变了它的加工方法的参数，当系统执行自动计算时，切削进给量和主轴转速会发生相应的变化。

3. 运动形式参数说明

在如图 2-34 所示的"进给"对话框中给出了需要进行进给率设置的各运动形式，在加工过程中，包含多种运动形式，可以分别设置不同的进给率参数，以提高加工效率和加工表面质量。

（1）刀具运动：完整刀具运动形式如图 2-38 所示，非切削运动形式如图 2-39 所示。

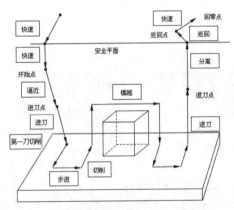

图 2-38　完整刀具运动形式示意图

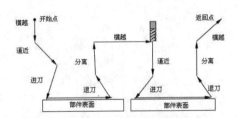

图 2-39　非切削运动形式示意图

（2）各运动形式的含义。

① 快速（Rapid）：非切削运动。仅应用到刀具路径中下一个 GOTO 点和 CLSF，其后的运动使用前面定义的进给率。如果设置为 0，则由数控系统设定的机床快速运动速度决定。

② 逼近（Approach）：指刀具从开始点运动到进刀位置之间的进给率，在平面铣和行型腔铣中，逼近进给率用于控制从一个层到下一个层的进给。如果为 0，系统使用"快速"进给率。

③ 进刀（Engage）：非切削运动。指刀具从进刀点运动到初始切削位置的进给率，同时也是刀具在抬起后返回工件中时的返回进给率。如果为 0，系统使用"切削"进给率。

④ 第一刀切削（First Cut）：切削运动。指切入工件第一刀的进给率，后面的切削将以"切削"进给率进行。如果为 0，系统使用"切削"进给率。由于毛坯表面通常有一定的硬皮，一般取进刀速度小的进给率。

⑤ 步进（Step Over）：切削运动。刀具运动到下一个平行刀路时的进给率。如果从工件表面提刀，不使用"步进"进给率，它仅应用于允许往复（Zig-zag）刀轨的地方。如果为 0，系统使用"切削"

进给率。

⑥ 切削（Cut）：切削运动。刀具跟部件表面接触时刀具的运动进给率。

⑦ 横越（Traversal）：非切削运动。指刀具快速水平非切削的进给率。只在非切削面的垂直安全距离和远离任何型腔岛屿和壁的水平安全距离时使用。在刀具转移过程中保护工件，也无须抬刀至安全平面。如果为 0，系统使用"快速"进给率。

⑧ 退刀（Retract）：非切削运动。刀具从切削位置最后的刀具路径到退刀点的刀具运动进给率。如果为 0，对线性退刀，系统使用"快速"进给率退刀；对于圆形退刀，系统使用"切削"进给率退刀。

⑨ 分离（Departure）：非切削运动。指刀具从"退刀"运动移动到"快速"运动的起点或"横越"运动时的进给率。如果为 0，系统使用"快速"进给率。

⑩ 返回（Return）：非切削运动。刀具移动到返回点的进给率。如果为 0，系统使用"快速"进给率。

（3）单位：包括两个选项，即"设置非切削单位"和"设置切削单位"。"设置非切削单位"用于设置非切削运动单位，"设置切削单位"用于设置切削运动单位。二者的设置方法相同，对于米制单位可以选择 mmpm、mmpr、none；对于英制单位可以选择 IPM、IPR、none。

2.4.4 创建工序

1. "创建工序"对话框

单击"主页"选项卡"刀片"面板中的"创建工序"按钮 ，打开如图 2-40 所示的"创建工序"对话框。

图 2-40 "创建工序"对话框

（1）类型：列出了具体的 CAM 类型，可根据加工要求选择具体的类型。

（2）工序子类型：不同的类型有不同的工序子类型，在此栏中将显示不同的图标，可根据加工要求选择子类型。

（3）位置：位置栏给出了将要创建的工序在"程序""刀具""几何体""方法"中的位置。

① 程序：指定将要创建的工序的程序父组。单击右边的下拉箭头，将显示可供选择的程序父组。选择合适的程序父组，操作将继承该程序父组的参数。默认程序父组为名称为"NC_PROGRAM"。

② 刀具：指定将要创建的工序的加工刀具。单击右边的下拉箭头，将显示可供选择的刀具父组。选择合适的使用刀具，所创建的操作将使用该刀具对几何体进行加工。如果之前用户没有创建刀具，则在下拉列表框中没有可选的刀具，需要用户在某一加工类型的工序对话框中单独创建。

③ 几何体：指定将要创建的工序的几何体。单击右边的下拉箭头，将显示可供选择的几何体。选择合适的几何体，工序将对该几何体进行加工。默认几何体为 "MCS_MILL"。

④ 方法：指定将要创建的操作的加工方法。单击右边的下拉箭头，将显示可供选择方法。选择合适的加工方法，系统将根据该方法中设置的切削速度、内外公差和部件余量对几何体进行切削加工。默认的加工方法为"METHOD"。

（4）名称：指定工序的名称。系统会为每个工序提供一个默认的名字，如果需要更改，可在文本框中输入一个英文名称，即可为工序指定名称。

2．创建工序实例

创建工序的具体实例将在后面的章节中会详细讲解。

第 2 篇

铣削加工篇

本篇将在读者熟练掌握上一篇 UG CAM 相关基础知识的基础上，进行各种类型零件的铣削加工方法与技巧的讲解。先简要讲解铣削公用参数，然后按从易到难的顺序分别讲解平面铣、型腔铣、深度轮廓铣、插铣和多轴铣的加工操作思路与方法。

通过本篇的学习，读者可以完整掌握 UG 中各种铣削加工的操作设计方法与技巧，达到熟练使用 UG 进行各种铣削加工的学习目的。

第**3**章

铣削公用参数

本章着重介绍在铣削加工过程中通用的参数，包括几何体的概念和种类、切削参数的使用和设置参数等内容。在学完本章内容后，读者可以对铣削过程中需要使用的概念和参数有初步的了解，在结合后面章节的学习中可进一步地理解本章内容。

☑ 几何体　　　　　　　　　　　　　☑ 公用切削参数

任务驱动&项目案例

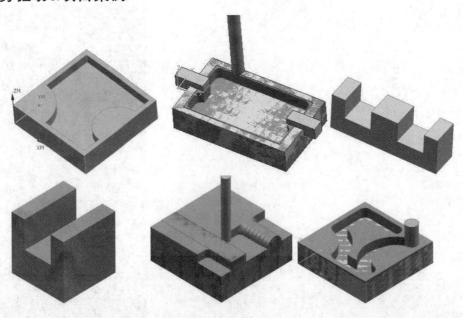

3.1　几　何　体

在 UG CAM 铣削加工中，涉及多种几何体类型，包括部件几何体、毛坯几何体、检查几何体、裁剪几何体、面几何体、切削区域、壁几何体等，每种铣削操作中所用到的几何体类型和数目并不相同，具体用到哪些几何体类型，由铣削操作类型、子类型以及驱动方法等确定。

3.1.1　部件几何体

使用部件几何体指定粗加工和精加工工序要加工的几何体。

用户指定用于表示已完成的部件，这就是部件几何体。为使用过切检查，必须指定或继承实体部件几何体。平面铣削中的部件几何体和型腔铣的概念基本相同。

部件几何体可以在"操作导航器-几何"中指定。

图 3-1　上边框条

（1）在 NX 12.0 加工环境中，单击"上边框条"中的"几何视图"图标，如图 3-1 所示。

（2）在如图 3-2（a）所示的"工序导航器-几何"中单击"WORKPIECE"进行部件几何体的指定，双击"WORKPIECE"，打开如图 3-2（b）所示的"工件"对话框，单击"指定部件"右边的"选择或编辑部件几何体"图标 ，指定部件几何体。图 3-2（c）为指定的部件几何体，选中的几何体将高亮显示。

　　（a）工序导航器-几何　　　　　（b）"工件"对话框　　　　　（c）部件几何体

图 3-2　指定部件几何体

3.1.2　毛坯几何体

使用"毛坯几何体"指定要从中切削的材料，如锻造或铸造。通过从最高的面向上延伸切削到毛坯几何体的边，可以快速轻松地移除部件几何体特定层上方的材料。

在"工件"对话框中单击"指定毛坯"右边的"选择或编辑毛坯几何体"图标 指定毛坯。通过"指定毛坯"选项指定将表示要切削掉的原材料的几何体，如图3-3（a）所示。毛坯边界不表示最终部件，但可以对毛坯边界直接进行切削或进刀，在底面和岛顶部定义切削深度。图3-3展示了从毛坯几何体经过切削后形成最终部件几何体的过程。

（a）毛坯几何体　　　　　　（b）切削　　　　　　（c）部件几何体

图3-3　毛坯几何体

3.1.3　检查几何体

使用"检查几何体"指定希望刀具避让的几何体。

在"几何体"栏中单击"选择或编辑检查几何体"按钮 ⬛ 指定检查几何体。"检查几何体"或"检查边界"允许指定体或封闭边界用于表示夹具。如果使用了封闭的边界，则检查边界的所有成员都具有相切的刀具位置。类似于"平面铣"操作中的"检查边界"，材料一侧是根据边界的方向定义的。它表示材料的位置，并且既可以在内部也可以在外部（沿刀具轴测量，从边界的平面开始）。检查边界平面的法向必须平行于刀具轴。

使用"指定检查"选项定义不希望与刀具发生碰撞的几何体，比如固定部件的夹具，如图3-4所示。在指定检查边界不会在"检查几何体"覆盖待删除材料空间的区域进行切削。用户可以选择"平面铣"→"切削参数"→"余量"→"检查余量"选项，打开"切削参数"对话框，以设定"检查余量"的值，如图3-5所示。当刀具遇到"检查几何体"时，有以下3种情况。

（1）如果选中"平面铣"→"切削参数"→"连接"→"优化"下的"跟随检查几何体"复选框，如图3-6所示。刀具将绕着"检查几何体"切削，如图3-7（a）所示，可以看出刀轨绕开"检查几何体"。

　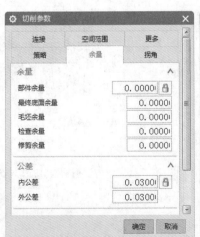　

图3-4　固定部件的夹具　　图3-5　"切削参数"对话框　　图3-6　"跟随检查几何体"选项

（2）如果在图 3-6 中未选中"平面铣"→"切削参数"→"连接"→"优化"下的"跟随检查几何体"复选框，刀具将退刀，如图 3-7（b）所示，可以发现刀具退刀从上面越过"检查几何体"。

（3）设定完"检查几何体"并选中"跟随检查几何体"复选框后，则图 3-7 生成的 3D 切削结果将如图 3-8 所示，在夹具下面部分的材料未被切削。

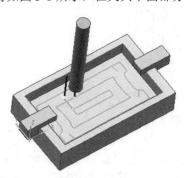

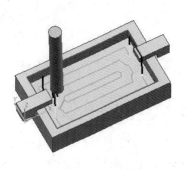

（a）选中"跟随检查几何体" 　（b）未选中"跟随检查几何体"

图 3-7　"检查几何体"刀轨　　　　图 3-8　设定"检查几何体"后的切削部件

3.1.4　修剪几何体

在"几何体"栏中单击"指定修剪边界"右边的"选择或编辑修剪边界"图标，打开如图 3-9 所示的"修剪边界"对话框，指定修剪几何体。可以通过"修剪边界"选项指定将在各个切削层上进一步约束切削区域的边界。通过将"修剪侧"指定为"内侧"或"外侧"（对于闭合边界），或指定为"左"或"右"（对于开放边界），定义要从操作中排除的切削区域面积，如图 3-10 所示。

另外可以指定一个"修剪余量"值（在图 3-5 中通过"切削参数"→"余量"→"修剪余量"进行设定）来定义刀具与"修剪几何体"的距离，如图 3-11 所示。刀具位置"在上面"总是应用于"修剪边界"，不能将刀具位置指定为"相切于"。

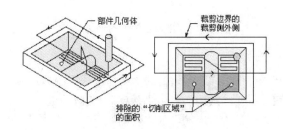

图 3-9　"修剪边界"对话框　　　　　　图 3-10　外部修剪侧

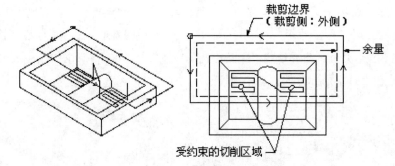

图 3-11　修剪边界

3.1.5　边界几何体

"边界几何体"包含封闭的边界，这些边界内部的材料指明了要加工的区域，在图 3-2（b）中，单击"指定部件""指定毛坯""指定检查"中的任意一个右边的图标（选择或编辑边界），都可打开如图 3-12 所示的"部件边界"对话框。可通过选择以下任何一个"选择方法"选项来创建边界。

1. 面

在如图 3-13 所示的几何体中选择满足要求的平面。当通过面创建边界时，默认情况下，与所选面边界相关联的体将自动用作部件几何体，用于确定每层的切削区域。如果希望使用切切检查，则必须选择部件几何体作为几何体父组或操作中的部件。通过"曲线"或"点"创建的面边界不具有此关联性。

图 3-12　"部件边界"对话框

图 3-13　选择"面"创建边界

2. 曲线

在"部件边界"对话框的"选择方法"中选择"曲线"，如图 3-14 所示。其中，"边界类型"用于确定边界是"封闭"还是"开放"，此时的选择将影响后面"刀具侧"，如果"类型"为"封闭"，则"刀具侧"为"内侧"或"外侧"；如果"类型"为"开放"，则"刀具侧"为"左"或"右"。通过"曲线" 创建的边界如图 3-15 所示。

图 3-14　"曲线"选择方法

图 3-15　选择"曲线"创建边界

3. 点

"点"连接起来必须可形成多边形。在"部件边界"对话框的"选择方法"中选择"点",如图 3-16 所示。除边界通过"点方法"创建外,其余各选项与图 3-14 中的选项相同。

首先选择"点",然后通过"点"创建"边界"。通过"点"创建的边界如图 3-17 所示。

（a）选择"创建边界"的点

图 3-16　"点"选择方法

（b）通过"点"创建的边界

图 3-17　利用"点"创建边界

📢 **注意**：面边界的所有成员都具有相切的刀具位置。必须至少选择一个面边界来生成刀轨。面边界平面的法向必须平行于刀具轴。

3.1.6　切削区域

"切削区域"是用于定义要切削的面,通过"切削区域",可选择多个面,但只能用平直的面。在指定切削区域之前,必须先指定部件几何体,并且选择用来定义切削区域的几何体必须包含在部件几何体中。

在"mill_planar（平面铣）"中的底壁铣、带边界面铣削以及"mill_contour（轮廓铣）"等须利用"切削区域"来定义要切削的面。

例如，选择底壁铣，在如图 3-18 所示的"底壁铣"对话框中单击"指定切削区域底面"右侧的"选择或编辑切削区域几何体"图标，打开如图 3-19 所示的"切削区域"对话框，进行待切削面的选择，在如图 3-20（a）所示的部件几何体上选择加工面，作为待加工区域，如图 3-20（b）所示。

可以在"面铣削"操作中定义"切削区域"，或者直接从 MILL_AREA 几何体组中继承。

当"MILL_AREA（面几何体）"不足以定义部件体上所加工的面时，可使用"切削区域"。而且，当希望使用壁几何体时，如果加工的面已具有完成的壁，并且壁需要特别指定的余量而非部件余量时，可使用"切削区域"。请注意，只有垂直于刀具轴的平坦的"切削区域"面才会被处理。

图 3-18 "底壁铣"对话框

图 3-19 "切削区域"对话框

（a）部件

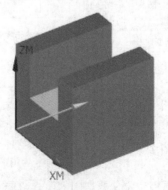

（b）待切削区域

图 3-20 选择"切削区域"

Note

　　要使用"切削区域"，不能同时在"面铣削"操作中选择或继承"MILL_AREA"，如果"MILL_AREA"与"切削区域"混合使用时，必须移除其中的一个；否则将弹出如图 3-21 所示的"操作参数"警告对话框。

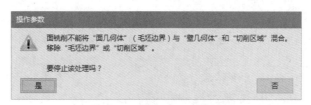

图 3-21　"操作参数"警告对话框

3.1.7　壁几何体

　　使用"壁余量"和"壁几何体"可以覆盖与工件体上的加工面相关的壁的"部件余量"。在"面铣削"操作中使用"壁余量"和"壁几何体"，可以将部件上待加工面以外的面选为"壁几何体"，并将唯一的"壁余量"应用到这些面上来替换"部件余量"。

　　"壁几何体"可以由任意多个修剪面或未修剪面组成，唯一的限制就是这些面都必须包括在"部件几何体"中。在"面铣削"操作的"切削参数"对话框中可定义"壁余量"，如图 3-22 所示。使用"壁几何体"时，必须首先选择或继承"切削区域"以定义"面铣削"操作中的加工面。在"面铣削"操作中选择"壁几何体"，或者从"MILL_AREA"几何体组中继承。图 3-23 说明了在"面铣削"操作中与部件体关联的几种不同"面"类型。

图 3-22　"壁余量"设置

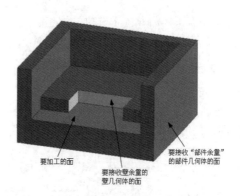

图 3-23　"壁余量"的部件

　　在"面铣削区域"对话框中的"自动壁"选项，即为"自动壁识别"，通过使用"自动壁识别"，"面铣削"处理方式可以自动识别"壁余量"并将其应用到与选定"切削区域"面相邻的面。

3.2　公用切削参数

　　"切削参数"可设置与部件材料的切削相关的选项。大多数（并非全部）处理器将共享这些切削参数选项。

"切削参数"对话框如图 3-24 所示,使用此对话框可以修改操作的切削参数。可用的参数会发生变化,并由操作的"类型"、"子类型"和"切削模式"共同决定。

图 3-24　"切削参数"对话框

3.2.1　策略参数

切削选项是否可用将取决于选定的加工方式("平面铣"或"型腔铣")和切削模式("直线"、"跟随部件"或"轮廓"等)。下面介绍在特定的加工方式或切削模式中可用的选项。

1. 切削方向

"切削方向"主要有顺铣、逆铣、跟随边界、边界反向 4 种。

(1)顺铣:铣刀旋转产生的切线方向与工件进给方向相同,如图 3-25 所示。

(2)逆铣:铣刀旋转产生的切线方向与工件进给方向相反,如图 3-26 所示。

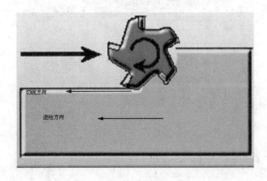

图 3-25　顺铣

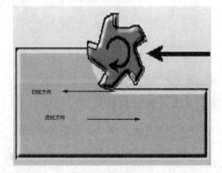

图 3-26　逆铣

(3)跟随边界:切削行进的方向与边界选取时的顺序一致,如图 3-27 所示。

（4）边界反向：切削行进的方向与边界选取时的顺序相反，如图 3-28 所示。

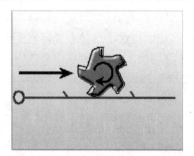

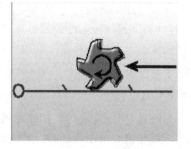

图 3-27 跟随边界   图 3-28 边界反向

2．切削顺序

切削顺序指定如何处理贯穿多个区域的刀轨，定义刀轨的处理方式，主要有两种切削顺序：层优先和深度优先。

（1）层优先：刀具在完成同一切削深度层的所有切削区域后，再切削下一个切削深度层，通常适用于工件中有薄壁凹槽的情况。在图 3-29 中，图（a）毛坯经过"层优先"切削加工得到图（b），两个腔的切削深度相同，最终得到工件图（c）。

（a）毛坯   （b）切削加工   （c）最终的工件

图 3-29 "层优先"加工示意图

（2）深度优先：系统将切削至每个腔体中所能触及的最深处。也就是说，刀具在到达底部后才会离开腔体。刀具先完成某一切削区域的所有深度上的切削，然后切削下一个特征区域，可减少提刀动作，如图 3-30 所示。

从图 3-29（b）和图 3-30 相比较可以发现，"层优先"切削顺序是 A 和 B 两个区域一起切削，同时切削完毕，但"深度优先"切削则是 A 区域全部切削完毕，再切削 B 区域。图 3-31 给出了切削顺序对比示意图，希望读者能够加深对切削顺序的理解。

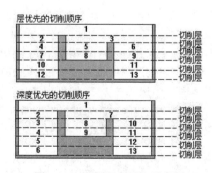

图 3-30 "深度优先"加工示意图   图 3-31 切削顺序对比示意图

3．刀路方向

刀路方向（仅"跟随周边"）允许指定刀具从部件的边缘向中心切削（或从部件的中心向边缘切削）。这种使腔体加工刀轨反向的处理过程为面切削或型芯切削提供了一种方式，它无须预钻孔，从而减少了切屑的干扰。该选项可在"向内"和"向外"之间切换。"向内"从边缘向中心切削，如图3-32（a）所示；"向外"则使刀具从中心向边缘切削，如图3-32（b）所示。系统默认是"向外"。

4．岛清理

"岛清理"选项（"跟随周边"和"轮廓"切削）可确保在"岛"的周围不会留下多余的材料，每个"岛"区域都包含一个沿该岛的完整清理刀路，如图3-33所示。

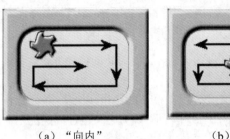

(a)"向内"　　　　　　　(b)"向外"

图3-32　刀路方向

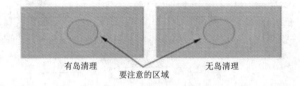

有岛清理　　　　要注意的区域　　　　无岛清理

图3-33　岛清理

> **注意：** "岛清理"主要用于粗加工切削。应指定"部件余量"以防止刀具在切削不均等的材料时便将岛切削到位。当使用"轮廓"切削模式时，不需要打开"岛清理"选项。

5．壁清理

"壁清理"是"面切削"、"平面铣"和"型腔铣"操作中都具有的切削参数。当使用"单向"、"往复"和跟随周边"切削模式时，使用"壁清理"参数可以去除沿部件壁面出现的脊。系统通过在加工完每个切削层后插入一个"轮廓刀路"来完成清壁操作。使用"单向"和"往复"切削模式时，应打开"壁清理"选项。这可保证部件的壁面上不会残留多余的材料，从而不会出现在下一切削层中刀具应切削的材料过多的情况。使用"跟随周边"时无须打开"壁清理"选项。

"壁清理"主要包括4个选项，下面主要对前3项进行讲解。

（1）无：在切削过程中没有清壁过程。在图3-34中，对工件进行平面铣，采用"往复"切削模式，在"壁清理"中选择"无"，切削完毕后，在工件周围壁上留有残余材料（脊）。

（2）在起点：在切削时，先进行"壁清理"，然后进行剩余材料的切削。在图3-35，对工件进行平面铣，采用"往复"切削模式，在"壁清理"中选择"在起点"，系统先切削周围的壁，然后在把内部待切削的材料切除。

（3）在终点：在切削时，先进行"壁清理"，然后进行剩余材料的切削。在图3-36中，对工件进行平面铣，采用"往复"切削模式，在"壁清理"中选择"在终点"，从图 3-36 中可以看到，切削完内部材料后，工件壁上留有残余材料，系统将通过清壁切除残料（脊）。

此选项与"沿轮廓"切削点不同，"壁清理"用在粗加工中而"沿轮廓"切削属于精加工，"壁清理"使用"部件余量"而"沿轮廓"切削使用"精加工余量"来偏置刀轨。

图 3-34　无"壁清理"切削　　图 3-35　"在起点"清壁切削　　图 3-36　"在终点"清壁切削

6．切削角

"切削角"可在所有"单向"和"往复"切削类型中使用，输入要将刀轨旋转的角度（相对于 WCS）。

"切削角"方式允许指定切削角度，也可由系统自动确定该角度。切削角是指定刀轨相对于 XC 轴所成的角度（相对于 WCS）。剖切角可用在"单向"、"往复"和"单向轮廓"切削操作中。

"切削角"是特定于"面铣削"的一个切削参数。它可以相对于 WCS 旋转刀轨。"切削角度"只决定"平行线切削模式"中的旋转角度。该旋转角度是相对于 WCS 的 XC 轴测量的，如图 3-37 所示。使用此选项时，可以选择"指定"并输入一个角度；或选择"自动"让系统来确定每一切削区域的切削角度；或选择"最长的边"，让系统建立平行于外围边界中最长线段的切削角。

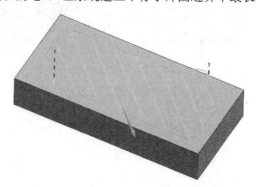

图 3-37　45°切削角的往复切削

"切削角"方式主要由以下 3 种选择方式。

（1）自动：系统评估每个切削区域的形状，并确定一个最佳的剖切角度以尽量减少区域内部的进刀运动。

（2）指定：系统相对于 WCS 的 XC-YC 平面的 X 轴测量"切削角度"。

（3）最长的边：确定与周边边界中最长的线段平行的切削角。如果外围边界中不包含线段，系统将在内部边界中搜索最长线段。

7．自相交

"自相交"选项（仅用于"标准驱动"切削）用于"标准驱动"切削方式中是否允许使用自相交刀轨。取消此选项将不允许在每个形状中出现自相交刀轨，但允许不同的形状相交。

由于工件各部分的形状不同以及加工所使用的刀具直径的不同，都会导致产生自相交刀轨。

8．切削区域

"切削区域"栏如图3-38所示。

（1）毛坯距离：定义要去除的材料总厚度，它是在所选面几何体的平面上并沿刀具轴测量而得，"毛坯距离"示意图如图3-39所示。

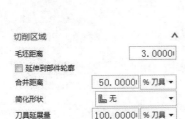

图3-38　"切削区域"栏

图3-39　"毛坯距离"示意图

（2）延伸到部件轮廓：将切削刀路的末端延伸至部件边界。影响到刀具切削的刀轨是否到达部件的轮廓。图3-39为对同一工件进行面铣削，切削模式为"跟随部件"，图3-40（a）为选中"延伸到部件轮廓"复选框时形成的刀轨，图3-40（b）为未选中"延伸到部件轮廓"复选框时形成的刀轨。

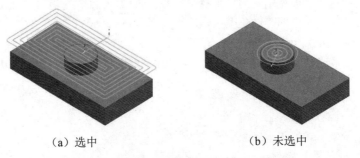

（a）选中　　　　　　　　　　（b）未选中

图3-40　延伸到部件轮廓

（3）合并距离：是指当它的值大于工件同一高度上的断开距离时，刀路就自动连接起来不提刀；反之则提刀。

9．精加工刀路

"精加工刀路"（平面铣）是刀具完成主要切削刀路后所作的最后一次切削的刀路。在该刀路中，刀具将沿边界和所有岛作一次轮廓铣削。系统只在"底面"的切削层上生成此刀路。

对于腔体操作，使用"余量"→"精加工余量"选项输入此刀路的余量值。

 注意：对于精加工刀路，不管用户指定何种进刀和退刀方式，系统将始终针对剩余操作应用"自动"进刀和退刀方式。

10．最终底面余量

"最终底面余量"定义了在面几何体上剩余未切削的材料厚度。要去除的材料总厚度是指"毛坯距离"和"最终底面余量"之间的距离。进刀/退刀允许定义正确的刀具运动，以便向工件进刀或从其退刀。正确的进刀和退刀运动有助于避免刀具承受不必要的应力，并能使驻留标记数或部件过切程度减至最小。加工参数允许设置与切削刀具以及切削时刀具与部件材料间的交互有关的选项。

11. 延伸路径

"延伸路径"位于"切削参数"对话框中,如图 3-41 所示。

(1)在边上延伸:使用"在边上延伸"来加工部件周围多余的铸件材料。还可以使用它在刀轨路径的起始点和结束点添加切削移动,以确保刀具平滑地进入和退出部件。刀路将以相切的方式在切削区域的所有外部边界上向外延伸。

对部件进行"固定轮廓铣"铣削,"切削区域"如图 3-42 所示,"驱动方法"为"区域铣削","切削模式"为"往复"式切削。

图 3-41 "延伸路径"选项栏

图 3-42 指定的"切削区域"

图 3-43(a)是"在边上延伸"为关时的铣削刀轨,图 3-43(b)是"在边上延伸"为开,"距离"为 15mm 时的铣削刀轨。

请注意,图 3-43(b)中的边以及刀轨的起始和终止都是沿着部件的侧面延伸的。

使用"在边上延伸"时系统将根据所选的切削区域来确定边界的位置。如果选择的实体不带切削区域,则没有可延伸的边界,延伸长度的限制为刀具直径的 10 倍。

 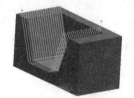

（a）"在边上延伸"关　　　　　　（b）"在边上延伸"开

图 3-43 "在边上延伸"关与开比较

(2)在凸角上延伸:是专用于轮廓铣的切削参数。在"在凸角上延伸"可在切削运动通过内凸角边时提供对刀轨的额外控制,以防止刀具驻留在这些边上。当选中"在凸角上延伸"复选框时,它可将刀轨从部件上抬起少许而无须执行"退刀/转移/进刀"序列。可指定"最大拐角角度",若小于该角度则不会发生抬起。"最大拐角角度"是专用于"固定轴曲面轮廓铣"的切削参数。为了在跨过内部凸边进行切削时对刀轨进行额外的控制,以免出现抬起动作。此抬起动作将输出为切削运动。

(3)在边上滚动刀具:是特定于轮廓铣和深度加工的切削参数。驱动轨迹延伸超出部件表面边上时,刀具尝试完成刀轨,同时保持与部件表面的接触,刀具很可能在边上滚动时过切部件。

① 竖直台阶:"在边上滚动刀具"总是发生在竖直台阶横穿切削方向时,这会使刀具掉落或爬升到另一部件曲面,对于竖直台阶,不能清除"在边上滚动刀具",如图 3-44 所示。

② 顺应:当刀具沿平行于切削方向的边界滚动并继续与该边界保持接触时,会发生顺应的"在边上滚动刀具",如图 3-45 所示。通常不希望删除顺应的"在边上滚动刀具",因为需要它们来切削边界附近的材料。因此不能清除顺应的"在边上滚动刀具"。

③ 尖端边界:当切削方向横穿由相邻部件曲面之间的锐角所形成尖端边界时,总是会发生"在边上滚动刀具"。可使用"在凸角上延伸"来避免发生"在边上滚动刀具"。

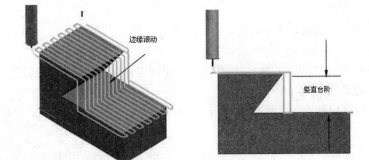

图 3-44　竖直台阶的"在边上滚动刀具"

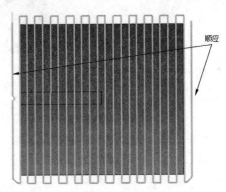

图 3-45　顺应的边界跟踪

3.2.2　余量参数

1. 余量参数种类

"余量参数"因"工序子类型"和"切削模式"的不同而异，如图 3-46 所示。具体介绍如下。

图 3-46　"余量"选项卡

（1）部件余量：加工后残留在部件上的环绕着"部件几何体"的一层材料"平面铣""面铣削""轮廓铣"。

（2）壁余量：主要用在"面铣"。

（3）毛坯余量：主要用在"平面铣""型腔铣""面铣"。

（4）毛坯距离：主要用在"平面铣""型腔铣"。

（5）检查余量：主要用在"平面铣""型腔铣""面铣""轮廓铣"。

（6）最终底面余量：主要用在"平面铣""面铣""平面轮廓铣"。

（7）精加工余量：主要用在"平面铣"。

（8）部件底面余量：主要用在"型腔铣""拐角粗加工""平面铣""面铣削"。

（9）部件侧面余量：主要用在"型腔铣"。

（10）使底面余量与侧面余量一致：主要用在"型腔铣"。

（11）修剪余量：主要用在"平面铣""型腔铣"。

2．余量参数

"余量"选项决定了完成当前操作后部件上剩余的材料量。可以为底面和内部/外部部件壁面指定"余量"，分别为"底面余量"和"部件余量"。还可以指定完成最终的轮廓刀路后应剩余的材料量（"精加工余量"，将去除任何指定余量的一些或全部），并为刀具指定一个安全距离（最小距离），刀具在移向或移出刀轨的切削部分时将保持此距离。可通过使用"定制边界数据"在边界级别、边界成员级别和组级别上定义"余量要求"。

主要的余量参数说明如下。

（1）最终底面余量：主要用在平面铣中，可指定在完成由当前操作生成的切削刀轨后，腔体底面（底平面和岛的顶部）应剩余的材料量，如图 3-47 所示。在进行切削产生刀轨时，由于留有"最终底面余量"，刀具离工件的最终底面有一定距离。对图 3-48 进行"跟随部件"平面切削，图 3-49（a）为"最终底面余量"为 0 时形成的切削刀轨，图 3-49（b）为"最终底面余量"为 5 时形成的切削刀轨。

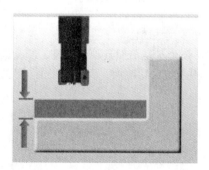

图 3-47　"最终底面余量"示意图

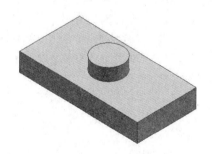

图 3-48　待切削部件

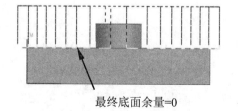

最终底面余量=0

（a）

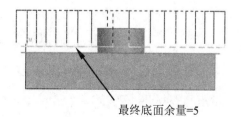

最终底面余量=5

（b）

图 3-49　"最终底面余量"刀轨示意图

（2）部件余量：主要用在平面铣中，是完成"平面铣"粗加工操作后，留在部件壁面上的材料量。通常这些材料将在后续的精加工操作中被切除。在图 3-50 中，对中间含有岛屿的工件进行"跟随部件"平面切削。除了在图 3-50（a）中将"部件余量"设置为 5 之外，其余的设置在图 3-50（a）和图 3-50（b）两图中完全相同。从中间岛屿可以看出，在进行"跟随部件"切削中，图 3-50（a）中刀轨比图 3-50（b）中的刀轨距离要大，主要因为图 3-50（a）要留有设置的部件余量。

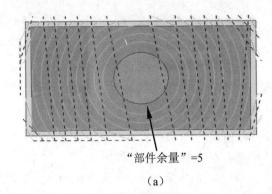

"部件余量"=5

（a）

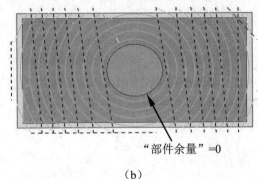

"部件余量"=0

（b）

图 3-50　"部件余量"刀轨示意图

在边界或面上应用"部件余量"将导致刀具无法触及某些要切除的材料（除非过切）。图 3-51 说明了由于存在"部件余量"，刀具将无法进入某一区域。

如果将"刀具位置"设置为"开"后定义加工边界，则系统将忽略"部件余量"并沿边界进行加工。当指定负的"部件余量"时，所使用的刀具的圆角半径（R1 和/或 R2）必须大于或等于负的余量值。

（3）部件底面余量和部件侧面余量：主要用在型腔铣中，如图 3-52 所示。"部件侧面余量"和"部件底面余量"取代了"部件余量"参数，

"部件余量"参数只允许为所有部件表面指定单一的余量值。

① 部件底面余量：指底面剩余的部件材料数量，该余量是沿刀具轴（竖直）测量的，如图 3-53 所示。该选项所应用的部件表面必须满足以下条件：用于定义切削层、表面为平面、表面垂直于刀具轴（曲面法向矢量平行于刀具轴）。

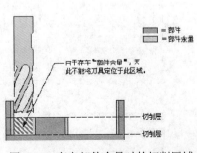

图 3-51　存在部件余量时的切削区域

图 3-52　"切削参数"对话框

② 部件侧面余量：指壁面剩余的部件材料数量，该余量是在每个切削层上沿垂直于刀具轴的方向（水平）测量的，如图 3-53 所示。它可以应用在所有能够进行水平测量的部件表面上（平面、非平面、垂直、倾斜等）。

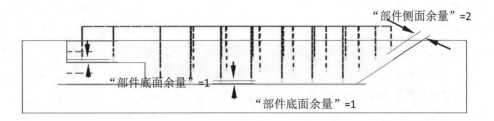

图 3-53　底面和侧面余量

对于"部件底面余量"，曲面法向矢量必须与刀具轴矢量指向同一方向。这可以防止"部件底面余量"应用到底切曲面上，如图 3-54 所示。由于弯角曲面和轮廓曲面的实际侧面余量通常难以预测，因此"部件侧面余量"一般应用在主要由竖直壁面构成的部件中。

（4）毛坯余量：是"平面铣"和"型腔铣"中都具有的参数。"毛坯余量"是刀具定位点与所定义的毛坯几何体之间的距离，应用于具有"相切于"条件的毛坯边界或毛坯几何体，如图 3-55 所示。

◀)) 注意：如果用户在"面铣削"中选择了面，则这些面实际上是毛坯边界。因此，系统会绕所选面周围偏置一定距离，即"毛坯余量"；如果用户选择了切削区域，则系统会绕切削区域周围偏置该距离，即"毛坯余量"，这将扩大切削区域，以包括要加工面边缘的多余材料。

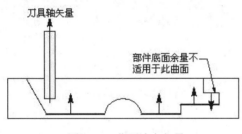

图 3-54　曲面法向矢量

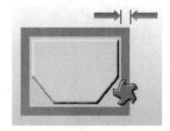

图 3-55　"毛坯余量"示意图

3.2.3　拐角

"拐角"是在"固定轮廓铣"以及"顺序铣"中都有的一个选项卡，这些选项可防止在切削凹角或凸角时刀具过切部件，如图 3-56 所示。

（1）光顺：在指定的"最小"和"最大"范围内的拐角处，在切削刀路上添加圆弧。

（2）圆弧上进给调整：调整所有圆弧记录以维持刀具侧边而不是中心的进给率。

（3）拐角处进给减速：设置长度、开始位置和减速速度

这些选项仅适用于"平面铣""型腔铣""固定和可变轮廓铣"以及"顺序铣"中遇到的以下情况：在切削和第一次切削运动期间；在沿着部件壁切削时。

"光顺"可添加到外部切削刀路的拐角、内部切削刀路的拐角以及在切削刀路和步距之间形成的拐角，使拐角成为圆角，当加工硬质材料或高速加工时，为所有拐角添加圆角尤其有用。拐角可使刀具运动方向突然改变，这样会在加工刀具和切口上产生过多应力。

可用的"圆角"选项会根据指定的切削类型的不同而不同。使用"跟随周边""跟随工件""跟随腔体"等切削类型，可以将圆角添加到外部切削刀路和内部切削刀路；使用"轮廓铣""标准驱动"切削类型，可以将圆角添加到外部切削刀路；"单向"和"往复"切削类型不使用"圆角"。

"光顺"共有两个选项：None、所有刀路。使用"所有刀路"可将圆角添加到外部切削刀路的拐角、内部切削刀路的拐角以及在切削刀路和步距之间形成的拐角。这就消除了整个刀轨中的拐角。该选项只能用于插座腔切削类型。选择该选项并键入所需的"圆角半径"。图3-57 给出了光顺所有刀路的刀轨形状。

图3-56 "拐角"选项卡

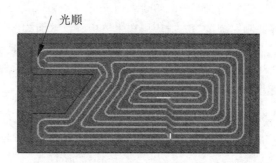

图3-57 光顺所有刀路后的刀轨形状

3.2.4 连接

"连接"参数因"操作子类型"的不同而异，如图3-58所示。具体介绍如下。

（1）区域排序：提供了几种自动和手动指定切削区域的加工顺序的方法。

（2）跟随检查几何体：确定刀具在遇到检查几何体（"平面铣""型腔铣"）时将如何操作。

（3）开放刀路：用于在"跟随工件"切削模式中转换开放的刀路。

（4）在层间进行切削：当切削层之间存在缝隙时创建额外的切削。

（5）步距：允许指定切削刀路间的距离。

（6）层到层：切削所有层，而无须提升至安全平面。

（7）最小化进刀数：当存在多个区域时，安排刀轨以将进刀和退刀运动次数减至最少。适应于"平面铣""面铣"和"型腔铣"中的"往复"切削方法。

（8）最大切削移动距离：定义不切削时希望刀具沿工件进给的最长距离。当系统需要连接不同的切削区域时，如果这些区域之间的距离小于此值，则刀具将沿工件进给；如果该距离大于此值，则系统将使用当前传送方式来退刀、转换并进刀至下一位置。

（9）跨空区域：是一个特定于"面铣削"的切削参数。

1．区域排序

"区域排序"是"平面铣""型腔铣"和"面铣削"操作中都存在的参数。"区域排序"提供了多种自动或手动指定切削区域加工顺序的方式，如图 3-59 所示。

选择所需的"区域排序"选项并生成刀轨。使用"跟随起点"和"跟随预钻点"选项时还需指定"预钻进刀点"和"切削区域起点"，然后才可生成刀轨。

图 3-58　"连接"选项卡

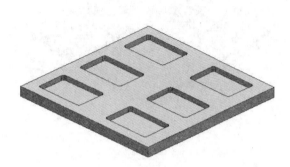

图 3-59　区域排序（优化）

"区域排序"主要包括以下内容。

（1）标准：允许处理器决定切削区域的加工顺序，如图 3-60（a）所示。对于"面铣削"操作，当选择曲线作为边界时，系统通常使用边界的创建顺序作为加工顺序，当选择面作为边界时，使用面的创建顺序作为加工顺序，图 3-60 分别通过两种不同的面创建顺序形成的加工顺序（图中数字即为加工顺序）。但情况并不总是这样，因为处理器可能会分割或合并区域，这样顺序信息就会丢失。因此，此时使用该选项，切削区域的加工顺序将是任意和低效的。当使用"层优先"作为"切削顺序"来加工多个切削层时，处理器将针对每一层重复相同的加工顺序。

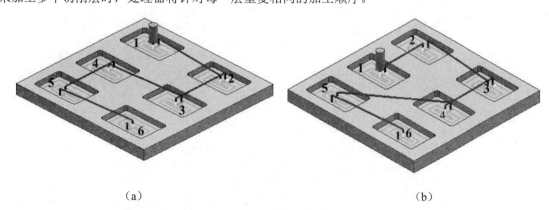

（a）　　　　　　　　　　　　　　　　　　　（b）

图 3-60　"标准"排序

（2）优化：将根据加工效率来决定切削区域的加工顺序。处理器确定的加工顺序可使刀具尽可能少地在区域之间来回移动，并且刀具的总移动距离最短，如图 3-61 所示。

当使用"深度优先"作为"切削顺序"来加工多个切削层时，将对每个切削区域完全加工完毕，再进行下一个区域的切削，如图 3-61（a）所示。

当使用"层优先"作为"切削顺序"来加工多个切削层时，"优化"功能将决定第一个切削层中区域的加工顺序，在图3-61（b）中依次为1、2、3、4、5、6的顺序，第二个切削层中的区域将以相反的顺序进行加工，以此减少刀具在区域间的移动时间；在图3-61（b）中依次为6、5、4、3、2、1的顺序，该图中的箭头给出了加工顺序，这种交替反向将一直继续，直至所有切削层加工完毕。

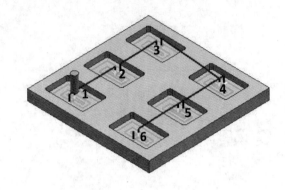

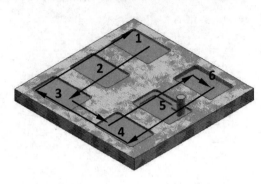

（a）深度优先 （b）层优先

图3-61 "优化"排序

（3）跟随起点/跟随预钻点：将根据指定"切削区域起点"或"预钻进刀点"时所采用的顺序来确定切削区域的加工顺序，如图3-62所示。这些点必须处于活动状态，以便"区域排序"能够使用这些点。如果为每个区域均指定了一个点，处理器将严格按照点的指定顺序加工区域，如图3-63所示。

图3-62 跟随起点

如果没有为每个区域均定义点，处理器将根据连接指定点的线段链来确定最佳的区域加工顺序，如图3-64所示。

当使用"层优先"作为"切削顺序"来加工多个切削层时，处理器将针对每一层重复相同的加工顺序。

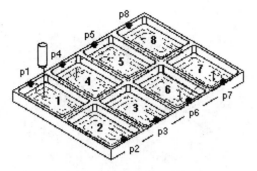

图 3-63 每个区域中均定义了起点（p1～p8）　　　　图 3-64 定义了 4 个起点

如果在使用"跟随起点"或"跟随预钻点"生成刀轨时没有定义实际的"预钻进刀点"或"切削区域起点"，或只定义了一个点，那么处理器将使用"标准区域排序"。

注意："区域排序"不使用系统生成的"预钻点"。

2．开放刀路

"开放刀路"提供了"保持切削方向"或"变换切削方向"的方式，如图 3-65 所示。该方式用于在"跟随部件"切削模式的切削过程中转换开放刀路。

图 3-65 "开放刀路"选项栏

（1）保持切削方向：将在"跟随部件"切削模式中保持切削方向不变，如图 3-66（a）所示。完成一个切削刀路后，需要抬刀、移刀、进刀再进行下一个切削过程。

（2）变换切削方向：将在"跟随部件"切削模式中改变切削方向，类似于"往复"式切削模式，如图 3-66（b）所示。完成一个切削刀路后，不需要抬刀、移刀、进刀即可进行下一个切削过程，完成全部切削后抬刀。

对同一工件进行即可平面铣，切削模式为"跟随部件"，刀具直径为 10mm，在"切削参数"对话框中的"连接"中的"开放刀路"分别选择为"保持切削方向"和"变换切削方向"。

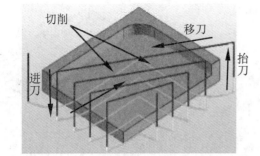
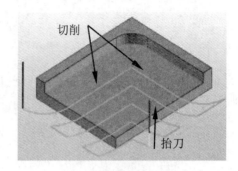

（a）保持切削方向　　　　　　　　　　　　　（b）变换切削方向

图 3-66　开放刀路

图 3-67 为"保持切削方向"切削示意图。从图 3-67（a）中可以看出每切削一次都要刀具抬刀、移刀，以保持同一切削方向；而从图 3-67（b）中可以看出刀具抬离毛坯。

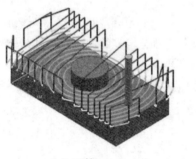

（a）刀轨　　　　　　　　　　　　　（b）3D 切削（抬刀）

图 3-67　"保持切削方向"切削示意图

图 3-68 为"变换切削方向"切削示意图。从图 3-68（a）中的可以看出刀具抬刀、移刀的次数比"保持切削方向"少很多，减少了抬刀、移刀时间，提高了加工效率；而从图 3-68（b）中可以看出刀具不抬离毛坯。

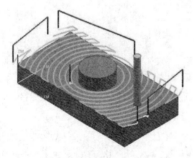
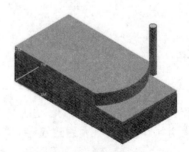

（a）刀轨　　　　　　　　　　　　　（b）3D 切削（抬刀）

图 3-68　"变换切削方向"切削示意图

3.2.5　更多参数

"更多"选项栏里选项的设置如图 3-69 所示。

1. 区域连接

"区域连接"是"平面铣"和"型腔铣"都具有的切削参数,主要在"跟随周边""跟随部件""轮廓"等切削方式中使用,如图 3-69 所示。

生成刀路时,刀轨可能会遇到诸如岛、凹槽等障碍物,此时刀路会将该切削层中的可加工区域分成若干个子区域。刀具从一个区域退刀,然后在下一个子区域重新进入部件,以此连接各个子区域。"区域连接"决定了如何转换刀路以及如何连接这些子区域。处理器将优化刀路间的步进移动,寻找一条没有重复切割且无须抬起刀具的刀轨,当区域的刀路被分割成若干内部刀路时,区域的"起点"可能被忽略。

"区域连接"可在"开(选中)"和"关(未选中)"之间切换,其状态将影响到基于部件几何体的刀轨。

(1) 关闭"区域连接":当关闭"区域连接"时,如果处理器确认刀轨存在自相交(通常不会发生在简单的矩形刀轨中),它会将交叉部分当作一个区域。岛中的区域将被忽略。关闭"区域连接"后,刀具将在移动至一个新区域时退刀以防止过切凹槽。

关闭"区域连接"可保证生成的刀轨不会出现交叠或过切。此时,系统将分析整个边界并加工刀具可以进入的所有区域。

当部件中的区域间包含岛或凹槽时,系统快速地生成一条刀轨。但是,这可能会产生频繁的退刀和进刀运动,因为系统不会试图保持刀具与凹槽中工作部件的连续接触。

(2) 打开"区域连接":将允许系统更好地预测刀轨的起始位置,以及更好地控制进给率。当从内向外加工腔体时(方向向外),刀轨将从最内侧的刀路处开始,如果区域被分割开,将从最内侧刀路中最大的一个刀路处开始。当从外向内加工腔体时(方向向内),刀轨的结束位置将位于最内侧刀路。只要刀具完全嵌入材料之中(如初始切削),系统便会使用"第一刀切削进给率";否则,系统将使用"切削进给率",不使用"步进进给率"。

2. 容错加工

在不过切部件的情况下查找正确的可加工区域,主要用于"型腔铣"操作中。"容错加工"是特定于"型腔铣"的一个切削参数。对于大多数铣削操作,都应将"容错加工(用于型腔铣)"方式打开。它是一种可靠的算法,能够找到正确的可加工区域而不过切部件。面的"刀具位置"属性将作为"相切于"来处理,而不考虑用户的输入。

由于此方式不使用面的"材料侧"属性,因此当选择曲线时刀具将被定位在曲线的两侧,当没有选择顶面时刀具将被定位在竖直壁面的两侧。

3. 边界逼近

切削参数"边界逼近"常用在"平面铣"和"型腔铣"中的跟随周边、跟随部件、轮廓的切削操作中。

当边界或岛中包含二次曲线或 B 样条时,使用"边界逼近"可以减少处理时间并缩短刀轨,其原因是系统通常要对此类几何体的内部刀路(即远离"岛"边界或主边界的刀路)进行不必要的处理,以满足公差限制。

注意: 第二个刀路的实际步进和近似公差分别是指定步进的 75%和 25%。第三个刀路的实际步进和近似公差均为指定步进的 50%。

4．允许底切

在"型腔铣"中，"允许底切"可允许系统在生成刀轨时考虑底切几何体，以此来防止刀夹摩擦到部件几何体。"底切处理"只能应用在非容错加工中（即将"容错加工"按钮切换为"关"），如图 3-70 所示。

图 3-69 "更多"选项卡　　　　　图 3-70 "允许底切"选项

注意： 打开"允许底切"后，处理时间将增加。如果没有明确的底切区域存在，可关闭该功能以减少处理时间。

关闭"允许底切"后，系统将不会考虑底切几何体。这将允许在处理竖直壁面时使用更加宽松的公差。

5．向上斜坡角/向下斜坡角

"向上斜坡角"和"向下斜坡角"是专用于轮廓铣的切削参数，"倾斜"选项如图 3-71 所示。"向上斜坡角"和"向下斜坡角"允许指定刀具的向上和向下角度运动限制。角度是从垂直于刀具轴的平面测量的，只对"固定轴"操作可用。

"向上斜坡角"需要输入一个 0°～90°的角度值。输入的值允许刀具在从 0°（垂直于固定刀具轴的平面）到指定值范围内的任何位置向上倾斜，如图 3-72 所示。

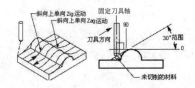

图 3-71 "倾斜"选项　　　　　图 3-72 30°向上斜坡角

"向下斜坡角"需要输入一个 0°～90°的角度值。输入的值允许刀具在从 0°（垂直于固定刀具轴的平面）到指定值范围内的任何位置向下倾斜，如图 3-73 所示。

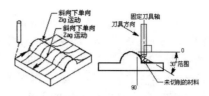

图 3-73　30°向下斜坡角

默认的向上斜坡角和向下斜坡角值都是 90°。实际上，这些值会禁用此功能，因为它们不对刀具运动进行任何限制。在往复切削类型中，刀具方向在每个刀路上反转，这使得斜向上和斜向下角在每个刀路上颠倒侧面，如图 3-74 所示。

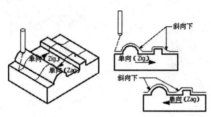

图 3-74　向上斜坡角 90°/向下斜坡角度 45°

当"部件轮廓"和"刀具形状"限制可安全去除的材料量时，"向下斜坡角度"非常有用，可防止刀具掉落到需要单独精加工刀路的小腔体中，如图 3-75 所示。掉落到"斜向下角度"以下的刀具位置会沿刀具轴抬起到该层。

6. 应用于步距

"应用于步距"是专用于轮廓铣的切削参数。"应用于步距"与斜向上和斜向下角度选项结合使用，可将指定的倾斜角度应用于步距。

图 3-76 显示了"应用于步距"是如何影响往复刀轨的。"斜向上角度"设置为 45°，"斜向下角度"设置为 90°。当打开"应用于步距"时，这些值会应用到"步距"及往复刀路中。向下倾斜的刀路和"步距"都受 0°～45°的角度范围限制。

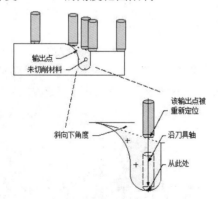

图 3-75　用于避免小腔体的斜向下角度

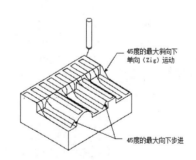

图 3-76　应用于步距

7. 优化刀轨

"优化刀轨"是专用于轮廓铣的切削参数。此选项可使系统在将斜向上和斜向下角度与单向（Zig）或往复结合使用时优化刀轨。优化意味着在保持刀具与部件尽可能接触的情况下计算刀轨并最小化刀路之间的非切削运动。仅当斜向上角度为 90°且斜向下角度为 0°～90°时，或当斜向上角度为 0°～90°

且斜向下角度为90°时，此功能才可用。

例如，在只允许向上倾斜的单向运动中，系统通过在两个阶段创建刀轨来优化刀轨。在第一阶段，系统沿单向方向步进通过所有爬升刀路；在第二阶段，系统沿单向的相反方向步进通过所有爬升刀路。

图 3-77 显示了系统如何使用 0°～90°的斜向下角和 90°的斜向上角来优化单向运动。0°的斜向下角可防止刀具向下切削。因此在第一阶段，系统在部件的一侧生成所有向上切削并移动到部件另一侧，然后在第二阶段中，在部件的另一侧生成所有向上切削。请注意，"步距"方向在第二阶段是相反的，目的是进一步优化刀轨。

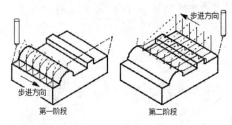

图 3-77　单向优化仅用于斜向上

在"倾斜"选项中将"向下斜坡角度"设置为 0°。图 3-78 为"向下斜坡角度"为 0°时的切削刀轨；由图 3-78（a）可以发现，刀路需要不停的抬起、移刀和进刀切削，通过图 3-78（b） 3D 切削示意图可知刀具只有爬升刀路，只切削部件两个凸起部分，中间部分不切削。

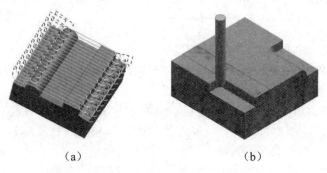

（a）　　　　　　　　　　　（b）

图 3-78　"向下斜坡角度"为 0°时的切削刀轨

在"倾斜"选项中将"向下斜坡角度"设置为 90°。图 3-79 为"向下斜坡角度"为 90°时的切削刀轨。由图 3-79（a）可以发现，刀路完全按照普通的"往复"切削，切削过程中不需要抬起刀具，一直切削完毕，然后抬刀；通过图 3-79（b）3D 切削示意图可知刀具除了切削部件两个凸起部分外，中间部分也同时被切削。

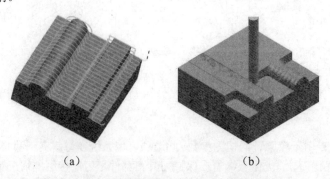

（a）　　　　　　　　　　　（b）

图 3-79　"向下斜坡角度"为 90°时的切削刀轨

3.2.6 多刀路参数

"多刀路"参数应用于固定和可变轮廓铣操作。主要包括"部件余量偏置""多重深度切削""步进方法""增量"等，如图 3-80 所示。

1．部件余量偏置

"部件余量偏置"是专用于轮廓铣的切削参数。"部件余量偏置"是在操作过程中去除的材料量而"部件余量"是操作完成后所剩余的材料量。"部件余量偏置"加上"部件余量"就是操作开始前的材料量，即最初余量 = 部件余量 + 部件余量偏置。因此，"部件余量偏置"是增加到"部件余量"的额外余量，必须大于或等于零。

☑ 在对移刀运动的碰撞检查过程中，"部件余量偏置"用于刀具和刀柄。

☑ "部件余量偏置"还用于非切削运动中，以确定自动进刀/退刀距离。

☑ 当使用"多重深度切削"选项时，"部件余量偏置"还用于定义刀具开始切削的位置。

图 3-80 "多刀路"选项卡

2．多重深度切削

"多重深度切削"允许沿着"部件几何体"的一个切削层逐层加工，以便一次去除一定量的材料。每个切削层中的刀轨是作为垂直于"部件几何体"的"接触点"的偏置单独计算的。由于当刀轨轮廓远离部件几何体时刀轨轮廓的形状会改变，因此每个切削层中的刀轨必须单独计算。"多重深度切削"将忽略部件曲面上的定制余量（包括部件厚度）。

📢 注意：只能为使用"部件几何体"的操作生成多重深度切削（如果未选择"部件几何体"，则在驱动几何体上只生成一条刀轨）。仅当"部件余量偏置"大于或等于零时才能使用多重深度余量。

3．步进方法

"多重深度切削"是一个切换按钮，选中它可激活"刀路数"或"增量"选项。

切削层的数量是根据"增量"或"刀路数"指定的。"增量"允许定义切削层之间的距离。默认的"增量"值是"部件余量偏置"值。默认的"刀路数"是 0。如果指定了"刀路数"，则系统会自动计算增量。图 3-81 为多重深度切削示意图，该图"部件余量偏置"为 10，如果指定"刀路数"为 3，则每层的增量为 10/3。

如果指定了"增量"，则系统会自动计算刀路数量；如果指定的"增量"未平均分配到要去除的材料量（部件余量偏置）中，则系统计算的"刀路数"将调整为下一个更大的整数，最后的余量将是剩余部分。图 3-82 为步长方式示意图，该图中"部件余量偏置"为 10，如果指定"增量"为 4，则刀路数为3，其中第一层和第二层为4，最后一层（即图中的第三层刀路）的"增量"为4。

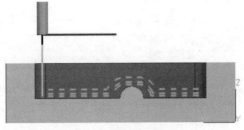

图 3-81　多重深度切削

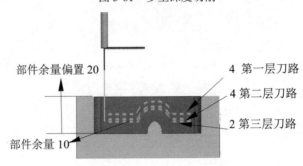

图 3-82　步长方式

> **注意**：如果"部件余量偏置"为零，则余量值必须为零且只生成一层刀路；如果"部件余量偏置"为零且未选择"刀路数量"选项，则可使用任何正整数并可生成该数量的刀路。这对于精加工切削后的部件平滑切削很有用。

第4章

平面铣

（ 视频讲解：5分钟 ）

　　平面铣是 UG NX 提供的最基本，也是最为常用的加工方式之一。平面铣主要用来对具有平面特征的面和岛进行加工。本章将对 UG NX 平面铣的相关内容做详细介绍。在学完本章内容后，读者可以对平面铣削的基本知识有较深的理解，并领会平面铣相关参数和选项的设置意义。

- ☑ 平面铣概述
- ☑ 几何体
- ☑ 步距
- ☑ 切削层设置
- ☑ 平面铣加工实例

- ☑ 平面铣的子类型
- ☑ 切削模式
- ☑ 进给率和速度
- ☑ 非切削移动

任务驱动&项目案例

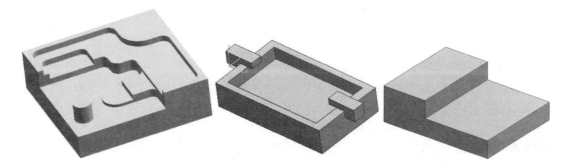

4.1 平面铣概述

"平面铣"是一种2.5轴的加工方式，在加工过程中首先完成水平方向XY两轴联动，然后再对零件进行Z轴切削。

"平面铣"可以加工零件的直壁、岛屿顶面和腔槽底面为平面的零件。根据二维图形定义切削区域，所以不必做出完整的零件形状；它可以通过边界指定不同的材料侧方向，定义任意区域为加工对象，可以方便地控制刀具与边界的位置关系。

"平面铣"是用于切削具有竖直壁的部件以及垂直于刀具轴的平面岛和底面，如图4-1所示。"平面铣"操作创建了可去除平面层中的材料量的刀轨，这种操作类型最常用于粗加工材料，为精加工操作做准备。

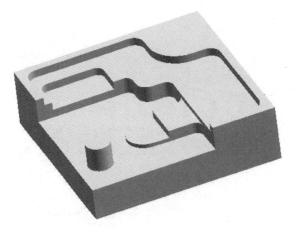

图4-1　平面铣部件

平面铣主要加工零件的侧面与底面，可以有岛屿和腔槽，但岛屿和腔槽必须是平面。平面铣的刀具轨迹是在平行于 XY 坐标平面的切削层上产生的，在切削过程中刀具轴线方向相对工件不发生变化，属于固定轴铣，切削区域由加工边界确定约束。

4.2 平面铣的子类型

在"刀片"组中单击"创建工序"图标，打开如图4-2所示的"创建工序"对话框。在"类型"选项卡中，系统默认为"mill_planar"，即为平面铣类型。

在"工序子类型"中列出了平面铣的所有加工方法，一共有15种子类型，其中前4种为主要的平面铣加工方法，应用比较广泛。一般的平面铣加工多用前4种，基本上能满足要求，其他的加工方式由前4种演变产生，适合于一些比较特殊的几何形状的加工。下面依次介绍这15种子类型。

（1）底壁铣：切削底面和壁。

（2）带IPW的底壁铣：使用IPW切削底面和壁。

（3）带边界面铣削：基本的面切削操作，用于切削实体上的平面。

（4） 手工面铣：它使用户能够把刀具正好放在所需的位置上。

（5） 平面铣：用平面边界定义切削区域，切削到底平面。

（6） 平面轮廓铣：特殊的二维轮廓铣切削类型，用于在不定义毛坯的情况下轮廓铣，常用于修边。

图 4-2 "创建工序"对话框

（7） 清理拐角：使用来自前一操作的二维 IPW，以跟随部件切削类型进行平面铣。常用于清除角，因为这些角中有前一刀具留下的材料。

（8） 精铣壁：默认切削方法为轮廓铣削，默认深度为只有底面的平面铣。

（9） 精铣底面：默认切削方法为跟随零件铣削，将余量留在底面上的平面铣。

（10） 槽铣削：使用*槽铣削*处理器的工序子类型切削实体上的平面可高效加工线型槽和使用 T 型刀具的槽。

（11） 孔铣：使用螺旋式和/或螺旋切削模式来加工盲孔和通孔或凸台。

（12） 螺纹铣：使用螺旋切削铣削螺纹孔。

（13） 平面文本：对文字曲线进行雕刻加工。

（14） 铣削控制：建立机床控制操作，添加相关后置处理命令。

（15） 用户定义铣：自定义参数建立操作。

选择一种加工方式，如平面铣，然后单击"确定"或"应用"按钮，打开如图 4-3 所示的"平面铣"对话框，进行相关操作。

4.3 几 何 体

"几何体"栏给出了在进行数控编程时需要用到的多种几何体边界设置，如"指定部件边界""指定毛坯边界""指定检查边界""指定修剪边界"和"指定底面"。单击"几何体"右边的 ∨ 图标，"几何体"栏展开如图 4-4 所示。各选项的简单说明如下。

图 4-3 "平面铣"对话框

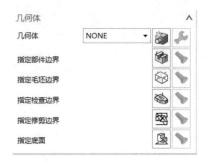

图 4-4 指定几何体边界

（1）指定部件边界：该选项指定表示将完成的"部件"的几何体，如图 4-5 所示。

（2）指定毛坯边界："毛坯"选项指定表示将要切削掉的原材料的几何体，如图 4-5 所示。毛坯边界不表示最终部件，但可以对毛坯边界直接进行切削或进刀。

（3）指定检查边界：通过使用"检查"选项定义不希望与刀具发生碰撞的几何体，如夹具和压板位置，如图 4-6 所示。不会在"检查几何体"覆盖将要删除的材料空间的区域进行切削。用户可以指定"检查余量"的值（"切削"→"检查余量"），此值定义刀具位置和"检查几何体"之间的距离。"相切于"刀具位置被应用于"检查边界"。当刀具遇到"检查几何体"时，它将绕着"检查几何体"切削，或者退刀，这取决于"切削参数"对话框中"跟随检查"的状态。检查边界没有开放边界，只有封闭边界。可以通过指定检查边界的余量（Check Stock）定义刀具离开检查边界的距离。当刀具碰到检查几何体时，可以在检查边界的周围产生刀位轨迹，也可以产生退刀运动，可以根据需要在"切削参数"对话框中设置。

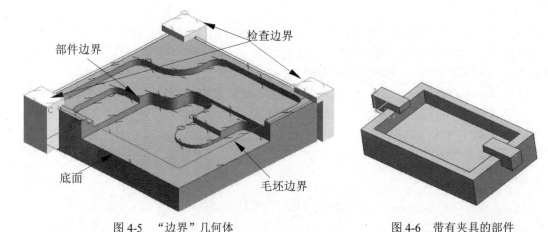

图 4-5 "边界"几何体

图 4-6 带有夹具的部件

（4）指定修剪边界：可以通过"修剪"选项指定将在各个切削层上进一步约束切削区域的边界。通过将"刀具侧"指定为"内侧"或"外侧"（对于闭合边界），或指定为"左"或"右"（对于开放边界），用户可以定义要从操作中排除的切削区域的面积。

用户可以指定一个"修剪余量"值（"切削"→"修剪余量"）来定义刀具与"修剪几何体"的距离。刀具位置"在上面"总是应用于"修剪边界"，用户不能选择将刀具位置指定为"相切于"。

（5）指定底面：定义最低（最后的）切削层，如图 4-5 所示。所有切削层都与"底面"平行生成。每个操作只能定义一个"底面"。重新定义"底面"将自动替换现有的"底面"。刀具必须能够到达"底面"，并且不会过切部件。如果"底面"定义的切削层无法到达则会显示一条错误信息；如果未指定"底面"，系统将使用机床坐标系 (MCS) 的 X-Y 平面。

4.4　切　削　模　式

切削模式确定了用于加工切削区域的刀轨模式，不同的切削方式可以生成不同的路径。主要有"往复"、"单向"、"单向轮廓"、"跟随周边"、"跟随部件"、"轮廓"、"标准驱动"和"摆线"等切削方法。

"往复"、"单向"和"单向轮廓"都可以生成平行直线切削刀路的各种变化。"跟随周边"可以生成一系列向内或向外移动的同心的切削刀路。这些切削类型用于从型腔中切除一定体积的材料，但只能用于加工"封闭区域"。

各切削方法的主要特点如下。

（1）"往复"、"单向"和"单向轮廓"切削都可生成各种平行线切削刀路。

（2）"跟随周边"可生成一系列同心切削刀路，这些刀路可向内或向外进行；"跟随部件"可以按照内外边界做等距偏置，交叉处进修剪，步进的行进方向为朝向部件。

（3）"轮廓"可生成跟随切削区域轮廓的部件部分的单个切削刀路。与其他切削类型不同，"轮廓"的设计目的并不是去除一定量的材料，而是用于对部件的壁面进行精加工。"轮廓"和"标准驱动"可加工开放和封闭区域。如果切削区域完全由毛坯几何体组成，则轮廓切削方式不会在该区域生成任何切削运动。

4.4.1　跟随周边

"跟随周边"切削能跟随切削区域的轮廓生成一系列同心刀路的切削图样。通过偏置该区域的边缘环可以生成这种切削图样。当刀路与该区域的内部形状重叠时，这些刀路将合并成一个刀路，然后再次偏置这个刀路就形成下一个刀路。可加工区域内的所有刀路都将是封闭形状。"跟随周边"切削通过使刀具在步进过程中不断地进刀而使切削运动达到最大程度。

"跟随周边"切削是沿切削区域外轮廓产生一系列同心线来创建刀具路径。该方法创建的刀具路径与切削区域的形状有关，刀具路径是通过偏置切削区域外轮廓得到的。如果偏置的刀具路径与切削区域内部形状有交叠，则合并成一条刀具路径，并继续偏置下一条刀具路径，所有的刀具路径都是封闭的。

"跟随周边"切削方法的特点如下。

（1）刀具的轨迹是同心封闭的。

（2）刀具的切削方向与往复式走刀方法一样，跟随周边走刀方法在横向进给时，一直保持切削状态，可以产生最大化切削，所以特别适合于粗铣。用于内腔零件的粗加工，如模具的型芯和型腔。

（3）如果设置的进给量大于刀具的半径，两条路径之间可能产生未切削区域，导致切削不完全，会在加工工件表面留有残余材料。

利用"跟随周边"方法进行切削，除需要指定"顺铣"和"逆铣"外，还需要在切削参数对话框中指定横向进给方向："向内"或"向外"。

使用"向内"腔体方向时，离切削图样中心最近的刀具一侧确定"顺铣"或"逆铣"，如图 4-7 所示；使用"向外"腔体方向时，离切削区域边缘最近的刀具一侧确定"顺铣"或"逆铣"，如图 4-8 所示。

对于"向内"进给切削，系统首先切削所有开放刀路，然后切削所有封闭的内刀路。切削时根据零件外轮廓向内偏置，产生同心轮廓。

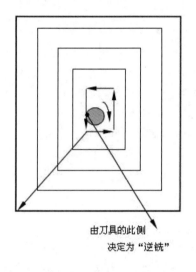

图 4-7　向外"逆铣"

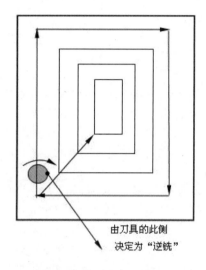

图 4-8　向内"逆铣"

对于"向外"进给切削，系统首先切削所有封闭的内刀路，然后切削所有开放刀路。刀具从工件要切削区域的中心向外切削，直到切削到工件的轮廓。

"跟随周边"切削刀具运动的轨迹如图 4-9 所示。

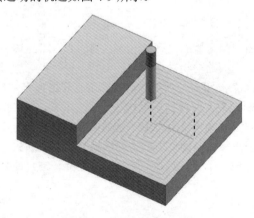

图 4-9　"跟随周边"刀轨

4.4.2　跟随部件

"跟随部件"方法是根据所指定的零件几何产生一系列同心线来切削区域轮廓。该方法和"跟随周边"切削方法类似。不相同的是，"跟随周边"只能从零件几何或毛坯几何定义的外轮廓偏置得到刀具路径，"跟随部件"可以保证刀具沿零件轮廓进行切削。

"跟随部件"切削方法的特点如下。

（1）"跟随部件"方法不允许指定横向进给方向，横向进给方向由系统自动确定，即总是朝向零件几何，也就是靠近零件的路径最后切削。

（2）如果切削区域中没有"岛屿"等几何形状，此切削方式和"跟随周边"方式产生的刀具轨迹相同。

（3）根据工件的几何形状来规定切削方向，不需要指定切除材料的内部还是外部。

（4）对于型腔加工，加工方向是向外；对于"岛屿"，加工方向是向内。

（5）适合加工零件中有凸台或岛屿的情况，这样可以保证凸台和岛屿的精度。

（6）如果没有定义零件几何，该方法就用毛坯几何进行偏置得到刀具路径。

"跟随部件"与"跟随周边"的区别如下。

（1）"跟随部件"方法通过从整个指定的"部件几何体"中形成相等数量的偏置。

（2）不需要指定切除材料的内部还是外部。对于型腔，加工方向是向外；对于"岛屿"，加工方向是向内。

（3）在带有岛的型腔区域中使用"跟随部件"切削，不需要使用带有"岛清理"的"跟随周边"方法。"跟随部件"切削将保证在不设置任何切换的情况下完整切削整个"部件"几何体。

（4）"跟随部件"切削可以保证刀具沿着整个"部件"几何体进行切削，无须设置"岛清理"刀路。

"跟随部件"切削刀具运动的轨迹如图4-10所示。

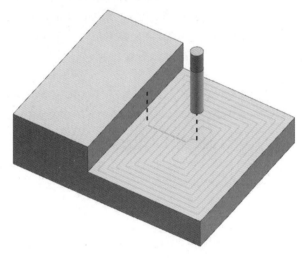

图4-10 "跟随部件"刀轨

4.4.3 轮廓

"轮廓"切削方法是沿切削区域创建一条或多条刀具路径的切削方法，对部件壁面进行精加工。它可以加工开放区域，也可以加工闭合区域。其切削路径与区域轮廓有关，该方法是按偏置区域轮廓来创建刀具路径。

"轮廓"可以通过"附加刀路"选项来指定多条刀具路径，如图4-11所示。

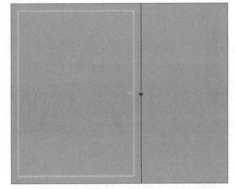
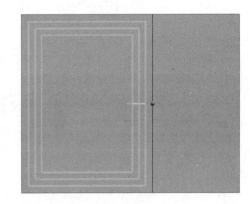

0条"附加刀路"　　　　　　　　　　两条"附加刀路"

图4-11　"轮廓"切削与"附加刀路"

"轮廓"切削方法的特点如下。

（1）可以加工开放区域，也可以加工闭合区域。

（2）可通过一条或多条切削刀路对部件壁面进行精加工。

（3）可以通过在"附加刀路"字段中指定一个值来创建附加刀路，以允许刀具向部件几何体移动，并以连续的同心切削方式切除壁面上的材料。

（4）对于具有封闭形状的可加工区域，轮廓刀路的构建和移动与"跟随部件"切削图样相同。

可以同时切削多个"开放"区域。如果几个开放区域相距过近导致切削刀路出现交叉，系统将调整刀轨；如果一个"开放形状"和一个"岛"相距很近，系统构建的切削刀路将只从"开放形状"指向外，并且系统将调整该刀路使其不会过切"岛"；如果多个"岛"相距很近，系统构建的切削刀路将从"岛"指向外，并且在交叉处合并在一起，如图4-12所示。

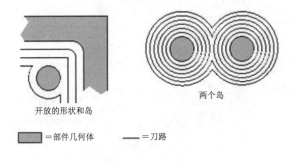

开放的形状和岛　　　　　　　两个岛

▮=部件几何体　　——=刀路

图4-12　"轮廓"切削类型

> ◀》注意：当步进非常大时（步进大于刀具直径的50%，小于刀具直径的100%），连续刀路间的某些区域可能切削不到。"轮廓"切削操作使用的边界不能够自相交；否则将导致边界的材料侧不明确。

4.4.4　标准驱动

"标准驱动"是一种轮廓切削方法，类似于"轮廓"切削方法，刀具准确地沿指定边界移动，产生沿切削区域轮廓刀具路径，但允许刀轨自交叉，可以在平面铣操作对话框中的切削参数"自相交"选择决定是否允许刀轨自相交。

> **注意：** （1）与"轮廓"切削方法不同，"标注驱动"方法产生的刀具路径完全按指定的轮廓边界产生，因此刀具路径可能产生交叉，也可能产生过切。
>
> （2）"标准驱动"不检查过切，因此可能导致刀轨重叠。使用"标准驱动"切削方式时，系统将忽略所有"检查"和"修剪"边界。

"标准注驱动"方法的特点如下。

（1）取消了自动边界修剪功能。

（2）使用"自相交"选项确定是否允许刀轨自相交。

（3）每个形状都作为一个区域来处理，不在形状间执行布尔操作。

（4）刀具轨迹只依赖于工件轮廓。

利用"标准驱动"与"轮廓"产生的刀轨如图 4-13 所示。

在以下情况下使用"标准驱动"可能会导致无法预见的结果。

（1）在与边界的自相交处非常接近的位置更改刀具的位置（"位于"或"相切于"）。

（2）在刀具切削不到的拐角处使用"位于"刀具位置（刀具过大，如设为"位于"，则切削不到该拐角）。

（3）由多个小边界段组成的凸角，如由样条创建的边界形成的凸角。

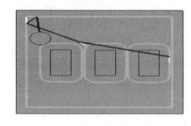
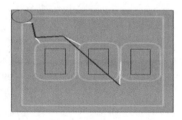

标准驱动　　　　　　　　　　　轮廓

图 4-13　标准驱动与轮廓

4.4.5　摆线

当需要限制过大的步距以防止刀具在完全嵌入切口时折断，且需要避免过量切削材料时，需使用"摆线"切削功能。在进刀过程中的岛和部件之间以及窄区域中，几乎总是会得到内嵌区域。系统可从部件创建摆线切削偏置来消除这些区域。

"摆线"切削是一种刀具以圆形回环模式移动而圆心沿刀轨方向移动的铣削方法。"摆线"切削的刀轨如图 4-14 所示，刀具以小型回环运动方式来加工材料，也就是说，刀具在以小型回环运动方式移动的同时，也在旋转。将这种方式与常规切削方式进行比较，在后一种情况下，刀具以直线刀轨向前移动，其各个侧面都被材料包围。

"摆线"切削方法的特点和需要注意的问题如下。

（1）使用"跟随周边"切削模式时，可能无法切削到一些较窄的区域，从而会将一些多余的材料留给下一切削层。鉴于此原因，应在切削参数中打开"壁清理"和"岛清理"选项。这可保证刀具能够切削到每个部件和岛壁，从而不会留下多余的材料。

（2）使用"跟随周边"、"单向"和"往复"切削模式时，应打开"壁清理"选项。这可保证部件的壁面上不会残留多余的材料，从而不会出现在下一切削层中刀具应切削的材料过多的情况。

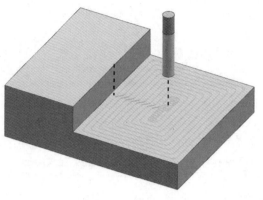

图 4-14 "摆线"刀轨

（3）使用"跟随周边"切削模式时，应打开"岛清理"选项。这可保证岛的壁面上不会残留多余的材料，防止在下一切削层中刀具应切削的材料过多。

（4）"轮廓"和"标准驱动"将生成沿切削区域轮廓的单一的切削刀路。与其他切削类型不同，"轮廓"和"标准驱动"不是用于切除材料，而是用于对部件的壁面进行精加工。"轮廓"和"标准驱动"可加工"开放"和"封闭"区域。

4.4.6 单向

"单向"切削方法生成一系列线性平行和单向切削刀具路径。在连续的刀路间不执行轮廓切削。它在横向进给前先退刀，然后跨越到下一个刀具路径的起始位置，再以相同的方法进行切削。"单向"切削方法生成的相邻刀具路径之间始终为"顺铣"或"逆铣"。

（1）刀具从切削刀路的起点处进刀，并切削至刀路的终点。然后刀具退刀，移动至下一刀路的起点，并以相同方向开始切削。

（2）在刀路不相交时，"单向"切削生成的刀路可跟随切削区域的轮廓。如果"单向"刀路不相交便无法跟随切削区域，那么将生成一系列较短的刀路，并在子区域间移动刀具进行切削。

（3）切削方向始终一致，即始终保持"顺铣"或"逆铣"，刀轨是连续的。

（4）"单向"切削非常适合于岛屿的精加工。

"单向"切削刀具运动的轨迹如图 4-15 所示。

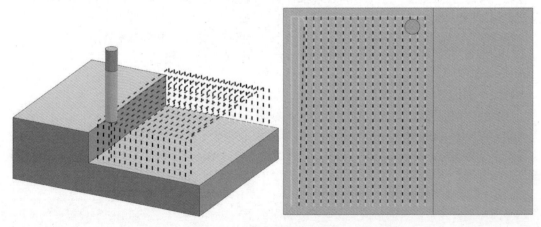

图 4-15 "单向"切削刀轨

4.4.7　单向轮廓

"单向轮廓"创建的"单向"切削图样将跟随两个连续"单向"刀路间的切削区域的轮廓。它将严格保持"顺铣"或"逆铣"切削。系统根据沿切削区域边界的第一个"单向"刀路来定义"顺铣"或"逆铣"刀轨。

"单向轮廓"的切削刀路为一系列"环"，如图 4-16 所示。第一个环有 4 个边，之后的所有环均只有 3 个边。

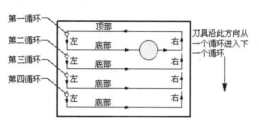

图 4-16　单向轮廓环

刀具从第一个环底部的端点处进刀。系统根据刀具从一个环切削至下一个环的大致方向来定义每个环的底侧。刀具移动的大致方向是从每个环的顶部移至底部。

切削完第一个环后，刀具将移动到第二个环的起始位置。由于第一个环的底部即对应于第二个环的顶部，因此第二个环中只剩下三个要切削的边。系统将从第二个环的左侧边起点处进刀。后续环中将重复此模式。

"单向轮廓"切削方法与"单向"切削方法类似，只是在横向进给时，刀具沿区域轮廓进行切削形成的刀轨，如图 4-17 所示。

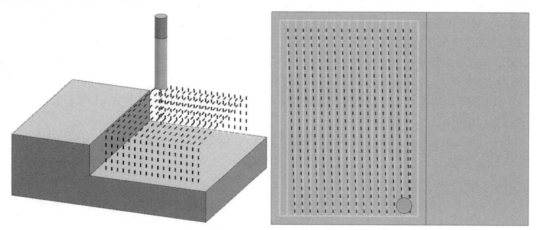

图 4-17　"单向轮廓"切削

"单向轮廓"切削方法的特点如下。

（1）切削图样将跟随两个连续"单向"刀路间的切削区域的轮廓，由沿切削区域边界的第一个"单向"刀路来定义"顺铣"或"逆铣"刀轨。

（2）步进在刀具移动时跟随切削区域的轮廓。"单向"刀路也跟随切削区域的轮廓，但必须保证轮廓不会导致刀路相交。

（3）如果存在相交刀路使得"单向"刀路无法跟随切削区域的轮廓，那么系统将生成一系列较短的刀路，并在子区域间移动刀具进行切削。

（4）这种加工方式适合于在粗加工后要求余量均匀的零件加工，如侧壁高且薄的零件，加工比较平稳，不会影响零件的外形。

（5）刀轨运动顺序。图 4-18 为刀轨运动顺序示意图，在该图中各数字刀轨为运动顺序。

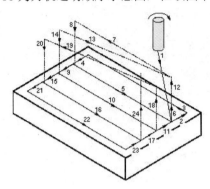

图 4-18　刀轨运动顺序示意图

4.4.8　往复

"往复"切削创建一系列平行直线刀路，彼此切削方向相反，但步进方向一致。在步距的位移上没有提刀动作，刀具在步进时保持连续的进刀状态，是一种最节省时间的切削方法。切削方向相反，交替出现"顺铣"和"逆铣"切削。指定"顺铣"或"逆铣"切削方向不会影响切削行为，但会影响其中用到的"壁清理"操作的方向。

切削时将尽量保持直线"往复"切削，但允许刀具在限定的步进距离内跟随切削区域轮廓以保持连续的切削运动。"往复"切削方法的特点如下。

（1）交替出现一系列"顺铣"和"逆铣"切削，"顺铣"或"逆铣"切削方向不会影响切削行为，但会影响"清壁"操作的方向。

（2）使用者如果没有指定切削区域起点，那么刀具的起刀点将尽量从外围边界的起点处开始切削。

（3）"往复"切削基本按直线进行，为保持切削运动的连续性，在不超出横向进给距离的条件下，刀具路径可以沿切削区域轮廓进行切削。

（4）在实际加工中，如果工件腔内没有工艺孔，刀具应该沿斜线切入工件，斜角应控制在 5°以内。

"往复"切削刀具运动的轨迹如图 4-19 所示。

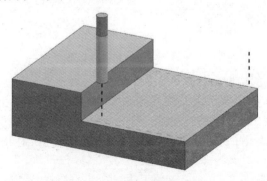

图 4-19　"往复"切削刀轨

4.5　步　距

"步距"用于指定切削刀路之间的距离，是相邻两次走刀之间的间隔距离。间隔距离指在 XY 平面上铣削的刀位轨迹间的距离。因此，所有加工间隔距离都是以平面上的距离来计算的。该距离可直接通过输入一个常数值或刀具直径的百分比来指定，也可以输入残余波峰高度由系统计算切削刀路间的距离。图 4-20 为"步距"示意图。

"步距"主要有：恒定、残余高度、%刀具平直、多重变量。可以通过输入一个常数值或刀具直径的百分比，直接指定该距离；也可通过输入波峰高度并允许系统计算切削刀路间的距离，间接指定该距离。另外，也可以指定"步距"使用的允许范围，或指定"步距"大小和相应的刀路数目来定义"多重变量"步距。确定"步距"的方法，如图 4-21 所示。

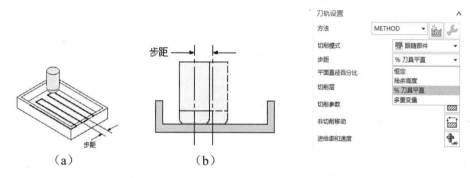

图 4-20　"步距"示意图　　　　　　　图 4-21　"步距"选项

当选择不同的"步距"方式，"步距"对应的设置参数也将发生变化。以下将介绍"步距"选项及其参数。

1．恒定

"恒定"用于指定连续切削刀路间的固定距离。在图 4-22（a）中，部件切削区域长度为 120mm，切削步距为 20mm，共有 7 条刀路，6 个步距。如果指定的刀路间距不能平均分割所在区域，系统将减小这一刀路间距以保持恒定步进。例如将图 4-22（a）中的步距改为 12mm，那么将生成 11 条刀路，10 个步距，如图 4-22（b）所示。

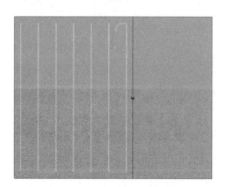
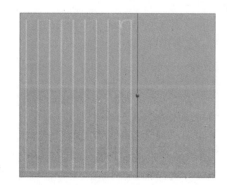

（a）步距为 20mm　　　　　　　　　　（b）步距为 12mm

图 4-22　系统保持恒定步进

2．残余高度

"残余高度"可用于指定残余波峰高度（两个刀路间剩余材料的高度），从而在连续切削刀路间建立起固定距离，如图 4-23 所示。系统将计算所需的步进距离，从而使刀路间剩余材料的高度不大于指定的残余高度。由于边界形状不同，所计算出的每次切削的步进距离也不同。为保护刀具在切除材料时负载不至于过重，最大步进距离被限制在刀具直径长度的 2/3 以内。

对于"轮廓"和"标准驱动"模式，"残余波峰"可通过指定"附加刀路"值来指定残余波峰高度以及偏置的数量。

3．%刀具平直

"%刀具平直"可用于指定刀具直径的百分比，从而在连续切削刀路之间建立起固定距离。如果刀路间距不能平均分割所在区域，系统将减小这一刀路间距以保持恒定步进。有效的刀具直径如图 4-24 所示。对于"轮廓"和"标准驱动"模式，"刀具平直"可通过指定"附加刀路"值来指定连续切削刀路间的距离以及偏置的数量。

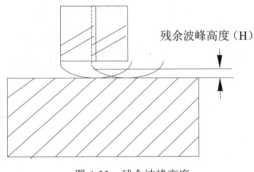

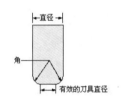

图 4-23　残余波峰高度　　　　　　　　图 4-24　有效的刀具直径

4．变量平均值

当切削方法不同时，变量值字段的输入方式也不同。对于"往复""单向"和"单向轮廓"对应为"变量平均值"，要求输入步距最大值和最小值。对于"跟随周边""跟随部件""轮廓"和"标准驱动"模式对应为"多个"，要求输入多个刀路数和步距。

"变量平均值"选项可以为"往复""单向"和"单向轮廓"创建步距，该步距能够不断调整以保证刀具始终与边界相切并平行于 Zig 和 Zag 切削，可建立一个允许的范围值，系统将使用该值来决定步进大小和刀路数量，如图 4-25（a）所示。系统将计算出最少步进数量，这些步进可以将平行于 Zig 和 Zag 刀路的壁面间的距离平均分割，同时系统还将调整步进以保证刀具始终沿着壁面进行切削而不会剩下多余的材料。

5．多重变量

对于"跟随周边""跟随部件""轮廓"和"标准驱动"模式，"多重变量"可指定多个步进大小以及每个步进大小所对应的刀路数量，如图 4-25（b）所示。

如果为"变量平均值"步距的最大值和最小值指定相同的值，系统将严格地生成一个固定步距值，如这可能导致刀具在沿平行于 Zig 和 Zag 切削的壁面进行切削时留下未切削的材料。图 4-26 为"变量平均值"步距的最大值和最小值相同的示意图，该图中最大步距和最小步距均为 11mm，进行往复切削时，刀路步距固定为 11mm，但在最后刀路切削完毕后，将留有部分未切削材料。

图 4-25（b）"步距"列表中第一部分始终对应于距离边界最近的刀路，对话框随后的部分将逐渐

向腔体的中心移动，如图 4-27 所示。当结合的"步距"和"刀路数量"超出或无法填满要加工的区域时，系统将从切削区域的中心减去或添加一些刀路。例如在图 4-27 中，结合的"步距"和"刀路数"超出了腔体的大小，系统将保留指定的距边界最近的"刀路数"（步距等于 4 的 3 个刀路和步距等于 8 的 2 个刀路，共 5 个刀路），但将减少腔体中心处的刀路数（从指定的步距等于 2 的 8 个刀路减少到 5 个刀路）。

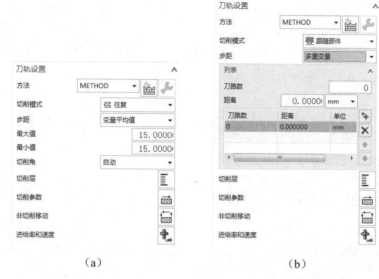

（a）　　　　　　　　　　　　　　（b）

图 4-25　可变步距

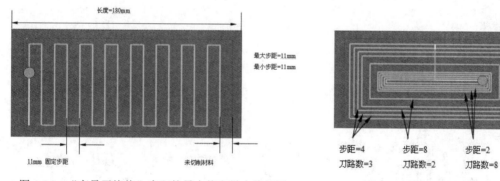

图 4-26　"变量平均值"步距的最大值和最小值相同　　　　图 4-27　跟随部件多个步距

> **注意**："多重变量"选项实质上定义了"轮廓"或"标准驱动"中使用的附加刀路，因此，使用"轮廓"或"标准驱动"时，如果在"附加刀路"中输入的值对刀路数量的产生没有影响，即"附加刀路"处于非激活状态。

4.6　进给率和速度

在刀轨前进的过程中，不同的刀具运动类型，其进给率值会有所不同。另外，用户可以按每分钟英寸或每转英寸（IPM，IPR）来提供进给率；对于公制部件，也可以按每分钟毫米或每转毫米（MMPM，

Note

MMPR）来提供进给率。默认的进给率是 10 IPM（英制）和 10 MMPM（公制）。

在任一铣削工序对话框中的"刀轨设置"栏里单击"进给率和速度"按钮，打开如图 4-28 所示的"进给率和速度"对话框。根据使用的加工子模块，可以将进给率指定给以下某些或全部的刀具移动类型。

1. 自动设置

（1）表面速度：是刀具的切削速度。它在各个齿的切削边处测量，测量单位是每分钟曲面英尺或米。在计算"主轴速度"时，系统使用此值。

（2）每齿进给量：是每个齿去除材料量的度量。它以英寸或毫米为单位。在计算"切削进给率"时，系统使用此值。

2. 主轴速度

主轴速度是一个计算所得的值，它决定刀具转动的速度，单位为 rpm。主轴输出模式可从以下选项中进行选择。

- ☑ RPM：按每分钟转数定义主轴速度。
- ☑ SFM：按每分钟曲面英尺定义主轴速度。
- ☑ SMM：按每分钟曲面米定义主轴速度。

3. 进给率

描述了刀具进行切削的整个运动过程，进给率主要有以下选项，每项在整个切削过程中的顺序如图 4-29 所示。

图 4-28　"进给率和速度"对话框

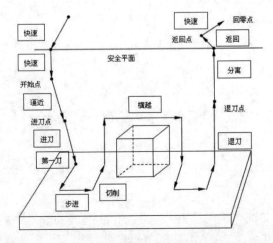

图 4-29　进给率

（1）切削：是在刀具与部件几何体接触时为刀具运动指定的进给率。

（2）快速：只适用于刀轨和 CLSF 中的下一个 GOTO 点。后续的移动使用上一个指定的进给率。

（3）逼近：是为从起点到进刀位置的刀具运动指定的进给率。在使用多个层的"平面铣"和"型腔铣"操作中，使用"逼近"进给率可控制从一个层到下一个层的进给。进给率为 0 可以使系统使用快速进给率。

（4）进刀：是为从进刀位置到初始切削位置的刀具运动指定的进给率。当刀具抬起后返回工件时，此进给率也可用于返回进给率。进给率为 0 可以使系统使用切削进给率。

（5）第一刀：是为初始切削刀路指定的进给率（后续的刀路按"切削"进给率值进给）。零"进给率"可以使系统使用"切削"进给率。

对于单个刀路轮廓，指定第一刀切削进给率可以使系统忽略切削进给率。要获得相同的进给率，则需设置切削进给且将第一刀进给率保留为 0。

（6）步进：是刀具移向下一平行刀轨时的进给率。如果刀具从工作表面抬起，则"步距"不适用。因此，"步距"进给率只适用于允许"往复"刀轨的模块。进给率为 0 可以使系统使用"切削"进给率。

（7）移刀（横越）：是当"进刀/退刀"菜单中的"移动方式"选项的状态为"上一层"（而不是"安全平面"）时用于快速水平非切削运动的进给率。

只有当刀具是在未切削曲面之上的"竖直间隙"距离，并且是距任何型腔岛或壁的"水平间隙"距离时，才会使用"移刀进给率"。这可以在移刀时保护部件，并且刀具在移动时也不用抬至"安全平面"。进给率为 0 将使刀具以"快速进给率"移动。

（8）退刀：是为从"退刀"位置到最终刀轨切削位置的刀具。

（9）离开：是刀具移至"返回点"的进给率。"离开"进给率为 0 将使刀具以"快速进给率"移动。

4. 单位

（1）设置非切削单位：可将所有的"非切削进给率"单位设置为"mmpr"、"mmpm"、"快速"或"无"，每个非切削进给也可以单独在进给选项里设置单位。

（2）设置切削单位：可将所有的"切削进给率"单位设置为"mmpr"、"mmpm"或"无"，每个非切削进给也可以单独在进给选项里设置单位。

4.7 切削层设置

切削深度允许用户决定多深操作的切削层。"切削深度"可以由岛顶部、底平面和键入值来定义。只有在刀具轴与底面垂直或者部件边界与底面平行的情况下，才会应用"切削深度"参数。如果刀具轴与底面不垂直或部件边界与底面不平行，则刀轨将仅在底面上生成（正如将"类型"设为"仅底面"）。

1. 公共

公共值是指在"初始"层之后且在"最终"层之前的每个切削层定义允许的最大切削深度。

2．最小值

最小值是指在"初始"层之后且在"最终"层之前的每个切削层定义允许的最小切削深度。

3．初始

初始是指多层"平面铣"操作的第一个切削层定义的切削深度。

4．最终

最终是指多层"平面铣"操作的最后一个切削层定义的切削深度。

5．增量侧面余量

侧面余量增量是指向多层粗加工刀轨中的每个后续层添加侧面余量值。

4.7.1　类型

"类型"允许用户指定定义切削深度的方式。主要的"类型"描述如下。

（1）用户自定义：用户可根据具体切削部件进行相关设置。

① 公共为 6，最小值为 1，切削层顶部为 2，上一个切削层为 2，形成的切削刀轨如图 4-30（a）所示，在该图中，第一层刀轨和最后一层刀轨的切削深度均为 2，中间 3 层深度由系统均分，但深度值在公共 6 和最小值 1 之间。

② 公共为 6，最小值为 1，切削层顶部为 0，上一个切削层为 2。形成的切削刀轨如图 4-30（b）所示，在该图中，最后一层刀轨的切削深度均为 2，其他 3 层的切削深度均分为 6。

③ 公共为 6，最小值为 1，切削层顶部为 0，上一个切削层为 0。形成的切削刀轨如图 4-30（c）所示，在该图中，系统将整个腔深均分为 4 层，每层切削深度分为 5。

④ 公共为 3.5，最小值为 3，切削层顶部为 0，上一个切削层为 0。形成的切削刀轨如图 4-30（d）所示，在该图中，系统将整个腔深均分为 6 层，每层切削深度分为 20/6=3.33。

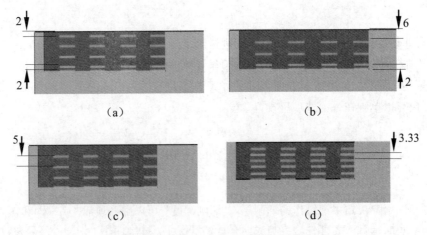

（a）　　　　　　　　　　　　　　（b）

（c）　　　　　　　　　　　　　　（d）

图 4-30　"用户定义"切削深度参数

（2）仅底面：切削层深度直到"底部面"，在底面创建一个唯一的切削层。

（3）底面及临界深度：切削层位置分别在"底面"和"临界深度"，在底面与岛顶面创建切削层，岛顶的切削层不超出定义的岛屿边界，仅局限在岛屿的边界内切削毛坯材料，一般用于水平面的精加工。

（4）临界深度：用于分多层切削，切削层位置在岛屿的顶面和底平面上，与"底面或临界深度"选项的区别在于，所生成的切削层刀路将完全切除切削层平面上的所有毛坯资料，不局限于边界内切削毛坯材料。

（5）恒定：以一个固定的深度值来产生多个切削层，输入深度最大值，除最后一层可能小于最大深度值，其余层等于最大深度值。

4.7.2 公共和最小值

"公共"为在"切削层顶部"之后且在"上一个切削层"之前的每个切削层定义允许的最大切削深度；"最小值"为在"切削层顶部"之后且在"上一个切削层"之前的每个切削层定义允许的最小切削深度。这两个选项一起作用时可以定义一个允许的范围，在该范围内可以定义切削深度，如图4-31所示。系统创建相等的深度，使其尽可能接近指定的"公共"深度。位于此范围的"临界深度"将定义切削层。不在此范围内的岛顶部将不会定义切削层，但可能会通过清理刀路使用岛顶面切削选项对其进行加工。

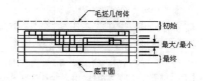

图4-31 公共和最小值

> 🔊 **注意**：如果"公共"等于0.000，则系统将在底平面上生成单个切削层，不考虑其他"切削深度"参数。例如，如果"公共"等于0.000，则"临界深度"和"上一个切削层"将不会影响操作。

4.7.3 切削层顶部

"切削层顶部"允许为多层"平面铣"操作的第一个切削层定义切削深度。此值从"毛坯边界"平面测量（在未定义"毛坯边界"的情况下从最高的"部件边界"平面测量），且与"最大值"和"最小值"无关。

4.7.4 上一个切削层

"上一个切削层"允许为多层"平面铣"操作的最后一个切削层定义切削深度。此值从"底平面"测量。

如果最终大于0.000，则系统至少生成两个切削层：一个在"底平面"上方最终距离处；另一个在"底平面"上。"公共"必须大于零以便生成多个切削层。

4.7.5 增量侧面余量

增量侧面余量可向多层粗加工刀轨中的每个后续层添加侧面余量值。添加"增量侧面余量"可维持刀具和壁之间的侧面间隙，并且当刀具切削更深的切削层时，可以减轻刀具上的压力。

4.7.6 临界深度

如果选中"临界深度",则系统将在每个处理器不能在某一切削层上进行初始清理的岛的顶部生成一条单独的刀路。当切削值的最小深度大于岛顶部和先前的切削层之间的距离时,将会发生以上情况,这会使后续的切削层在岛顶部下方切削。

使用"临界深度"时,如果加工方式是"跟随周边"或"跟随部件",则系统总是通过区域连接生成"跟随周边"刀轨;如果加工方式是"单向"、"往复"或"单向轮廓",则总是通过"往复"刀轨清理岛顶;如果加工方式是"轮廓"和"标准驱动"类型,则切削不会生成这样的清理刀路。

无论设置了何种进刀方式,处理器都将为刀具寻找一个安全点,如从岛的外部进刀至岛顶表面,同时不过切任何部件壁。在岛的顶部曲面被某一切削层完成加工的情况下,此参数将不会影响所得的刀轨。软件仅在必要时才生成一个单独的清理刀路,以便对岛进行顶面切削。图 4-32 显示了平面铣中的"临界深度"。

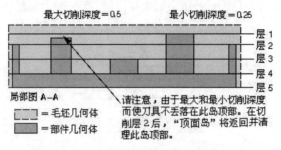

图 4-32 平面铣中的"临界深度"

4.8 非切削移动

"非切削移动"可控制刀具不切削零件材料时的各种移动,可发生在切削移动前,切削移动后或切削移动之间。"非切削移动"包含一系列适应于部件几何表面和检查几何表面的进刀、退刀、分离、跨越与逼近移动以及在切削路径之间的刀具移动,控制如何将多个刀轨段连接为一个操作中相连的完整刀轨。如图 4-33 为非切削移动示意图。非切削移动可以简单到单个的进刀和退刀,或复杂到一系列定制的进刀、退刀和移刀(分离、移刀、逼近)移动,这些移动的设计目的是协调刀路之间的多个部件曲面、检查曲面和提升操作。"非切削移动"包括刀具补偿,因为刀具补偿是在非切削移动过程中激活的。

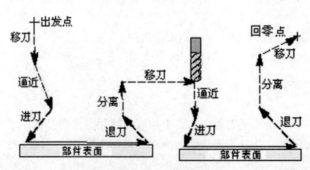

图 4-33 非切削移动

单击对话框中的"非切削移动"按钮 ，打开如图 4-34 所示的"非切削移动"对话框。

图 4-34 "非切削移动"对话框

非切削移动类型及功能如表 4-1 所示。

表 4-1 非切削移动类型

类型	描述
快进	在安全几何体上或其上方的所有移动
移刀	在安全几何体下方移动。示例："直接"和"最小安全值 Z"类型的移动
逼近	从"快进"或"移刀"点到进刀移动起点的移动
进刀	使刀具从空中来到切削刀路起点的移动
退刀	使刀具从切削刀路离开到空中的移动
分离	从"退刀"移动到"快进"或"移刀"移动起点的移动

4.8.1 进刀

进刀分为"封闭区域"和"开放区域"进刀。"封闭区域"是刀具到达切削层时必须切入部件材料内部的区域，"开放区域"是通过非闭合区域到达切削层的区域。一般来说，开放区域进刀是首选，其次是封闭区域。

如果开放区域进刀失败，封闭区域进刀作为备份进刀使用，封闭区域进刀第一次试着到达最小安全平面值的外面作为开放区域，避免刀具全部进入零件内部。该区域只有沿着壁的材料，且封闭区域内的区域是开放的。

1. 封闭区域

（1）进刀类型包括以下几种。

① 螺旋：螺旋进刀轨迹是螺旋线，螺旋首先尝试创建与起始切削运动相切的螺旋进刀。如果进刀过切部件，则会在起始切削点周围产生螺旋，如图 4-35 所示；如果起始切削点周围的螺旋失败，则刀具将沿内部刀路倾斜，就像指定了"在形状上"一样。

螺旋进刀的一般规则是：如果处理器根据输入的数据无法在材料外找到开放区域来向工件进刀，则刀具将倾斜进入切削层。当使用轮廓切削方法时，在许多情况下刀具都有向工件进刀的空间，并且此空间位于材料外。在这些情况下刀具不会倾斜进入切削层。如果没有可以作为进刀的开放区域时，刀具将倾斜进入切削层；否则，刀具将进刀到开放区域。

如果无法执行螺旋进刀或如果已指定"单向"、"往复"或"单向轮廓"，则系统在使刀具倾斜进入部件时会沿着对刀轨的跟踪路线运动。系统将沿远离部件壁的刀轨运动，以避免刀具沿壁运动。在刀具下降到切削层后，刀具会步进到第一个切削刀路（如有必要）并开始第一个切削，如图 4-36 所示。

> **注意：** 在使用向外递进的"跟随周边"操作中，系统在倾斜进入部件时将沿着刀轨的最内部刀路运动。如果最内部的刀轨受到太多限制，则系统会沿着刀轨的下一个最大的刀路跟踪。

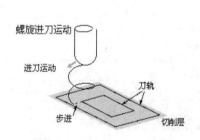

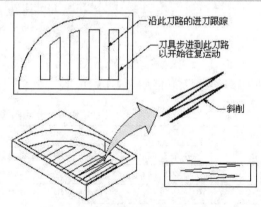

图 4-35　螺旋进刀运动　　　　　　　图 4-36　螺旋倾斜类型（往复刀轨）

② 插削：允许倾斜只出现在沿直线切削的情形中。当与"跟随部件"、"跟随腔体"或"轮廓"（当没有隐含的安全区域时）一起使用时，进刀将根据步进向内还是向外来跟踪最内侧或最外侧的切削刀路。圆形切削将保持恒定的深度，直到出现下一直线切削，这时倾斜将恢复。

"跟随周边"模式下的"插削"倾斜类型，刀轨向外"插削"对于"跟随周边"等带"向内"腔体方向的、为避免沿弯曲壁倾斜的操作非常有用，如图 4-37 所示。

当与"单向"、"往复"或"单向轮廓"一起使用时，进刀将跟踪远离部件的直线切削刀路，以避免刀具沿部件运动，如图 4-38 所示。在刀具沿此刀路倾斜运动到切削层后，刀具会步进到第一个切削刀路（如有必要）并开始第一个切削。

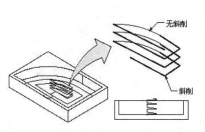

图 4-37 "插削"倾斜类型（跟随周边）

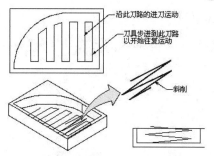

图 4-38 "插削"倾斜类型（往复刀轨）

③ 沿形状斜进刀：允许倾斜出现在沿所有被跟踪的切削刀路方向上，而不考虑形状。当与"跟随部件"、"跟随腔体"或"轮廓"（当没有隐含的安全区域时）一起使用时，进刀将根据步距向内还是向外来跟踪向内或向外的切削刀路。与"跟随周边"一起使用的"沿形状斜进刀"倾斜类型，向外当与"单向""往复"或"单向轮廓"一起使用时，"在形状上"与"在直线上"的运动方式相同，如图 4-39 所示。

（2）斜坡角度：是当执行"沿形状斜进刀"或螺旋时，刀具切削进入材料的角度，是在垂直于部件表面的平面中测量的，如图 4-40 所示。斜坡角度决定了刀具的起始位置，因为当刀具下降到切削层后必须靠近第一切削的起始位置。指定大于 0°但小于 90°的任何值。如果要切削的区域小于刀具半径，则不会出现倾斜。

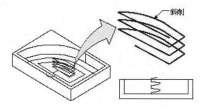

图 4-39 "沿形状斜进刀"（跟随周边）

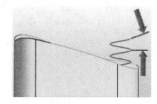

图 4-40 斜坡角度

（3）直径：可为螺旋进刀指定所需的或最大倾斜直径。此直径只适用于螺旋进刀类型。当决定使用螺旋进刀类型时，系统首先尝试使用直径来生成螺旋运动。如果区域的大小不足以支持直径，则系统会减小倾斜直径并再次尝试螺旋进刀，此过程会一直继续直到螺旋成功或刀轨直径小于"最小斜坡长度直径"；如果区域的大小不足以支持与"最小斜坡长度直径"相等的直径，则系统不会切削该区域或子区域，而继续切削其余的区域。

直径表示为了在部件中打孔，而又不在孔的中央留下柱状原料，刀具可能要走的最大刀轨直径，如图 4-41 所示。无论何时对材料采用螺旋进刀都应使用直径。

（4）最小斜坡长度：可为螺旋"沿形状斜进刀"指定最小斜坡长度或直径。无论在何时使用非中心切削刀具（如插入式刀具）执行斜削或螺旋切削材料，都应设置"最小斜坡长度"。这可以确保倾斜进刀运动不会在刀具中心的下方留下未切削的小块或柱状材料，如图 4-42 所示。"最小斜坡长度"选项控制自动斜削或螺旋进刀切削材料时，刀具必须走过的最短距离。对于防止有未切削的材料接触到刀的非切削底部的插入式刀具，"最小斜坡长度"格外有用。

如果切削区域太小以至于无足够的空间用于最小螺旋直径或最小斜坡长度，则会忽略该区域，并显示一条警告消息。这可防止插入式刀具进入太小的区域。必须更改进刀参数，或使用不同的刀具来切削这些区域。

2．开放区域

（1）与封闭区域相同：如果没有开放区域进刀，使用封闭区域进刀。

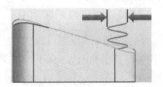

图 4-41　直径

图 4-42　最小斜坡长度

1—最小斜坡长度-直径百分比

2—希望避免的小块或柱状材料

（2）线性："线性"进刀将创建一个线性进刀移动，其方向可以与第一个切削运动相同，也可以与第一个切削运动成一定角度。输入"旋转角度"是相切于初始切削点的矢量方向的夹角，输入"斜坡角度"是垂直于工件表面与初始切削点的矢量方向的夹角，如图 4-43 所示。

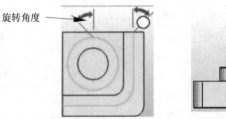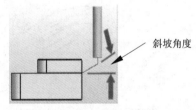

图 4-43　"旋转角度"和"斜坡角度"

（3）线性—相对于切削：将创建一个线性进刀移动，其方向可以与第一个切削运动相同，也可以与第一个切削运动成一定角度。

（4）圆弧：圆弧进刀生成和开始切削运动相切的圆弧进刀。

（5）点：由点构造器指定的点作为进刀点，允许运动从指定的点开始，并且添加一圆弧光滑过渡进刀。

（6）线性-沿矢量：通过矢量构造器指定一个矢量来决定进刀方向，输入一个距离值来决定进刀点位置。

（7）角度-角度-平面：通过平面构造器指定一个平面决定进刀点的高度位置，输入两个角度值决定进刀方向。角度可确定进刀运动的方向，平面可确定进刀起点。

① 旋转角度：是根据第一刀的方向来测量的。正旋转角度值是在与部件表面相切的平面上，从要加工的第一点处第一刀的切向矢量开始，沿逆时针方向测量的。

② 斜坡角度：是在与包含旋转角度所述矢量的部件表面相垂直的平面上，沿顺时针方向测量的。负倾斜角度值是沿逆时针方向测量的。

在图 4-44 和图 4-45 中，角 1 =旋转角度，角 2 =斜坡角度，图 4-44 为"角度-角度-平面"进刀示意图，图 4-45 为"角度-角度-平面"退刀示意图。

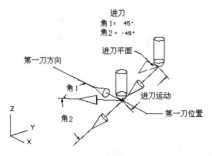

图 4-44　使用"角度-角度-平面"进刀

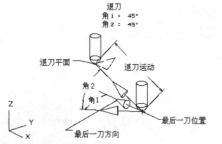

图 4-45　使用"角度-角度-平面"退刀

③ 指定平面：需要通过矢量构造器指定一个矢量来决定进（退）刀方向，通过平面构造器指定一个平面来决定进（退）刀点，这种进（退）刀运动是直线。

3．初始封闭区域

指一个切削封闭区域，其"进刀类型"设置和封闭区域设置相同。

4．初始开放区域

指一个切削开放区域，其"进刀类型"设置和开放区域设置相同。

4.8.2　退刀

退刀类型主要有以下几种：与进刀相同、线性、线性-相对于切削、圆弧、点、抬刀、线性-沿矢量、角度-角度-平面、矢量平面、无。

各种类型的设置方法与进刀相同。

4.8.3　起点/钻点

"非切削移动"中"起点/钻点"选项卡设置内容主要包括：重叠距离、区域起点、预钻点等主要设置选项，如图 4-46 所示。

图 4-46　"起点/钻点"选项卡

1. 重叠距离

"重叠距离"是在切削过程中刀轨进刀点与退刀点重合的刀轨长度,可提高切入部位的表面质量,如图 4-47 所示。

图 4-47　自动进刀和退刀的重叠距离

2. 区域起点

"区域起点"有两种方式:默认和自定义指定。定义切削区域开始点来定义进刀位置和横向进给方向。默认的"区域起点"选项为"中点"和"拐角",如图 4-48 所示。自定义"区域起点"可以通过点构造器进行选择指定,指定的自定义点在下面的"列表"中列出,亦可在"列表"中删除。

3. 预钻点

"预钻点"允许指定"毛坯"材料中先前钻好的孔内或其他空缺内的进刀位置。所定义的点沿着刀具轴投影到用来定位刀具的"安全平面"上。然后刀具向下移动直至进入空缺处,在此空缺处,刀具可以直接移动到每个层上处理器定义的起点。"预钻孔进刀点"不会应用到"轮廓驱动切削类型"和"标准驱动切削类型"。

图 4-48　默认"区域起点"选项

在做平面铣挖槽加工时,经常是在整块实心毛坯上铣削,在铣削之前可在毛坯上位于每个切削区的适当位置预先钻一个孔用于铣削时进刀。在创建平面铣的挖槽操作时,通过指定与钻进刀点来控制刀具在预钻孔位置进刀。刀具在安全平面或最小安全间隙开始沿刀具轴方向对准预钻进刀点垂直进刀。刀具在安全平面或最小安全间隙开始沿刀具轴方向对准预钻进刀点垂直进刀,切削完各切削层。

如果以一个切削区指定了多个预钻进刀点,只有最接近这个区的切削刀轨起始点的那一个有效,对于轮廓和标准驱动切削方法,预钻进刀点无效。设定预钻孔点必须指定孔的位置和孔的深度。这里指定的预钻孔点不能应用于点位加工操作的预钻选项中,点位加工操作只能运用进/退刀方法选项中的预钻孔创建的预钻点。

4.8.4 转移/快速

"转移/快速"是刀具从一个切削区转移到下一个切削区的运动。共有 3 种情形：从当前的位置移动到指定的平面；移动从指定的平面内到高于开始进刀点的位置（或高于切削点）；移动从指定的平面内到开始进刀点（或切削点）。

"转移/快速"选项卡如图 4-49 所示。

图 4-49 "转移/快速"选项卡

（1）安全设置：刀具在间隙或垂直安全距离的高度做传递运动，如图 4-50 所示。有 4 种类型方式用于指定安全平面。

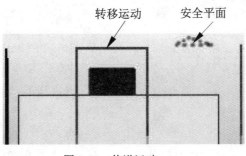

图 4-50 传递运动

① 使用继承的：使用在加工几何父节点组 MCS 指定的安全平面。

② 无：不使用"间隙"。

③ 自动平面：使用零件的高度加上"安全距离"值定义安全平面。

④ 平面：使用平面构造器定义安全平面。

（2）区域之间：用于指定刀具在不同的切削区间跨越到何处，主要包括前一平面、直接、最小安全值 Z、毛坯平面等选项。各选项的使用方法和功能和"区域内"相同。

（3）区域内：为在较短距离内清除障碍物而添加的退刀和进刀。

① 转移方式：用于指定刀具如何从一个切削区转移到下一个切削区，可通过定义"进刀/退刀""抬刀和插削"指定"转移方式"。使用"进刀/退刀（默认值）"会添加水平运动；"提升和冲削"会随着竖直运动移刀。

② 转移类型：指定要将刀具移动到的位置，主要包括以下几种。

☑ 安全距离-最短距离：首先应用直接运动（如果它是无干扰的），否则最短的安全距离使用先前的安全平面。对于平面铣，最短安全距离由部件几何体和检查几何体中的较大者定义；对于型腔铣，"安全距离-最短距离"由部件几何体、检查几何体、毛坯几何体加毛坯距离或用户定义顶层中的最大者定义。

☑ 前一平面：返回到先前的等高（切削层）。先前的平面可使刀具在移动到新切削区域前抬起到并沿着上一切削层的平面运动。但是，如果连接当前位置与下一进刀开始处上方位置的转移运动受到工件形状和检查形状的干扰，则刀具将退回到并沿着"安全平面"（如果它处于活动状态）或隐含的安全平面（如果"安全平面"处于非活动状态）运动。对于"型腔铣"，当刀具从一个切削层移动到下一较低的层［见图 4-51（a）中的区域 1 和区域 2］时，刀具将抬起，直到其距离等于当前切削层上方的"竖直安全距离"值。然后，刀具水平运动但不切削，直至到达新层的进刀点，接着刀具向下进刀到新切削层；对于"型腔铣"和"平面铣"，当在同一切削层上相连的区域间［见图 4-51（a）中的区域 2 和区域 3］运动时，刀具将抬起，直到其距离等于上一切削层上方的"竖直安全距离"值。随后，刀具按如上所述进行运动，只是进刀运动会返回当前切削层。

☑ 直接：直接移到下一个区域，而不会为了清除障碍而添加运动。

☑ 毛坯平面：返回毛坯平面，移到下一个区域。

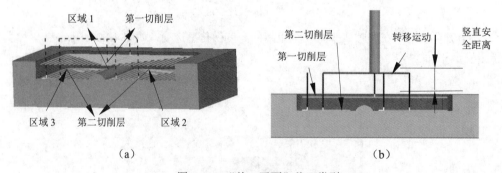

（a）　　　　　　　　　　　　　　　　　（b）

图 4-51　"前一平面"移刀类型

4.8.5　避让

"避让"是控制刀具做非切削运动的点或平面，操作刀具的运动可分为两部分：一部分是刀具切入工件之前或离开工件之后的刀具运动，成为非切削运动；另一部分是刀具去除零件材料的切削运动。刀具切削零件时，由零件几何形状决定刀具路径；在非切削运动中，刀具的路径则由避让几何制定的点或平面控制。并不是每个操作都必须定义所有的避让几何，一般是根据实际需要灵活确定。"避让"选项卡如图 4-52 所示。

图 4-52　"避让"选项卡

（1）出发点：指定新刀轨开始处的初始刀具位置。

（2）起点：为可用于避让几何体或装夹组件的起始序列指定一个刀具位置。

（3）返回点：指定切削序列结束时离开部件的刀具位置。

（4）回零点：指定最终刀具位置。经常使用出发点作为此位置。

4.9　平面铣加工实例

待加工部件如图 4-53 所示，对其进行平面铣加工。

图 4-53　待加工部件

4.9.1 创建毛坯

（1）在建模环境中，单击"视图"选项卡"可见性"面板中的"图层设置"按钮 ，打开如图 4-54 所示的"图层设置"对话框。选择图层"2"为工作图层，单击"关闭"按钮。

（2）单击"主页"选项卡"特征"面板中的"拉伸"按钮 ，打开如图 4-55 所示的"拉伸"对话框，选择加工部件的底部 4 条边线为拉伸截面，指定矢量方向为"YC"，输入开始距离为 0 和结束距离为 60mm，其他采用默认设置，单击"确定"按钮，生成的毛坯如图 4-56 所示。

图 4-54 "图层设置"对话框 图 4-55 "拉伸"对话框 图 4-56 毛坯

4.9.2 创建几何体

（1）单击"应用模块"选项卡"加工"面板中的"加工"按钮 ，打开如图 4-57 所示的"加工环境"对话框，在 CAM 会话配置列表框中选择"cam_general"，在要创建的 CAM 组装列表中选择"mill_planar"，单击"确定"按钮，进入加工环境。

（2）在上边框条中单击"几何视图"按钮 ，显示"工序导航器-几何"，如图 4-58 所示。双击"WORKPIECE"，打开如图 4-59 所示的"工件"对话框。

图 4-57 "加工环境"对话框 图 4-58 工序导航器-几何 图 4-59 "工件"对话框

（3）单击"选择和编辑部件几何体"按钮，打开"部件几何体"对话框，选择如图 4-60 所示的待加工部件，单击"确定"按钮。

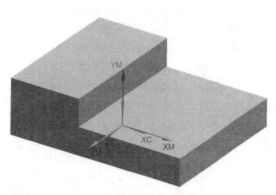

图 4-60　选择待加工部件

（4）在"工件"对话框中单击"选择和编辑毛坯几何体"按钮，打开"毛坯几何体"对话框，选择如图 4-61 所示的毛坯，连续单击"确定"按钮。

（5）单击"视图"选项卡"可见性"面板中的"图层设置"按钮，打开如图 4-62 所示的"图层设置"对话框，双击图层 1 作为工作层，然后取消选中图层 2，隐藏毛坯件。

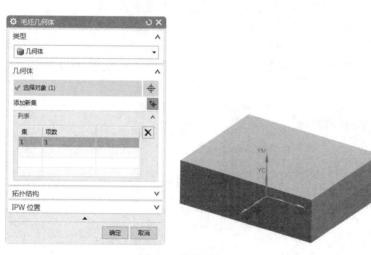

图 4-61　选择毛坯　　　　　　　　　图 4-62　"图层设置"对话框

4.9.3　创建刀具

（1）单击"主页"选项卡"刀片"面板中的"创建刀具"按钮，打开如图 4-63 所示的"创建刀具"对话框，在"类型"栏中选择"mill_planar"；在"刀具子类型"栏中选择"mill"，输入"名称"为 END12；其他采用默认设置，单击"确定"按钮。

（2）打开如图 4-64 所示的"铣刀-5 参数"对话框，输入"直径"为 12，"长度"为 70，其他采用默认设置，单击"确定"按钮。

图 4-63　"创建刀具"对话框　　　　　图 4-64　"铣刀-5 参数"对话框

4.9.4　创建工序

（1）单击"主页"选项卡"刀片"面板中的"创建工序"按钮，打开如图 4-65 所示的"创建工序"对话框，在"工序子类型"栏中选择"平面铣"；在"位置"栏中选择"刀具"为"END12"，"几何体"为"WORKPIECE"，"方法"为"MILL_ROUGH"；其他采用默认设置，单击"确定"按钮。

（2）打开如图 4-66 所示的"平面铣"对话框。单击"选择或编辑部件边界"按钮，打开"部件边界"对话框。在"边界"的"选择方法"中选择"面"，在视图中选取如图 4-67 所示的面，然后在如图 4-67 所示的对话框中选择"刀具侧"为"内侧"，系统根据选取的面创建部件边界，单击"确定"按钮。

图 4-65　"创建工序"对话框　　　　　图 4-66　"平面铣"对话框

图 4-67　指定的部件边界

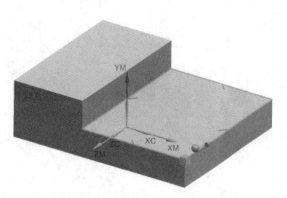

（3）单击"选择或编辑底平面几何体"按钮 ，打开"平面"对话框，在"类型"栏中选择"自动判断"，选中的底面如图 4-68 所示，单击"确定"按钮。

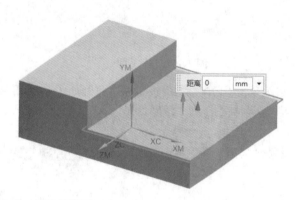

图 4-68　指定的底面

（4）在"刀轴"栏的"轴"下拉列表中选择"指定矢量"选项，在"指定矢量"下拉列表选择"YC 轴"为刀轴，如图 4-69 所示。

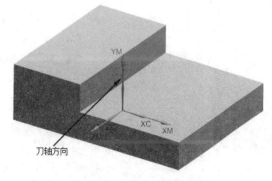

图 4-69　指定刀轴方向

（5）在"刀轨设置"栏中设置"切削模式"为"跟随部件"，"步距"为"%刀具平直"，"平面直径百分比"为70，如图4-70所示。

（6）单击"切削层"按钮，打开如图4-71所示的"切削层"对话框。在"类型"栏中选择"用户定义"；在"每刀切削深度"栏中设置"公共"为10；其他采用默认设置，单击"确定"按钮。

图 4-70　刀轨设置

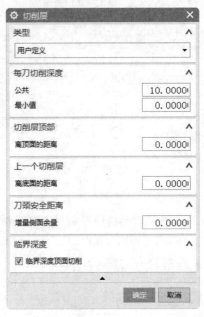

图 4-71　"切削层"对话框

（7）单击"切削参数"按钮，打开如图4-72所示的"切削参数"对话框。在"策略"选项卡中设置"切削顺序"为"深度优先"；在"余量"选项卡中设置"部件余量"为0.5，单击"确定"按钮。

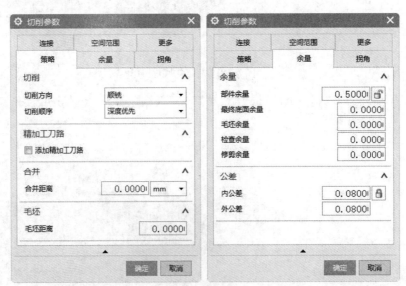

图 4-72　"切削参数"对话框

（8）单击"非切削移动"按钮，打开如图4-73所示的"非切削移动"对话框，在"转移/快速"选项卡的"安全设置"栏中设置"安全设置选项"为"平面",单击"平面对话框"按钮,打开"平面"对话框,选择"按某一距离"类型,选取部件的上表面,输入"距离"为 10mm,如图 4-74 所示。其他采用默认设置,单击"确定"按钮。

图 4-73 "非切削移动"对话框

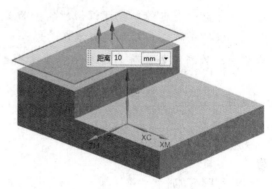

图 4-74 选取平面

(9)在"平面铣"对话框中的"操作"栏里单击"生成"按钮,生成刀轨,如图 4-75 所示。

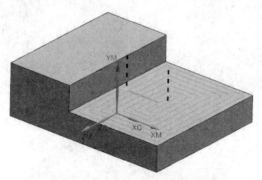

图 4-75 平面铣(跟随部件)刀轨

第 5 章

型腔铣

(视频讲解：5 分钟)

"型腔铣"操作创建的刀轨可以切削掉平面层中的材料。这一类型的操作常用于对材料进行粗加工，以便为随后的精加工做准备。在学完本章内容后，读者可以对型腔铣中的相关参数和设置有比较深入的理解，为进一步学习其他铣削操作方法奠定基础。

- ☑ 概述
- ☑ 几何体
- ☑ 切削参数
- ☑ 工序子类型
- ☑ 切削层设置
- ☑ 型腔铣加工示例

任务驱动&项目案例

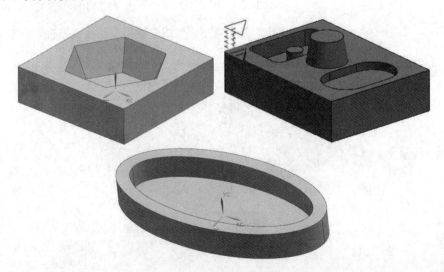

5.1 概　　述

"型腔铣"根据型腔或型芯的形状，将要切除的部位在 Z 轴方向上分成多个切削层进行切削，每一切削层的深度可以不同，可以用于加工复杂的零件。型腔铣和平面铣的切削原理相似，由多个垂直于刀轴矢量的平面和零件平面求出交线，进而得到刀具路径。

1."型腔铣"和"平面铣"相同点

（1）刀轴都是垂直于切削平面，并且固定，可以切除那些垂直于刀轴矢量的切削层中的材料。

（2）刀具路径使用的切削方法也基本相同。

（3）开始点控制选项，进退刀选项也完全相同，都提供多种进退刀方式。

（4）其他参数选项，如切削参数选项、拐角控制选项，避让几何选项等也基本相同。

2."型腔铣"和"平面铣"不同点

（1）定义材料的方法不同。"平面铣"使用边界来定义部件材料，而"型腔铣"使用边界、面、曲线和体来定义部件材料。

（2）切削适应的范围不同。"平面铣"用于切削具有竖直壁面和平面凸起的部件，并且部件底面应垂直于刀具轴，如图 5-1（a）所示；而"型腔铣"用于切削带有锥形壁面和轮廓底面的部件，底面可以是曲面，并且侧面无须垂直于底面，如图 5-1（b）所示。

（3）切削深度定义方式不同。平面铣通过指定的边界和底面高度差来定义切削深度；型腔铣是通过毛坯几何和零件几何来共同定义切削深度，并且可以自定义每个切削层的深度。

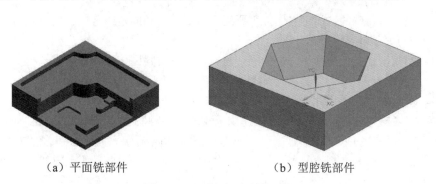

（a）平面铣部件　　　　　　　　（b）型腔铣部件

图 5-1　平面铣和型腔铣区别

3."型腔铣"和"平面铣"选用原则

型腔铣在数控加工中应用最广泛，可以用于大部分部件的粗加工以及直壁或者斜度不大的侧壁精加工；平面铣用于直壁、并且岛屿顶面和槽腔底面为平面的部件的加工。在很多情况下，特别是粗加工时，型腔铣可以替代平面铣。

5.2 工序子类型

单击"主页"选项卡"刀片"面板中的"创建工序"按钮，打开如图 5-2 所示的"创建工序"

对话框，选择"mill_contour"类型。

图5-2 "创建工序"对话框

图5-2中，"工序子类型"栏中一共列出了21种子类型，各项的含义如下。

（1）型腔铣：基本的型腔铣操作，用于去除毛坯或IPW及部件所定义的一定量的材料，带有许多平面切削模式，常用于粗加工。

（2）自适应铣削：在垂直于固定轴的平面切削层中使用自适应切削模式对一定量的材料进行粗加工，同时维持刀具进刀一致。

（3）插铣：特殊的铣加工操作，主要用于需要长刀具的较深区域。插铣对难以到达的深壁使用长细刀具进行精铣非常有利。

（4）拐角粗加工：切削拐角中的剩余材料，这些材料因前一刀具的直径和拐角半径关系而无法去除。

（5）剩余铣：清除粗加工后剩余加工余量较大的角落以保证后续工序均匀的加工余量。

（6）深度轮廓铣：基本的Z轴铣削，用于以平面切削方式对部件或切削区域进行轮廓铣。

（7）深度加工拐角：精加工前一刀因直径和拐角半径关系而无法到达的拐角区域。

（8）固定轮廓铣：基本的固定轴曲面轮廓铣操作，用于以各种驱动方式、包容和切削模式轮廓铣部件或切削区域。刀具轴是+ZM。

（9）区域轮廓铣：以切削选定的面或切削区域。常用于半精加工和精加工。

（10）曲面区域轮廓铣：以切削单个驱动曲面或驱动曲面的排列有序的矩形栅格。

（11）流线：以切削曲线集定义的驱动曲面。可从部件几何体自动生成曲线集，或选择点、曲线、边或曲面以定义曲线集。

（12）非陡峭区域轮廓铣：与轮廓区域铣相同，但只切削非陡峭区域。经常与ZLEVEL_PROFILE_STEEP一起使用，以便在精加工切削区域时控制残余波峰。

（13）陡峭区域轮廓铣：区域铣削驱动，用于以切削方向为基础、只切削非陡峭区域。与CONTOUR_ZIGZAG或轮廓区域铣一起使用，以便通过十字交叉前一往复切削来降低残余波峰。

（14）单刀路清根：自动清根驱动方式，清根驱动方法中选单路径，精加工或去除拐角和凹部。

（15） 多刀路清根：自动清根驱动方式，以切削多条刀路。

（16） 清根参考刀具：自动清根驱动方式，清根驱动方法中选参考刀路，以前一参考刀具直径为基础的多刀路，用于移除拐角和凹部中的剩余材料。

（17） 实体轮廓 3D：特殊的三维轮廓铣切削类型，其深度取决于边界中的边或曲线。常用于修边。

（18） 轮廓 3D：特殊的三维轮廓铣切削类型，其深度取决于边界中的边或曲线。常用于修边。

（19） 轮廓文本：切削制图注释中的文字，用于三维雕刻。

（20） 用户定义铣：此刀轨由用户定制的 NX Open 程序生成。

（21） 铣削控制：它只包含机床控制事件。

5.3　几　何　体

在每个切削层中，刀具能切削而不产生过切的区域称为"加工区域"。型腔铣的切削区域由曲面或者实体几何定义。可以指定部件几何体和毛坯几何体，也可以利用"MILL_AREA"指定部件几何体的被加工区域，此时加工区域可以是部件几何体的一部分，也可以是整个零件几何体。

单击"主页"选项卡"刀片"面板中的"创建几何体"按钮，打开如图 5-3 所示的"创建几何体"对话框，选择几何体类型，进行几何体的指定，型腔铣的几何体包括：部件几何体、毛坯几何体、检查几何体、切削区域几何体、修剪几何体。

5.3.1　部件几何体

"部件几何体"即代表最终部件的几何体，"部件几何体"对话框如图 5-4 所示，通过部件几何体的选项，用户能够编辑、显示和指定要加工的轮廓曲面。指定的"部件几何体"将与"驱动几何体"（通常是边界）结合起来使用，共同定义"切削区域"。

"体"（片体或实体）、"平面体"、"曲面区域"或"面"等可指定为"部件几何体"。由于整个实体都保持了关联性，为容易处理，一般情况下都选择实体，独立的平面可随着实体的更新而改变。如果希望只切削实体上一些平面，可将切削区域限制为小于整个部件。

图 5-3　"创建几何体"对话框

图 5-4　"部件几何体"对话框

5.3.2 毛坯几何体

"毛坯几何体"代表要切削的原始材料的几何体或小平面体，不表示最终部件，并且可以直接切削或进刀。用户可以在"MILL_GEOM"和"WORKPIECE"几何体组中将起始工件定义为毛坯几何体。如果起始工件尚未建模，则可以通过使用与 MCS 对齐的长方体，或通过对部件几何体应用三维偏置值，来方便地定义起始工件。

当在型腔铣操作对话框中，单击"选择或编辑毛坯几何体"按钮，系统打开"毛坯几何体"对话框，如图 5-5 所示。

下面将对该对话框中的"类型"进行说明。

（1）几何体：选择"几何体"项时可以选择"体""面""面和曲线""曲线"选项。

（2）部件的偏置：可基于整个部件周围的偏置距离来定义毛坯几何体。

（3）包容块：使用"包容块"类型可以在部件的外围定义一个与活动 MCS 对齐的自动生成的长方体，如图 5-6 所示。如果需要一个比默认长方体更大的长方体，可以在 6 个可用的输入框中输入值，如图 5-7 所示。也可以在图 5-6 上直接拖曳长方体上的图柄，在拖曳图柄时系统将动态地修改输入框中的值以反映长方体各边的位置。如果未定义部件几何体，系统将定义一个尺寸为零的长方体。由于包容块位于活动的 MCS 周围，因此不能将其用在使用不同 MCS 的多个操作中。

（4）包容圆柱体：使用"包容圆柱体"类型可以在部件的外围定义一个以活动 MCS 为中心自动生成的圆柱体，如果需要一个比默认圆柱体更大的圆柱体，则可以在输入框中输入值，也可以直接拖曳圆柱体上的图柄，在拖曳图柄时系统将动态地修改输入框中的值以反映圆柱体直径和高度的位置。

（5）IPW-过程工件：用于表示内部的"工序模型"（IPW）。"IPW"是完成上一步操作后材料的状态。

图 5-5 "毛坯几何体"对话框　　图 5-6 "自动块"示意图　　图 5-7 输入框

5.3.3 检查几何体

使用"检查几何体"指定希望刀具避让的几何体。

在"几何体"栏中单击"选择或编辑检查几何体"按钮，以指定检查几何体。"检查几何体"或"检查边界"允许指定体或封闭边界用于表示夹具。如果使用了封闭的边界，则检查边界的所有成员都具有相切的刀具位置。类似于"平面铣"操作中的"检查边界"，材料一侧是根据边界的方向定义的。它表示材料的位置，并且既可以在内部，也可以在外部（沿刀具轴测量，从边界的平面开始）。检查边界平面的法向必须平行于刀具轴。

使用"指定检查"选项定义不希望与刀具发生碰撞的几何体，比如固定部件的夹具，如图 5-8 所示。其在指定检查边界不会在"检查几何体"覆盖待删除材料空间的区域进行切削。用户可以选择"平面铣"→"切削参数"→"余量"→"检查余量"选项，打开"切削参数"对话框，以指定"检查余量"的值，如图 5-9 所示。当刀具遇到"检查几何体"时，有以下几种情况。

（1）如果选中"平面铣"→"切削参数"→"连接"→"优化"下的"跟随检查几何体"复选框，如图 5-10 所示。刀具将绕着"检查几何体"切削，如图 5-11（a）所示。可以看出刀轨绕开"检查几何体"。

（2）如果在图 5-10 中未选中"平面铣"→"切削参数"→"连接"→"优化"下的"跟随检查几何体"复选框，刀具将退刀，如图 5-11（b）所示。可以发现刀具退刀从上面越过"检查几何体"。

（3）设定完"检查几何体"并选中"跟随检查几何体"复选框后，图 5-11 生成的 3D 切削结果如图 5-12 所示，在夹具下面部分的材料未被切削。

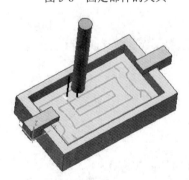

图 5-8　固定部件的夹具　　图 5-9　"切削参数"对话框　　图 5-10　"跟随检查几何体"复选框

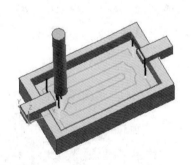

（a）选中"跟随检查几何体"　（b）未选中"跟随检查几何体"

图 5-11　"检查几何体"刀轨　　　　　图 5-12　设定"检查几何体"后的切削部件

5.3.4　修剪边界

"修剪边界" ▣ 选项可指定将在每一切削层上进一步约束切削区域的边界。可以通过将"刀具侧"指定为"内侧"或"外侧"（对封闭边界而言），或指定为"左"或"右"（对于开放边界），定义要从操作中排除的切削区域的这一部分。

5.3.5 岛

"岛"指由内部仍剩余材料的部件边界所包围的区域。图 5-13 展示了由部件边界所定义的"岛"。

腔体可由两种边界来定义：一种边界是内部仍剩余材料的边界；另一种边界是外部仍剩余材料的边界。上方的边界是用外部仍剩余材料的边界定义的，这样可使刀具落在腔体的内部。下方的边界是用内部仍剩余材料的边界定义的，这样可有效地定义腔体的底面，如图 5-13 所示。

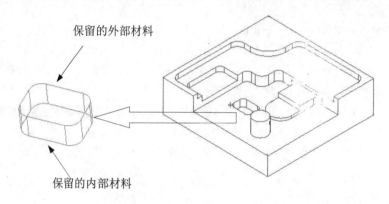

图 5-13　由部件边界所定义的岛

图 5-14 为由内部仍剩余材料的部件边界的定义的岛。在该图中，岛 A 是传统的岛定义，但是在 UG 中腔体底部 B 及梯级 C 和 D 也都作为岛，原因是这些区域是根据内部仍剩余材料的"部件边界"所定义的。

在"型腔铣"中，"部件几何体"、"毛坯几何体"和"检查几何体"都由边界、面、曲线和实体来定义。当用户选择曲线后，系统会创建一个沿拔模角从该曲线延伸到最低切削层的面，系统将这些面限制于那些定义在它们的边上。

"部件几何体"与"毛坯几何体"的差可定义要去除的材料量，如图 5-15 所示。"毛坯几何体"可以表示上面所述的原始余量材料，也可以通过定义与所选"部件"边界、面、曲线或实体的相同偏置来表示锻件或铸件。

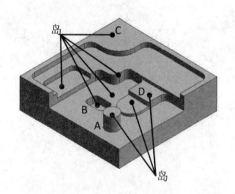

图 5-14　由内部仍剩余材料的部件边界所定义的岛

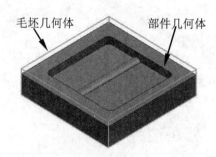

图 5-15　型腔铣中的毛坯和部件几何体

5.3.6　切削区域

　　"切削区域" 指定几何体或特征以创建此操作要加工的切削区域。用户只需选择部件上特定的面来包含切削区域，而不需要选择整个实体，这样有助于省去裁剪边界这一操作。"切削区域"指定了部件被加工的区域，可以是部件几何体的一部分，也可以是整个部件几何体。

　　指定"切削区域"时需注意以下几点。

- ☑　切削区域的每个成员必须包括在部件几何体中。
- ☑　如果不指定切削区域，NX 会使用刀具可以进入的整个已定义部件几何体（部件轮廓）作为切削区域。
- ☑　指定切削区域之前，必须指定部件几何体。
- ☑　如果使用整个"部件几何体"而没有定义"切削区域"，则不能移除"边缘追踪"。

　　"切削区域"常用于模具和冲模加工。许多模具型腔都需要应用"分割加工"策略，这时型腔将被分割成独立的可管理的区域。随后可以针对不同区域（如较宽的开放区域或较深的复杂区域）应用不同的策略。这一点在进行高速硬铣削加工时显得尤其重要。当将切削区域限制在较大部件的较小区域中时，"切削区域"还可以减少处理时间。

　　注意：为避免碰撞和过切，应将整个部件（包括不切削的面）选作部件几何体。"切削区域"位于型腔铣操作的几何体选择中，也可以从几何体组中继承。选择单个面或多个面作为切削区域。用户可以使用"切削区域延伸"（"切削参数"对话框"策略"页面）将刀具移出切削表面，在开放区域中掠过切削区域的外部边。

5.4　切削层设置

　　"型腔铣"是水平切削操作，切削层是刀具轨迹所在的平面，它们相互平行。用户可以指定切削平面，这些切削平面决定了刀具在切除材料时的切削深度，切削层的参数主要由切削的总深度和切削层之间的距离来确定，同时也规定了切削量的大小。可以将总切削深度划分为多个切削区间，同一范围内的切削层深度相同，不同范围内的切削层的深度可以不同，最多可以定义 10 个切削区间。切削区域的大小由切削中的最高位和最低位决定，每一个平面可认为是一个切削层。最高层和最低层的 Z 值为最高和最低切削范围，如图 5-16 所示。

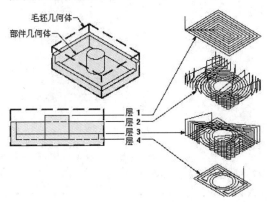

图 5-16　切削层示例

对于"型腔铣"，最高范围的默认上限是部件、毛坯或切削区域几何体的最高点。如果在定义"切削区域"使用毛坯，那么默认上限将是切削区域的最高点；如果切削区域不具有深度（如为水平面），并且没有指定毛坯，那么默认的切削范围上限将是部件的顶部。定义"切削区域"后，最低范围的默认下限将是切削区域的底部；当没有定义"切削区域"时，最低范围的下限将是部件或毛坯几何体的底部最低点。显示切削层平面（三角形）时不计算底面余量。生成刀轨时，各层将根据指定的底面余量值向上调整。

"切削层"对话框由 3 个部分组成：全局信息、当前范围信息和附加选项，如图 5-17 所示。

1．标识"范围类型"

☑ 大三角形是范围顶部、范围底部和关键深度，如图 5-18 所示。

☑ 小三角形是切削深度，如图 5-18 所示。

☑ 选定的范围以可视化"选择"颜色显示。

☑ 其他范围以加工"部件"颜色显示。

☑ "结束深度"以加工"结束层"颜色显示。

☑ 白色三角形位于顶层或顶层之上。洋红色三角形位于顶层之下。

☑ 实线三角形具有关联性（它们由几何体定义）。

☑ 虚线三角形不具有关联性。

系统按以下方式标识切削层：大三角形是范围顶部、范围底部和关键深度；小三角形是切削深度。

图 5-17 "切削层"对话框

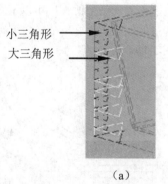
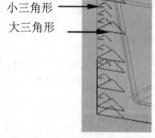

图 5-18 标识切削层

UG NX 为用户提供了 3 种标识范围的方法。

（1）自动：即将范围设置为与任何平面对齐，这些是部件的关键深度，图 5-19 中的大三角形即为关键深度。只要用户没有添加或修改局部范围，切削层将保持与部件的关联性。软件将检测部件上的新的水平表面，并添加关键层与之匹配，如图 5-19 所示。

（2）用户定义：允许用户通过定义每个新范围的底面来创建范围。通过选择面定义的范围将保持与部件的关联性，但不会检测新的水平表面。

（3）单侧：将根据部件和毛坯几何体设置一个切削范围，如图 5-20 所示。使用此种方式时，系统对用户的行为做了如下限制。

☑ 用户只能修改顶层和底层。

☑ 如果用户修改了其中的任何一层，则在下次处理该操作时系统将使用相同的值。如果用户使用默认值，它们将保留与部件的关联性。

☑ 用户不能将顶层移至底层之下，也不能将底层移至顶层之上，这将导致这两层被移动到新的层上。

☑ 系统使用"每刀的公共深度"值来细分这一单个范围。

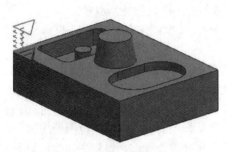

图 5-19　自动生成

图 5-20　切削层"单个"设置

2．公共每刀切削深度

"公共每刀切削深度"是添加范围时的默认值。该值将影响"自动"或"单侧"模式中所有切削范围的"每次切削深度"。对于"用户定义"模式，如果全部范围都具有相同的初始值，那么"公共每刀切削深度"将应用在所有这些范围中；如果它们的初始值不完全相同，系统将询问用户是否要为全部范围应用新值。

系统将计算出不超过指定值的相等深度的各切削层。图 5-21 显示了系统如何根据指定的"公共每刀切削深度"0.25 进行调整。

（1）恒定：将切削深度保持在全局每刀深度值。

（2）残余高度：仅用于深度加工操作。调整切削深度，以便在部件间距和残余高度方面更加一致。最优化在斜度从陡峭或几乎竖直变为表面或平面时创建其他切削，最大切削深度不超过全局每刀深度值。"残余高度"切削层如图 5-22 所示。

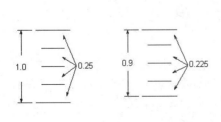

图 5-21　调整"公共每刀切削深度"

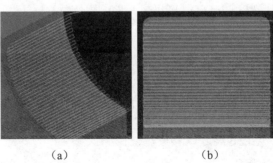

（a）　　　　　　　（b）

图 5-22　"残余高度"切削层

> **注意**：如果希望仅在底部范围处切削，请打开此选项，切削范围不会再被细分。打开此选项将使"全局每刀深度"选项处于非活动状态。

3. 临界深度顶面切削

"临界深度顶面切削"只在"单侧"范围类型中可用。使用此选项在完成水平表面下的第一次切削后直接来切削（最后加工）每个关键深度。这与"平面铣"中的"岛顶面的层"选项类似。

4. 范围定义

当希望添加、编辑或删除切削层时，用户需要选择相应的范围。

（1）测量开始位置：可以使用"测量开始位置"下拉菜单来确定如何测量范围参数。需要注意的是，当用户选择点或面来添加或修改范围时，"测量开始位置"选项不会影响范围的定义。

① 顶层：指定范围深度值从第一个切削范围的顶部开始测量。

② 当前范围顶部：指定范围深度从当前突出显示的范围的顶部开始测量。

③ 当前范围底部：指定范围深度从当前突出显示的范围的底部开始测量，也可使用滑尺来修改范围底部的位置。

④ WCS 原点：指定范围深度从工作坐标系原点处开始测量。

（2）范围深度：可以输入"范围深度"值来定义新范围的底部或编辑已有范围的底部。这一距离是从指定的参考平面（顶层、范围顶部、范围底部、工作坐标系原点）开始测量的。使用正值或负值来定义范围在参考平面之上或之下。所添加的范围将从指定的深度延伸到范围的底部，但不与其接触。而所修改的范围将延伸到指定的深度处，即使先前定义的范围已从过程中删除，如图 5-23 所示。也可以使用滑尺来更改"范围深度"，移动滑块时，"范围深度"值将随之调整以反映当前值。

（3）每刀切削深度：与"公共每刀切削深度"类似，但前者将影响单个范围中的每次切削的最大深度。通过为每个范围指定不同的切削深度，可以创建具有如下特点的切削层，即在某些区域内每个切削层将切削下较多的材料，而在另一些区域内每个切削层只切削下较少的材料。

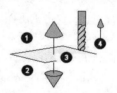

图 5-23　范围深度示意图

1—负值应用方向　2—正值应用方向

3—参考平面　4—刀具轴方向

5.5　切削参数

切削方式决定了加工切削区域的刀具路径图样和走刀方式。型腔铣操作有 7 种切削方式，包括往复切削、单向切削、单向沿轮廓切削、跟随周边切削、跟随部件切削、摆线走刀、沿轮廓切削。

1. 毛坯距离

毛坯距离是特定于"型腔铣"的一个切削参数。在选择几何体组之前，用户可以使用此参数将部件上的剩余材料定义为恒定厚度，而无须选择毛坯。但是，几何体组允许用户在毛坯几何体中使用"从部件偏置"，并且效果优于使用"毛坯距离"，可参考 5.3.2 节"毛坯几何体"。

对于"型腔铣"而言，指定毛坯距离的首选方法是使用铣削几何体组。在几何体中指定毛坯时，选择"从部件偏置"，然后输入距离，这是一种比较好的方法，因为用户能够将多个型腔铣操作置于该组中，并共享该几何体。

2. 参考刀具

要加工上一个刀具未加工到的拐角中剩余的材料时，可使用参考刀具，如图 5-24 所示。

如果是刀具拐角半径的原因，则剩余材料会在壁和底部面之间；如果是刀具直径的原因，则剩余材料会在壁之间。在选择了参考刀具的情况下，操作的刀轨与其他型腔铣或深度加工操作相似，但是会仅限制在拐角区域。

参考刀具通常是用来先对区域进行粗加工的刀具。软件计算指定的参考刀具剩下的材料，然后为当前操作定义切削区域。

> **注意：** 必须选择一个直径大于当前操作所用刀具的刀具。如果参考刀具的半径与部件拐角的半径之差很小，则所要去除的材料的厚度可能会因过小而检测不到。可指定一个更小的加工公差，或选择一个更大的参考刀具，以获得更佳效果。如果使用较小的加工公差，则软件将能够检测到更少量的剩余材料，但这可能需要更长的处理时间。选择较大的参考刀具可能是上策。

图 5-25 为使用自动块作为毛坯的型腔铣路径。如果将参考刀具添加到以上操作，则仅切削拐角，那么得到的路径如图 5-26 所示。

图 5-24　参考刀具

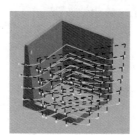
图 5-25　自动块

图 5-26　带有参考刀具的毛坯

在"参考刀具半径"和拐角半径之间的差异比较小的情况下，删除的材料的厚度也比较小。可指定一个更小的加工公差，或选择一个更大的"参考刀具"，以达到更好的效果。更小的加工公差可检测到更小的剩余材料的量，但是会有一定的性能损失。

在指定了"参考刀具偏置"后将激活"重叠距离"。"重叠距离"将待加工区域的宽度沿切面延伸指定的距离。

3. 刀具夹持器

"刀具夹持器"是"底壁加工"、"深度轮廓铣"、"固定轮廓铣"（根据驱动方法）和"型腔铣"都使用的切削参数。

夹持器在刀具定义对话框中被定义为一组圆柱或带锥度的圆柱，如图 5-27 所示。"深度轮廓铣"、"型腔铣"和"固定轴曲面轮廓铣"操作的"区域铣削"和"清根"驱动方法可使用此刀具夹持器定义，以确保刀轨不碰撞夹持器。在该操作中，这些选项必须切换为"开"，以识别刀具夹持器。

在"曲面轮廓铣"和"深度铣"中，如果检测到刀具夹持器和工件间发

图 5-27　刀具夹持器

生碰撞，则发生碰撞的区域会在该操作中保存为"2D 工件"几何体。该几何体可在后续操作中用作修剪几何体，以便在需要将刀具夹持器或工件碰撞时留下的材料移除的区域中包含切削运动。

在"型腔铣"中，如果系统检测到刀具夹持器和工件间发生碰撞，则不会切削发生碰撞的区域。所有后续的型腔铣操作必须使用"基于层的 IPW"选项，才能移除这些未切削区域。

5.6 型腔铣加工示例

对如图 5-28 所示的待加工部件进行型腔铣削加工，具体创建方法如下。

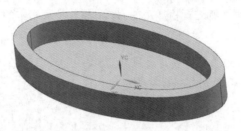

图 5-28 待加工部件

1. 创建毛坯

（1）在建模环境中，单击"视图"选项卡"可见性"面板中的"图层设置"按钮 ，打开"图层设置"对话框。新建工作图层"2"，单击"关闭"按钮。

（2）单击"主页"选项卡"特征"面板中的"拉伸"按钮 ，打开"拉伸"对话框，选择加工部件的底部边线为拉伸截面，指定矢量方向为"YC"，输入开始距离和结束距离分别为 0 和 60，其他采用默认设置，单击"确定"按钮，生成的毛坯如图 5-29 所示。

图 5-29 毛坯模型

2. 创建几何体

（1）单击"应用模块"选项卡"加工"面板中的"加工"按钮 ，打开如图 5-30 所示的"加工环境"对话框，在 CAM 会话配置列表框中选择"cam_general"，在要创建的 CAM 组装列表中选择"mill_contour"，单击"确定"按钮，进入加工环境。

（2）在上边框条中单击"几何视图"按钮 ，在"工序导航器"中双击"WORKPIECE"，打开如图 5-31 所示的"工件"对话框，单击"选择或编辑部件几何体"按钮 ，打开"部件几何体"对话框，选择如图 5-28 所示的部件。单击"选择或编辑毛坯几何体"按钮 ，打开"毛坯几何体"对话框，选择如图 5-29 所示的毛坯，单击"确定"按钮。

（3）单击"视图"选项卡"可见性"面板中的"图层设置"按钮 ，打开如图 5-32 所示的"图层设置"对话框，双击图层"1"作为工作层，然后取消选中图层"2"，隐藏毛坯件。

图 5-30　"加工环境"对话框　　　图 5-31　"工件"对话框　　　图 5-32　"图层设置"对话框

3．创建刀具

（1）单击"主页"选项卡"刀片"面板中的"创建刀具"按钮，打开如图 5-33 所示的"创建刀具"对话框，在"类型"栏中选择"mill_contour"；在"刀具子类型"栏中选择"MILL"；输入"名称"为 END25；其他采用默认设置，单击"确定"按钮。

（2）打开如图 5-34 所示的"铣刀-5 参数"对话框，输入"直径"为 25，"长度"为 100，"刀刃长度"为 75，其他采用默认设置，单击"确定"按钮。

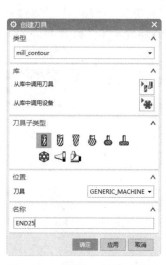

图 5-33　"创建刀具"对话框　　　　图 5-34　"铣刀-5 参数"对话框

4．创建工序

（1）单击"主页"选项卡"刀片"面板中的"创建工序"按钮，打开如图 5-35 所示的"创建工序"对话框，在"类型"栏中选择"mill_contour"；在"工序子类型"栏中选择"型腔铣"；在

"位置"栏中选择"刀具"为"END25","几何体"为"WORKPIECE";其他采用默认设置,单击"确定"按钮。

（2）打开如图 5-36 所示的"型腔铣"对话框,在"刀轨设置"栏中设置"切削模式"为"跟随部件","步距"为"%刀具平直","平面直径百分比"为 50,"最大距离"为 6mm。

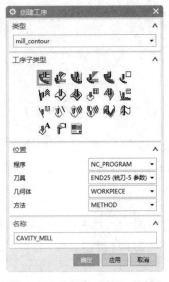

图 5-35 　"创建工序"对话框　　　　图 5-36 　"型腔铣"对话框

（3）在"刀轴"栏的"轴"下拉列表中选择"指定矢量"选项,在"指定矢量"下拉列表中选择"YC 轴"为刀轴。

（4）单击"切削参数"按钮 ,打开如图 5-37 所示的"切削参数"对话框,在"策略"选项卡中选择"切削顺序"为"深度优先";在"空间范围"选项卡"毛坯"栏的"过程工件"下拉列表中选择"使用 3D"选项;在"更多"选项卡中选中"边界逼近"和"容错加工"复选框,单击"确定"按钮。

（a）"策略"选项卡　　　（b）"空间范围"选项卡　　　（a）"更多"选项卡

图 5-37 　"切削参数"对话框

（5）进行完以上全部设置后，在"操作"栏中单击"生成"按钮，生成刀轨，单击"确认"按钮，打开如图 5-38 所示的"刀轨可视化"对话框，实现刀轨的可视化，进行刀轨的动画演示和查看，最终生成的刀轨如图 5-39 所示。

图 5-38 "刀轨可视化"对话框

图 5-39 生成的刀轨

第6章

深度轮廓铣和插铣

（ 视频讲解：15分钟）

UG CAM 中轮廓铣包括型腔铣、深度轮廓铣、插铣等切削操作。在第 5 章中对型腔铣进行了详细介绍，本章主要介绍深度轮廓铣和插铣。在学完本章内容后，读者将可以对轮廓铣中的相关参数和设置有比较深入的理解，为进一步学习其他铣削操作方法奠定基础。

☑ 深度轮廓铣　　　　　　　　　　☑ 插铣

任务驱动&项目案例

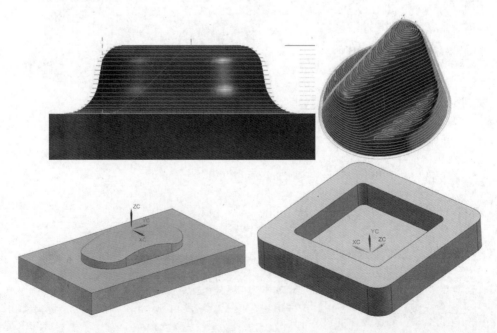

6.1　深度轮廓铣

"深度轮廓铣"是一个固定轴铣削模块，其设计目的是对多个切削层中的实体/面建模的部件进行轮廓铣。使用此模块只能切削部件或整个部件的陡峭区域。除了"部件几何体"，还可以将"切削区域"几何体指定为"部件几何体"的子集以限制要切削的区域。如果没有定义任何切削区域几何体，则系统将整个部件几何体当作切削区域。在生成刀轨的过程中，处理器将跟踪该几何体，检测部件几何体的陡峭区域，对跟踪形状进行排序，识别要加工的切削区域，并在不过切部件的情况下对所有切削层中的这些区域进行切削。

"深度轮廓铣"操作在接近垂直的切削区域能够创建比较好的表面精度，但是在比较平缓的区域，相邻刀轨分布距离会产生较大的残余高度。

1．代替型腔铣

许多定义"深度轮廓铣"的参数与"型腔铣"操作中所需的参数相同。在有些情况中，使用"轮廓铣"切削方式的"型腔铣"可以生成类似的刀轨。由于"深度轮廓铣"是为半精加工和精加工而设计的，因此使用"深度轮廓铣"代替"型腔铣"会有以下优点。

- ☑ 不需要毛坯几何体。
- ☑ 将使用在操作中选择的切削，或从"mill_area"组中继承的切削
- ☑ 区域。
- ☑ 可以从"mill_area"组中继承裁剪边界。
- ☑ 具有陡峭包容。
- ☑ 当切削深度优先时按形状进行排序，而"型腔铣"按区域进行排序。这意味着先切削完一个岛部件形状上的所有层，才移至下一个岛。
- ☑ 在闭合形状上可以通过直接斜削到部件上在层之间移动，从而创建螺旋状刀轨。
- ☑ 在开放形状上可以交替方向进行切削，从而沿着壁向下创建往复运动。

2．高速加工

"深度轮廓铣"用于在陡峭壁上保持将近恒定的残余波峰高度和切屑载荷，对"高速加工"尤其有效。

- ☑ 可以保持陡峭壁上的残余波峰高度。
- ☑ 可以在一个操作中切削多个层。
- ☑ 可以在一个操作中切削多个特征（区域）。
- ☑ 可以对薄壁工件按层（水线）进行切削。
- ☑ 在各个层中可以广泛使用线形、圆形和螺旋形进刀方式。
- ☑ 可以使刀具与材料保持恒定接触。
- ☑ 可以通过对陡峭壁使用"Z 级切削"来进行精加工。

"深度轮廓铣"对"高速加工"有效的原因是可在不抬刀的情况下切削整个区域。可通过使用以下方法来完成此操作：层到层和混合切削方向。

6.1.1 创建工序方法

单击"主页"选项卡"刀片"面板中的"创建工序"按钮，打开如图6-1所示的"创建工序"对话框，选择"深度轮廓铣"工序子类型，然后单击"确定"按钮，将打开如图6-2所示的"深度轮廓铣"对话框。

在"深度轮廓铣"对话框中可以对加工的几何体、工具、切削层、切削参数、非切削移动以及进给率和速度等进行设置，并可以生成和播放刀轨并进行过切等检查。

1．几何体

"深度轮廓铣"中使用与"固定轮廓铣"中的"区域铣削"相同的几何体类型，主要有以下几种。

（1）部件几何体：由切削后表示"部件"的实体和面组成。

（2）切削区域几何体：表示"部件几何体"上要加工的区域。它可以是"部件几何体"的子集，也可以是整个"部件几何体"。

（3）检查几何体：由表示夹具的实体和面组成。

（4）修剪几何体：由表示要修剪的边的闭合边界组成。所有"修剪"边界的刀具位置都为"在上面"。

图6-1　"创建工序"对话框

图6-2　"深度轮廓铣"对话框

2．刀轨设置

（1）方法：主要有 method、mill_finish、mill_rough、mill_semi_finish、none 等几种，由于"深度轮廓铣"主要用在精加工和半精加工中，因此 mill_finish 与 mill_semi_finish 加工方法应用较多，如果应有的加工方法不能满足加工要求时，可以通过"创建方法"来创建新的加工方法。

（2）陡峭空间范围：有"无"和"仅陡峭的"两个选项。如果选择"无"生成刀轨，由于此方法不采用平坦区域和陡峭区域的识别，在零件上生成刀轨的横距（Stepover）是均匀的，导致在陡峭区域残余量较大，为了使残余量均匀，须对陡峭区域进行补加工，UGCAM 系统根据陡角以及切削方向判断陡峭区域，刀轨只在沿着切削方向的陡峭区域上生成，一般用于陡峭区域较小的地方；如果选择"仅陡峭的"生成刀轨，将根据设定的陡角判断平坦区域和陡峭区域并在平坦区域生成刀轨，然后采用等高铣加工陡峭区域，整个区域得到加工，并且残余量均匀，一般用于陡峭区域较大的地方。

（3）合并距离：用于通过连接不连贯的切削运动来消除刀轨中小的不连续性或不希望出现的缝隙。在"合并距离"项右边的编辑框中输入具体的数值，即确定了不连续性或不希望出现的缝隙的上限值。

（4）最小切削长度：在"最小切削长度"右边的编辑框中输入具体的数值，限制系统生成小于此值的切削移动。

（5）公共每刀切削深度：在"公共每刀切削深度"右边的编辑框中输入具体的数值，确定切削移动每刀的切削深度。

（6）切削参数：单击"切削参数"按钮 🏿，打开如图 6-3 所示的"切削参数"对话框。在其中，可以对切削方向、部件余量、公差、连接、毛坯、安全间距等进行设置。

（7）进给率和速度：单击"进给率和速度"按钮 🏃，打开如图 6-4 所示的"进给率和速度"对话框。在其中，可以对主轴速度和进给率等进行设置。

图 6-3　"切削参数"对话框

图 6-4　"进给率和速度"对话框

（8）非切削移动：在"深度轮廓铣"对话框中单击"非切削移动"按钮 🗔，打开如图 6-5 所示的"非切削移动"对话框。在其中，可以对进刀类型、斜坡角度、高度、进刀类型、区域内和区域间的传递类型、开始点等进行设置。

3．机床控制

"机床控制"栏如图 6-6 所示。单击"复制自"按钮，可以从已存在的开始事件和结束事件的后处理命令中选择所需的命令，并复制到当前操作中。另外，可以单击"编辑"按钮，编辑建立开始事件或结束事件。

图 6-5　"非切削移动"对话框　　　图 6-6　"机床控制"栏

6.1.2　操作参数

"深度轮廓铣"的一个重要功能就是能够指定"陡角"，以区分陡峭与非陡峭区域。将"陡角"切换为"开"时，只有陡峭角度大于指定"陡角"的区域才执行轮廓铣；将"陡角"切换为"关"时，系统将对整个部件执行轮廓铣。

等高轮廓的大部分参数与型腔铣相同，主要不同的参数列举如下。

1．陡角

任何给定点的部件"陡角"可定义为刀具轴和面的法向之间的角度。陡峭区域是指件的陡峭角度大于指定"陡角"的区域；部件的陡峭角度小于指定"陡角"的区域则为非陡峭区域。将"陡角"切换为"开"时，只有陡峭角度大于或等于指定"陡角"的部件区域才进行切削；将"陡角"切换为"关"时，系统将对部件（由部件几何体和任何限定的切削区域几何体来定义）进行切削。

2．合并距离

"合并距离"能够通过连接不连贯的切削运动来消除刀轨中小的不连续性或不希望出现的缝隙。这些不连续性发生在刀具从"工件"表面退刀的位置，有时是由表面间的缝隙引起的，或者当工件表面的陡峭度与指定的"陡角"非常接近时由工件表面陡峭度的微小变化引起。输入的值决定了连接切削移动的端点时刀具要跨过的距离。

3. 切削顺序

"深度轮廓铣"与按切削区域排列切削轨迹的"型腔铣"不同，它是按形状排列切削轨迹的。可以按"深度优先"对形状执行轮廓铣，也可以按"层优先"对形状执行轮廓铣。在前者中，每个形状（如岛屿）是在开始对下一个形状执行轮廓铣之前完成轮廓铣的；在后者中，所有形状都是在特定层中执行轮廓铣的，之后切削下一层中的各个形状。

4. 避让

系统可从几何体组中继承安全平面和下限平面。这样可以在同一安全平面中执行某些操作。如果以避让方式指定安全平面，则继承将会关闭；如果想在几何体组中使用该平面，则需要转至继承列表并重新打开继承。

5. 确定最高和最低范围

对于"深度轮廓铣"，如果未定义"切削区域"，最高范围的默认上限和最低范围的默认下限将根据部件几何体的顶部和底部来确定；如果定义了"切削区域"，它们将根据切削区域的最高点和最低点来确定。

6.1.3　切削参数

"深度轮廓铣"操作的大部分参数与平面铣和型腔铣的切削参数相同。下面就"深度轮廓铣"操作中比较重要的切削参数进行说明。

1. 层到层

"层到层"是一个特定于"深度轮廓铣"的切削参数。使用"层到层"的"直削"和"斜削"选项可确定刀具从一层到下一层的放置方式，它可切削所有的层而无须抬刀至安全平面。在"切削参数"对话框中单击"连接"选项，打开如图 6-7 所示的"连接"选项卡，"层到层"共有 4 个选项。

图 6-7　"连接"选项卡

> 📢 **注意：** 如果加工的是开放区域，则在"层到层"下拉菜单中的最后两个选项（沿部件斜进刀、沿部件交叉斜进刀）都将变灰。

（1）使用转移方法：该选项使用在"进刀/退刀"对话框中所指定的信息。在图 6-8 中刀具在完成每个刀路后都抬刀至安全平面。

（2）直接对部件进刀："直接对部件进刀"将跟随部件，与步进运动相似。使用切削区域的起点来定位这些运动，如图 6-9 所示。"直接对部件进刀"与使用直接的转移方式并不相同。"直接对部件进刀"是一种直线快速运动，不执行过切或碰撞检查。

（3）沿部件斜进刀："沿部件斜进刀"跟随部件，从一个切削层到下一个切削层，斜削角度为"进刀和退刀"参数中所指定的斜角，如图 6-10 所示。这种切削具有更恒定的切削深度和残余波峰，并且能在部件顶部和底部生成完整刀路。需要注意的是，请使用切削区域的起点来定位这些斜削。

（4）沿部件交叉斜进刀："沿部件交叉斜进刀"与部件斜削相似，不同的是在斜削进下一层之前完成每个刀路，如图 6-11 所示。

图 6-8　使用转移方法

图 6-9　直接对部件进刀

图 6-10　沿部件斜进刀

图 6-11　沿部件交叉斜进刀

2．层间切削

在"连接"页面中的"切削参数"对话框中选中该选项，可在"深度轮廓铣"加工中的切削层间存在间隙时创建额外的切削，对精加工非常有用。

"层间切削"有以下优点。

（1）可消除在标准"层到层"加工操作中留在浅区域中的大残余波峰，无须为非陡峭区域创建单独的区域铣削操作，也无须使用非常小的切削深度来控制非陡峭区域中的残余波峰。

（2）可消除因在含有大残余波峰的区域中快速载入和卸载刀具而产生的刀具磨损甚至破裂。当用于半精加工时，该操作可生成更多的均匀余量；当用于精加工时，退刀和进刀的次数更少，并且表面精加工更连贯。

图 6-12 说明了"层间切削"是如何影响刀轨的。图 6-12（a）中有包含了大间隙的浅区域；图 6-12（b）中显示了由"层间切削"生成的附加间隙刀轨。

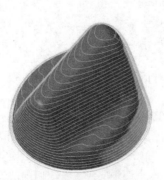

（a）不使用"层间切削"

（b）使用"层间切削"

图 6-12　层间切削使用前后比较

"层间切削"选项包括以下内容。

（1）步距：这是加工间隙区域时所使用的步距。在图 6-7"连接"选项卡中单击"步距"右边的下拉列表，会列出进行步距设置的 4 个选项："使用切削深度""恒定""残余高度""%刀具平直"。

（2）"使用切削深度"选项："使用切削深度"选项是默认选项。步距将与当前切削范围的切削深度相匹配。可指定步进距离来进一步控制这些区域中的残余波峰高度。

由于每个切削层范围可以有不同的切削深度，因此如果指定了"使用切削深度"，则该深度所在的范围可确定该间隙区域的步距。如果间隙区域跨越一些没有定义切削层的范围，则间隙区域将使用跨越范围的最小切削深度。

（3）"恒定""残余高度""%刀具平直"选项可以参考型腔铣。

3．最大移刀距离

指定不切削时希望刀具沿工件进给的最长距离。当系统需要连接不同的切削区域时，如果这些区域之间的距离小于此值，则刀具将沿工件进给；如果该距离大于此值，则系统将使用当前转移方式来退刀、移刀并进刀至下一位置。此值可指定为距离或刀具直径的百分比。

在 6-7"连接"选项卡中选中"短距离移动时的进给"复选框，将激活"最大移刀距离"，在其右边的下拉列表框中有两个单位选项："mm"和"%刀具"。在左边的文本框中输入具体的数值，确定最大移刀距离。图 6-13（a）为未选中"短距离移动时的进给"复选框时的局部切削刀轨；图 6-13（b）为选中"短距离移动时的进给"复选框且"最大移刀距离"为 5mm 时的局部切削刀轨。

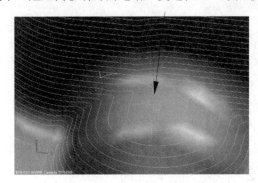　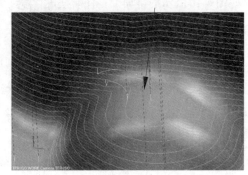

（a）未选中"短距离移动时的进给"　　　　（b）选中"短距离移动时的进给"

图 6-13　"最大移刀距离"示意图

4．参考刀具

"深度轮廓铣"参考刀具可用于"深度加工拐角铣"进行拐角精铣，如图 6-14 所示。这种切削与"深度轮廓铣"操作相似，但仅限于上一刀具无法加工（由于刀具直径和拐角半径的原因）的拐角区域。

如果是刀具拐角半径的原因，则材料会剩余在壁和底面之间；如果是刀具直径的原因，则材料会剩余在壁之间。这种切削仅限于这些拐角区域。

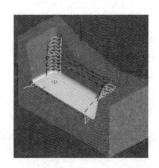

图 6-14　使用参考刀具的"深度轮廓铣"

"参考刀具"通常是先前用来粗加工区域的刀具。系统将计算由指定的参考刀具留下的剩余材料，然后为当前操作定义切削区域。必须选择一个直径大于当前正使用的刀具直径的刀具。

5.切削顺序

与按切削区域排列切削跟踪的型腔铣不同,深度铣按形状排列切削跟踪。可以按"深度优先"对形状执行轮廓铣,也可以按"层优先"对形状执行轮廓铣。在"深度优先"中,每个形状(如岛)是在开始对下一个形状执行轮廓铣之前完成轮廓铣的,如图6-15(a)所示;在"层优先"中,所有形状都是在特定层中执行轮廓铣的,之后切削下一层中的各个形状,如图6-15(b)所示。

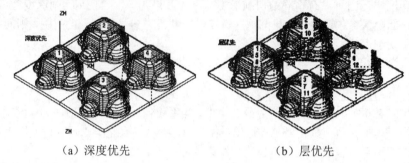

（a）深度优先 　　　　　　　　 （b）层优先

图6-15 切削顺序

6.1.4 深度轮廓铣示例

对如图6-16所示的待加工零件模型进行深度轮廓铣。

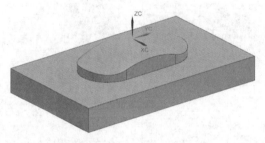

图6-16 待加工零件模型

1.创建毛坯

（1）在建模环境中,单击"视图"选项卡"可见性"面板中的"图层设置"按钮 ,打开"图层设置"对话框。选择图层"2"为工作图层,单击"关闭"按钮。

（2）单击"主页"选项卡"特征"面板中的"拉伸"按钮 ,打开"拉伸"对话框,选择加工部件的底部4条边线为拉伸截面,指定矢量方向为"ZC",输入开始距离和结束距离分别为0和25,其他采用默认设置,单击"确定"按钮,生成的毛坯如图6-17所示。

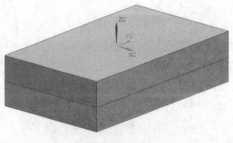

图6-17 毛坯

2．创建几何体

（1）单击"应用模块"选项卡"加工"面板中的"加工"按钮 ，打开"加工环境"对话框，在"CAM 会话配置"列表框中选择"cam_general"，在"要创建的 CAM 组装"列表框中选择"mill_contour"，单击"确定"按钮，进入加工环境。

（2）在上边框条中选择"几何视图"按钮 ，在显示的"工序导航器-几何"中双击"WORKPIECE"，打开"工件"对话框。单击"选择和编辑部件几何体"按钮 ，选择如图 6-16 所示的待加工零件。单击"选择和编辑毛坯几何体"按钮 ，选择如图 6-17 所示的毛坯，单击"确定"按钮。

3．创建刀具

（1）单击"主页"选项卡"刀片"面板中的"创建刀具"按钮 ，打开如图 6-18 所示的"创建刀具"对话框，在"类型"栏中选择"mill_contour"；在"刀具子类型"栏中选择"MILL"；输入"名称"为 END3；其他采用默认设置，单击"确定"按钮。

（2）打开如图 6-19 所示的"铣刀-5 参数"对话框，输入"直径"为 3，"长度"为 20，"刀刃长度"为 16，其他采用默认设置，单击"确定"按钮。

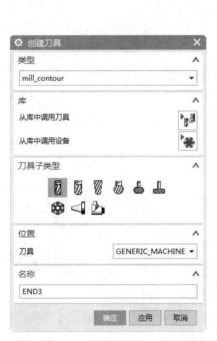

图 6-18　"创建刀具"对话框

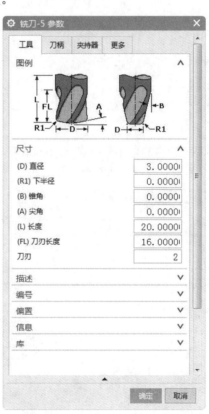

图 6-19　"铣刀-5 参数"对话框

（3）采用相同的方法，创建直径为 1 的 END1 刀具。

4．创建深度轮廓铣工序

（1）单击"主页"选项卡"刀片"面板中的"创建工序"按钮 ，打开如图 6-20 所示的"创建工序"对话框,在"类型"栏中选择"mill_contour";在"工序子类型"栏中选择"深度轮廓铣 ";在"位置"栏中选择"刀具"为"END3","几何体"为"WORKPIECE","方法"为"MILL_FINISH";其他采用默认设置,单击"确定"按钮。

图 6-20 "创建工序"对话框

(2) 打开"深度轮廓铣"对话框,单击"选择或编辑铣削几何体"按钮 ,打开"切削区域"对话框,选择如图 6-21 所示的切削区域,单击"确定"按钮。

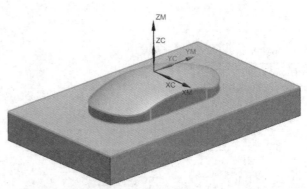

图 6-21 选择切削区域

(3) 在"刀轨设置"栏中进行设置,"合并距离"为 1mm,"最小切削长度"为"30%刀具","公共每刀切削深度"为"恒定","最大距离"为 1mm,如图 6-22 所示。

(4) 单击"切削层"按钮 ,打开如图 6-23 所示的"切削层"对话框,"切削层"选择"恒定",设置"最大距离"为 1mm,"每刀切削深度"为 1,其他采用默认设置,单击"确定"按钮。

图 6-22 "刀轨设置"栏   图 6-23 "切削层"对话框

（5）单击"切削参数"按钮，打开如图 6-24 所示的"切削参数"对话框，在"策略"选项卡中选中"在边上滚动刀具"复选框；在"连接"选项卡的"层到层"下拉列表中选择"沿部件斜进刀"，选中"层间切削"复选框，"步距"为"使用切削深度"，单击"确定"按钮。

（a）"策略"选项卡   （b）"连接"选项卡

图 6-24 "切削参数"对话框

（6）单击"非切削移动"按钮，打开如图 6-25 所示的"非切削移动"对话框，在"进刀"选项卡的"封闭区域"栏中设置"进刀类型"为"沿形状斜进刀"，"斜坡角度"为 15，"高度"为 3mm，

"最小安全距离"为0mm，"最小斜坡长度"为"30%刀具"；在"开放区域"栏中设置"进刀类型"为"圆弧"，"半径"为"50%刀具"，"圆弧角度"为90，"高度"为3mm，"最小安全距离"为"50%刀具"；其他采用默认设置，单击"确定"按钮。

图 6-25 "非切削移动"对话框

（7）在"深度轮廓铣"对话框中单击"生成"按钮 和"确认"按钮 ，生成刀轨，如图6-26所示。

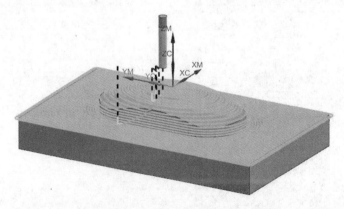

图 6-26 深度轮廓铣刀轨

5. 创建非陡峭区域轮廓铣工序

（1）单击"主页"选项卡"刀片"面板中的"创建工序"按钮 ，打开如图 6-27 所示的"创建工序"对话框，在"类型"栏中选择"mill_contour"；在"工序子类型"栏中选择"非陡峭轮廓铣 "；在"位置"栏中选择"刀具"为"END1"，"几何体"为"WORKPIECE"，"方法"为"MILL_FINISH"；

其他采用默认设置，单击"确定"按钮。

（2）打开如图 6-28 所示的"非陡峭区域轮廓铣"对话框，单击"选择或编辑铣削几何体"按钮 ，打开"切削区域"对话框，选择如图 6-29 所示的切削区域，单击"确定"按钮。

图 6-27　"创建工序"对话框

图 6-28　"非陡峭区域轮廓铣"对话框

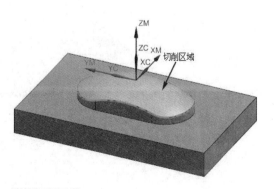

图 6-29　选择切削区域

（3）在"驱动方法"栏中选择"区域铣削"，单击"编辑"按钮，打开如图 6-30 所示的"区域铣削驱动方法"对话框，设置"陡峭壁角度"为 65，"非陡峭切削模式"为"往复"，"平面直径百分比"为 50，"步距已应用"为"在平面上"，其他采用默认设置，单击"确定"按钮。

（4）在"非陡峭区域轮廓铣"对话框中单击"切削参数"按钮，打开如图 6-31 所示的"切削参数"对话框，在"策略"选项卡中选中"在边上滚动刀具"复选框，单击"确定"按钮。

图 6-30　"区域铣削驱动方法"对话框

图 6-31　"切削参数"对话框

（5）在"非陡峭区域轮廓铣"对话框中单击"生成"按钮和"确认"按钮，生成刀轨，如图 6-32 所示。

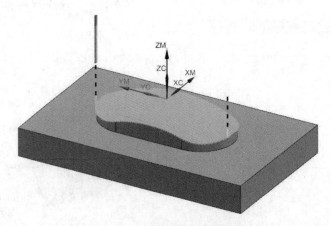

图 6-32　非陡峭区域轮廓铣刀轨

6.2 插 铣

"插铣 "是一种独特的铣操作，最适合于需要长刀具的较深区域中。连续插削运动利用刀具沿 Z 轴移动时增加的刚度，高效地切削掉大量的毛坯。径向力减小后，就可以使用细长的刀具并保持高的材料移除率。插削使用狭长刀具装备，非常适合对难以到达的较深的壁进行精加工。使用"插削"粗加工轮廓化的外形通常会留下较大的刀痕和台阶。在以下操作中使用处理中的工件，以便获得更一致的剩余余量。

在"创建工序"对话框中选择"插铣 "工序子类型，打开"插铣"对话框，如图 6-33 所示。

图 6-33 "插铣"对话框

6.2.1 操作参数

插削操作的粗加工选项与型腔铣类似。插削使用轮廓铣切削方法进行精加工，选项与深度轮廓铣操作类似，还支持几个其他参数，如向前步长和最大切削宽度。相同类型的参数不再赘述，这里主要讲解"插铣"中比较特别的参数。

1. 插削区域

大多数深度加工操作都是自上而下切削的。插削在最深的插削深度处开始，则每个连续的区域都将忽略先前的区域。

型腔有多个区域时,可将其分组,然后按顺序切削(自底向上)。图 6-34 说明了多个区域的切削顺序样本。

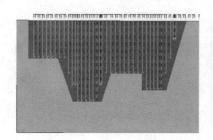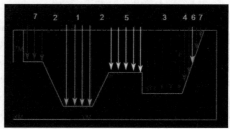

图 6-34　多个插削区域

2.　向前步距和向上步距

"向前步距"和"向上步距"如图 6-35 所示。"向前步距"指刀具从一次插入运动到下一次插入运动时向前移动的步距。需要时,系统会减小应用的向前步距,以使其在最大切削宽度值内。对于非对中切削工况,横越步距距离或向前步距距离必须小于指定的最大切削宽度值。系统减小应用的向前步距,以使其在最大切削宽度值内。

3.　最大切削宽度

"最大切削宽度"是刀具可切削的最大宽度(俯视刀轴时)。这通常由刀具制造商根据刀片的尺寸来提供。如果这比刀具半径小,则刀具的底部中央位置有一个未切削部分。此参数确定插削操作的刀具类型。"最大切削宽度"可以限制横越步长和向前步长,以便防止刀具的非切削部分插入实体材料中。

对于对中切削刀具,将"最大切削宽度"设置为"50%刀具"或更高,以使切削量达到最大。 系统现在假定这是对中切削刀具并且不检查以确定刀具的非切削部分与处理中的工件是否碰撞。

对于非对中切削刀具,将"最大切削宽度"设置为"50%刀具"以下。系统现在假定这是非对中切削刀具,并且使用最大切削宽度确定刀具的非切削部分是否与处理中的工件碰撞。

4.　插削层

每个"插削"操作均有单一的插入范围。使用"插削层"对话框可定义范围的顶层和底层。"单个"根据部件、切削区域和毛坯几何体设置一个范围,如图 6-36 所示。

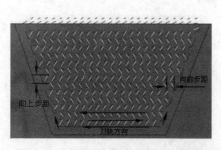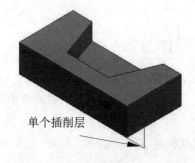

图 6-35　"向前步距"和"向上步距"　　　　图 6-36　插削层

📢 **注意：**

☑ 只有两层：顶层和底层。

☑ 如果修改了其中的任何一层，则在下次处理该操作时系统将使用相同的值；如果使用默认值，它们将保留与部件和毛坯的关联性。

☑ 不能将顶层移至底层之下，也不能将底层移至顶层之上。

5．点

"预钻进刀点"允许刀具沿着刀轴下降到一个空腔中，刀具可以从此处开始进行腔体切削。区域起点决定了进刀的近似位置和步进方向。这两种方法都可指定用来确定切削层如何使用这些点的深度值。在"插铣"对话框中单击"点"按钮 ，打开如图 6-37 所示的"控制几何体"对话框，包含"预钻进刀点"和"切削区域起点"。

图 6-37　"控制几何体"对话框

（1）预钻进刀点：指定"毛坯"材料中先前钻好的孔内或其他空腔内的进刀位置。所定义的点沿着刀轴投影到用来定位刀具的"安全平面"上。然后刀具沿刀轴向下移动至空腔中，并直接移动到每个切削层上由处理器确定的起点。"预钻进刀点"不会应用到"轮廓驱动"切削类型和"标准驱动"切削类型。

如果指定了多个"预钻进刀点"，则使用此区域中距处理器确定的起点最近的点。只有在指定深度内向下移动到切削层时，刀具才使用预钻孔进刀点。一旦切削层超出了指定的深度，则处理器将不考虑"预钻进刀点"，并使用处理器决定的起点。只有在"进刀方法"设置为"自动"的情况下，"预钻进刀点"才是活动的。

"控制几何体"对话框中的其他选项说明如下。

① 活动：表示刀具将使用指定的控制点进入材料。

② 显示：可高亮显示所有的控制点以及它们相关的点编号，作为临时屏幕显示，以供视觉参考。

③ 编辑：可指定和删除"预钻进刀点"。"编辑"不能移动点或更改现有点的属性，必须"移除"现有的点并"附加"新的点。单击"编辑"按钮将打开如图 6-38 所示的"预钻进刀点"对话框，该图中各选项说明如下。

☑ 附加：可一开始就指定点，也允许以后再添加点。

☑ 移除：可删除点，使用光标选择要移除的点。

☑ 点/圆弧：允许在现有的点处或现有圆弧的中点处指定"预钻进刀点"。

☑ 光标：可使用光标在 WCS 的 XC-YC 平面上表示点位置。

☑ 一般点：可用点构造器子功能来定义相关的或非关联的点。

☑ 深度：可输入一个值，该值可决定将使用"预钻进刀点"的切削层的范围。对于在指定"深度"处或指定"深度"以内的切削层，系统使用"预钻进刀点"；对于低于指定"深度"的层，系统不考虑"预钻进刀点"。通过输入一个足够大的"深度"值或将"深度"值保留为默认的零值将"预钻进刀点"应用至所有的切削层。

系统沿着刀轴从顶层平面起测量深度，不管该平面由最高的"部件"边界定义还是由"毛坯"边界定义，如图6-39所示。

图6-38 "预钻进刀点"对话框

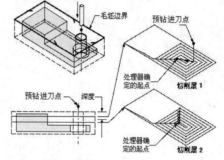

图6-39 "深度"示意图

在图6-39中，"深度"从由"毛坯"边界定义的平面测量。"预钻进刀点"用于"切削层1"，因为此切削层在指定的深度内。但是，"切削层2"不使用"预钻进刀点"，因为此切削层低于指定的深度。实际上，"切削层2"使用处理器确定的起点。确保在指定点之前设置深度值；否则不能将深度值赋予"预钻进刀点"。

> 注意：能编辑现有的"预钻进刀点"的"深度"。要指定新的深度，必须移除现有的点，然后将新的点附加到适当位置，同时确保在指定新点之前设置新的深度值。

使用预钻点的方法有两种。

① 自动生成"预钻进刀点"。

☑ 创建和生成插削操作。

☑ 创建和生成钻孔操作。

☑ 对钻孔操作重排序，将其放在铣操作之前。

② 手动指定"预钻进刀点"。可在如图6-37所示的"控制几何体"对话框的"预钻进刀点"栏中单击"编辑"按钮，在打开如图6-38所示的"预钻进刀点"对话框中进行预钻点设置。

在"预钻进刀点"对话框中选中"附加"和"点/圆弧"单选按钮后，单击"一般点"按钮将打开"点"对话框，进行点的指定，选择图6-40中指定的点，返回"预钻进刀点"对话框中后将激活"移除"和"光标"，可删除已有的预钻点。单击"确定"按钮后，返回"控制几何体"对话框中，这时将激活"活动"选项，单击"显示"按钮，将对已有的预钻点进行编号显示，预钻点编号显示如图6-41所示。

图6-40 选择的预钻点

图6-41 预钻点编号显示

（2）切削区域起点：通过指定"定制起点"或"默认起点"来定义刀具的进刀位置和步进方向。"定制"可决定刀具逼近每个切削区域壁的近似位置，而"默认"选项（"标准"或"自动"）允许系统自动决定起点。区域起点适用于所有模式（"往复""跟随部件""轮廓"等）。

定制起点不必定义精确的进刀位置，它只需定义刀具进刀的大致区域。系统根据起点位置、指定的切削模式和切削区域的形状来确定每个切削区域的精确位置。如果指定了多个起点，则每个切削区域使用与此切削区域最近的点。

① 编辑：单击"编辑"按钮，打开如图 6-42 所示的"切削区域起点"对话框。在对话框中除了使用"上部的深度"和"下方深度"代替了"预钻进刀点"对话框中的"深度"选项外，"切削区域起点"的所有"编辑"选项与在"预钻进刀点"中描述的"编辑"选项的功能完全一样。

"上部的深度"和"下方深度"可定义要使用"定制切削区域起点"的切削层的范围。只有在这两个深度上或介于这两个深度之间的切削层可以使用"定制切削区域起点"，如图 6-43 所示。如果将"上部的深度"和"下方深度"值均设置为零（默认情况），则"切削区域起点"应用至所有的层。位于"上部的深度"和"下方深度"范围之外的切削层使用默认"切削区域起点"。确保在指定点之前设置深度值，否则不能将深度值赋予"切削区域起点"。

图 6-42　"切削区域起点"对话框

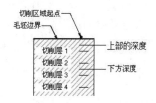

图 6-43　定制切削区域起点深度

- ☑ 上部的深度：用于指定使用当前定制"切削区域起点"深度的范围上限。深度沿着刀轴从最高层平面起测量，不管该平面是由"毛坯"边界定义还是由"部件"边界定义，如图 6-43 所示。定制"切削区域起点"不会用于"上部的深度"之上的"切削层"。
- ☑ 下方深度：用于指定使用当前定制"切削区域起点"深度的范围下限。深度沿着刀轴从最高层平面起测量，不管该平面是由"毛坯"边界定义还是由"部件"边界定义，如图 6-43 所示。定制"切削区域起点"不会用于"下方深度"之下的"切削层"。

🔊 注意：不能编辑现有的定制"切削区域起点"的"深度"值。要指定新的深度值，必须移除现有的点，然后将新的点附加到适当位置上，同时确保在指定新点之前设置新的深度值。

② 默认：可为系统指定两种方法之一以自动决定"切削区域起点"。只有在没有定义任何定制"切削区域起点"时，系统才会使用"标准"或"自动"默认切削区域起点，并且这两个起点只能用于不在"上部的深度"和"下方深度"范围内的切削层。可以将"默认"选项设为以下两种选项之一。

- ☑ 标准：可建立与区域边界的起点尽可能地接近"切削区域起点"。边界的形状、"切削模式"和岛与腔体的位置可能会影响系统定位的"切削区域起点"与"边界起点"之间的接近程度。移动"边界起点"会影响"切削区域起点"的位置。例如，在图 6-44 中，移动"边界起点"会使刀具无法嵌入部件的拐角中。

☑ 自动：保证在最不可能引起刀具进入材料的位置上使刀具步距或进刀至部件，如图 6-45 所示。它可建立"切削区域"。

6. 进刀与退刀

（1）进刀：插削有单一进刀和退刀运动。可指定毛坯以上的竖直进刀距离（沿刀轴）。从安全平面/快速移动的提刀高度平面进行逼近移动。从毛坯之上的竖直安全距离沿刀轴进行进刀运动。

（2）退刀：指定退刀距离和退刀角度。沿通过指定的竖直退刀角和水平退刀角形成的 3D 矢量进行退刀运动，它由系统自动生成。水平退刀角使刀具远离由退刀距离指定的上次插入的刀具与毛坯的接触点。

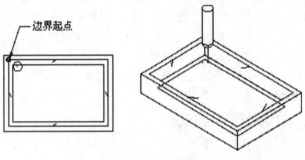

图 6-44　"标准"切削区域起点

如果刀具可在倾斜运动结束时自由退刀，才进行此退刀运动。从退刀运动的终点沿刀轴（Z 轴）向安全平面/快速运动的提刀高度平面进行分离运动。

在如图 6-46 所示的插铣运动中：逼近用红色表示；进刀用黄色表示；切削用青色表示；退刀用白色表示；分离用红色表示；移刀用红色表示。

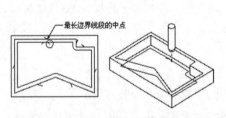

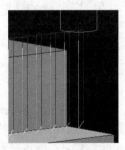

图 6-45　"自动"切削区域起点　　　　　　图 6-46　插铣运动

（3）退刀角：在"插铣"对话框的"退刀角"文本框中输入角度，确定退刀角，图 6-47（a）中退刀角为 60°，图 6-47（b）中退刀角为 30°，图中白色为退刀角方向。

（a）退刀角为 60°　　　　　　　　（b）退刀角为 30°

图 6-47　退刀角

6.2.2 插削加工示例

对如图 6-48 所示的待加工部件进行插铣操作。

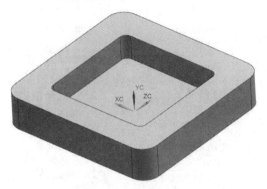

图 6-48 待加工部件

1. 创建毛坯

（1）在建模环境中，单击"视图"选项卡"可见性"面板中的"图层设置"按钮，打开"图层设置"对话框。新建工作图层"2"，单击"关闭"按钮。

（2）单击"主页"选项卡"特征"面板中的"拉伸"按钮，打开"拉伸"对话框，选择加工部件的底部边线为拉伸截面，指定矢量方向为"YC"，输入开始距离为 0，输入结束距离为 40，其他采用默认设置，单击"确定"按钮，生成毛坯，如图 6-49 所示。

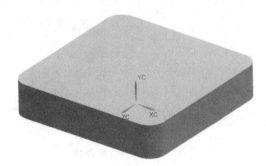

图 6-49 毛坯模型

2. 创建几何体

（1）单击"应用模块"选项卡"加工"面板中的"加工"按钮，打开"加工环境"对话框，在"CAM 会话配置"列表框中选择"mill_contour"，在"要创建的 CAM 组装"列表框中选择"mill_contour"，单击"确定"按钮，进入加工环境。

（2）在上边框条中选择"几何视图"，双击"WORKPIECE"，打开如图 6-50 所示的"工件"对话框，单击"选择或编辑部件几何体"按钮，打开"部件几何体"对话框，选择如图 6-48 所示的部件，单击"确定"按钮。返回"工件"对话框中，单击"选择或编辑毛坯几何体"按钮，打开"毛坯几何体"对话框，选择如图 6-49 所示的毛坯，单击"确定"按钮。

图 6-50　"工件"对话框

3. 创建刀具

（1）单击"主页"选项卡"刀片"面板中的"创建刀具"按钮，打开如图 6-51 所示的"创建刀具"对话框，在"类型"栏中选择"mill_contour"；在"刀具子类型"栏中选择"MILL"；输入"名称"为END10；其他采用默认设置，单击"确定"按钮。

（2）打开如图 6-52 所示的"铣刀-5 参数"对话框，输入"直径"为 10，其他采用默认设置，单击"确定"按钮。

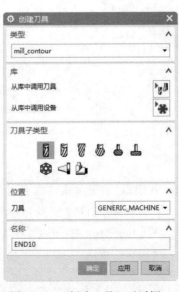

图 6-51　"创建刀具"对话框

图 6-52　"铣刀-5 参数"对话框

4．创建工序

（1）单击"主页"选项卡"刀片"面板中的"创建工序"按钮，打开如图 6-53 所示的"创建工序"对话框，在"类型"栏中选择"mill_contour"；在"工序子类型"栏中选择"插铣"；在"位置"栏中选择"刀具"为"END10（铣刀-5 参数）"，"几何体"为"WORKPIECE"；其他采用默认设置，单击"确定"按钮。

（2）打开如图 6-54 所示的"插铣"对话框，在"刀轨设置"栏中设置"切削模式"为"跟随部件"，"步距"为"%刀具平直"，"向前步距"为"50%刀具"，"向上步距"为"25%刀具"，"最大切削宽度"为"50%刀具"，"转移方法"为"安全平面"，"退刀距离"为 3，"退刀角"为 45。

（3）在"刀轴"栏中设置轴为"指定矢量"，在"指定矢量"下拉列表选择"YC 轴"为刀轴方向。

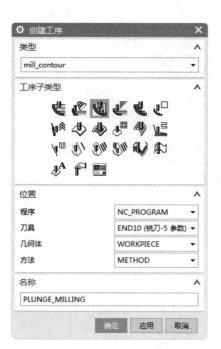

图 6-53 "创建工序"对话框

图 6-54 "插铣"对话框

（4）单击"切削参数"按钮，打开如图 6-55 所示的"切削参数"对话框，在"余量"选项卡中设置"部件侧面余量"为 0.5；在"连接"选项卡中设置"开放刀路"为"保持切削方向"，其余选择保持默认设置，单击"确定"按钮。

（5）在"操作"栏中单击"生成"按钮 和"确认"按钮 ，生成的刀轨如图 6-56 所示。

（a）"余量"选项卡　　　　　（b）"连接"选项卡

图 6-55　"切削参数"对话框

图 6-56　生成的刀轨

第**7**章

多轴铣

（ 📹 视频讲解：**6**分钟 ）

UG CAM 提供了几种多轴铣，包括可变轮廓铣、可变流线铣、固定轮廓铣等加工工序，本章着重介绍多轴铣的工序子类型、驱动方法、刀轴、铣削参数等重要的概念和设置方法。

- ☑ 工序子类型
- ☑ 刀轴
- ☑ 非切削移动
- ☑ 驱动方法
- ☑ 切削参数
- ☑ 多轴铣加工实例

任务驱动&项目案例

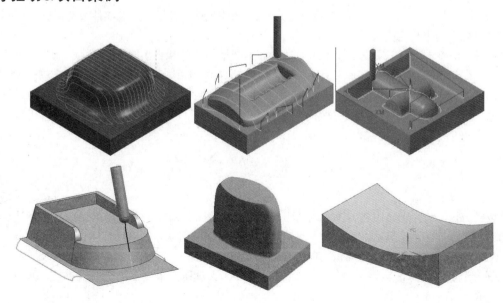

7.1 工序子类型

单击"主页"选项卡"刀片"面板中的"创建工序"按钮，打开如图 7-1 所示的"创建工序"对话框。在"类型"栏中，系统默认为"mill_multi-axis"，即选择"多轴铣"类型。

图 7-1 "创建工序"对话框

在"工序子类型"栏中列出了多轴铣的所有加工方法，一共有 9 种子类型，下面介绍其中 6 种子类型。

（1） 可变轮廓铣：用于以各种驱动方法、空间范围和切削模式对部件或切削区域进行轮廓铣。对于刀轴控制，有多种选项。

（2） 可变流线铣：该方式可以以相对较短的刀具路径得到较为满意的加工效果。

（3） 外形轮廓铣：采用外形轮廓铣驱动方法。通过选择底部面，使用这种铣削方式可借助刀具侧面来加工斜壁。

（4） 固定轮廓铣：用于以各种驱动方法、空间范围和切削模式对部件或切削区域进行轮廓铣。刀轴可以设为用户定义矢量。

（5） 深度五轴铣：用一个较短的刀具精加工陡峭的深壁和带小圆角的拐角，而不是像固定轴操作中那样要求使用较长的小直径刀具。刀具越短，进给率和切削载荷越高，从而生产效率越高。

（6） 顺序铣：刀具是借助部件曲面、检查曲面和驱动曲面来驱动的。当需要对刀具运动、刀轴和循环进行全面控制时，则使用这种铣削。

7.2 驱 动 方 法

"驱动方法"允许定义创建刀轨所需的驱动点。可沿着一条曲线创建一串的驱动点或在边界内或在所选曲面上创建驱动点阵列。驱动点一旦定义就可用于创建刀轨。如果没有选择部件几何体，则刀轨直接从驱动点创建；否则，驱动点投影到部件表面以创建刀轨。

选择合适的驱动方法应该由希望加工的表面的形状及刀具轴和投影矢量要求决定，驱动方法如图 7-2 所示。

（a）　　　　　　　　　　（b）

图 7-2　驱动方法

- ☑ 曲线/点：通过指定点和选择曲线来定义驱动几何体。
- ☑ 螺旋：定义从指定的中心点向外螺旋的驱动点。
- ☑ 边界：通过指定边界和环定义切削区域。
- ☑ 曲面区域：定义位于驱动曲面栅格中的驱动点阵列。
- ☑ 流线：使用流曲线和交叉曲线来定义驱动几何体。
- ☑ 刀轨：沿着现有的 CLSF 的刀轨定义驱动点，以在当前工序中创建类似的"曲面轮廓铣刀轨"。
- ☑ 径向切削：使用指定的步距、带宽和切削类型，生成沿给定边界的和垂直于给定边界的驱动轨迹。
- ☑ 外形轮廓铣：利用刀的侧刃加工倾斜壁。
- ☑ 清根：沿部件表面形成的凹角和凹部生成驱动点。
- ☑ 文本：选择注释并指定要在部件上雕刻文本的深度。

7.2.1　曲线/点驱动方法

"曲线/点驱动方法"通过指定点和选择曲线来定义驱动几何体。指定点后，驱动路径生成为指定点之间的线段。指定曲线后，驱动点沿着所选择的曲线生成。在这两种情况下，驱动几何体投影到"部件表面上"，然后在此部件表面上生成刀轨。曲线可以是开放或闭合的、连续或非连续的以及平面或非平面的。

1．点驱动方式

当由点定义驱动几何体时，刀具沿着刀轨按照指定的顺序从一个点移至下一个点，如图 7-3 所示。在该图中，当指定 1～4 四个点后，系统在 1 与 2、2 与 3、3 与 4 之间形成直线，在直线上生成驱动点，驱动点沿着指定的矢量方向投影到零件表面上，生成投影点。刀具定位在这些投影点，在移动过程中生成刀具轨迹。

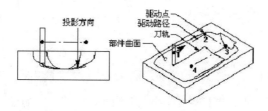

图 7-3　由点定义的驱动几何体

Note

2．曲线驱动方式

当由曲线定义驱动几何体时，系统将沿着所选择的曲线生成驱动点，刀具按照曲线的指定顺序在各曲线之间移动，形成刀具路径。在图7-4中，当指定驱动曲线后，系统将驱动曲线沿着指定的投影矢量方向投影到零件表面上，刀具沿着零件表面上的投影线，从一条投影线移动到另一条投影线，在移动过程中生成刀具轨迹。所选的曲线可以是连续的，也可以是不连续的。

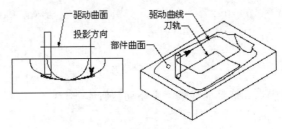

图7-4　由曲线定义的驱动几何体

一旦选定了某个驱动几何体，则显示一个指向默认切削方向的矢量。对于开放曲线，所选的端点决定起点；对于闭合曲线，起点和切削方向是由选择曲线时采取的顺序决定的。同一个点可以使用多次，只要它在序列中没有被定义为连续的，可以通过将同一个点定义为序列中的第一个点和最后一个点来定义闭合的驱动路径。

> 🔊 **注意**：如果仅指定了一个驱动点或指定了几个驱动点，那么在投影时，部件几何体上只定义了一个位置，不会生成刀轨且会显示一个错误消息。

"曲线/点驱动方法"中包括以下3个选项。

（1）驱动几何体：可选择并编辑用于定义刀轨的点和曲线。同时也允许指定所选驱动几何体的参数，如进给率、提升和切削方向。

① 选择：用于初始选择驱动几何体并指定与驱动几何体相关联的参数。可以选择曲线和点。如果选择点，则切削方向由选择点的顺序决定；如果选择曲线，则选择曲线的顺序可决定切削序列，而选择每条曲线的大致方向决定该曲线的切削方向，如图7-5所示。所选曲线的端点决定切削的起点。所选的曲线可以是连续的，也可以是不连续的。默认情况下，不连续的曲线可以和连接线（切削移动）连接在一起。

② 定制切削进给率：可为所选的每条曲线和每个点指定进给率和单位。必须首先指定进给率和单位，然后再选择它们要应用到的点或曲线。对于曲线，进给率将应用到沿着曲线的切削移动。不连续曲线或点之间的连接线假定序列中下一条曲线或点的进给率，如图7-6所示。

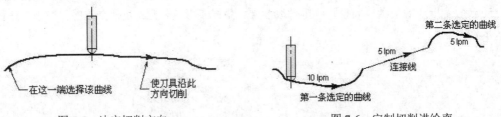

图7-5　决定切削方向　　　　　　　　　　图7-6　定制切削进给率

③ 在端点处局部提升：可指定不连续曲线之间的非切削移动。如果不激活此选项，系统将在曲线之间生成一条连接线（直线切削）。退刀可应用至所选曲线的末端，进刀应用至该序列中下一条曲

线的开头，如图 7-7 所示。非切削移动遵循在主对话框的"非切削"选项下定义的参数。

④ 几何体类型：可根据需要指定选择单条曲线、连续曲线链或是单个点。如果选择点，则选择点的顺序决定切削方向；如果选择单条曲线，则选择曲线的顺序决定切削，而选择每条曲线的大致顺序决定曲线的切削方向；如果选择某条曲线链，则会提示选择起始曲线和终止曲线，选择终止曲线的大致方向决定整个链的切削方向，如图 7-8 所示。选择终止曲线的大致顺序决定整个链的方向性矢量的尾部。

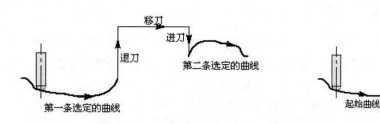

图 7-7　应用至第一条所选曲线的提升　　　　　图 7-8　决定切削方向

（2）切削步长：控制沿着驱动曲线创建的驱动点之间的距离。驱动点越近，则刀轨遵循驱动曲线越精确。可以通过指定公差或指定点的数目来控制切削步长，如图 7-9 所示。

（3）公差：可指定驱动曲线之间允许的最大垂直距离和两个连续点间直线的延伸度。如果此垂直距离不超出指定的公差值，则生成驱动点。一个非常小的公差可以生成许多相互非常靠近的驱动点。生成的驱动点越多，刀具就越接近驱动曲线。

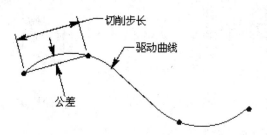

图 7-9　通过指定公差定义的切削步长

7.2.2　螺旋式驱动方法

"螺旋式驱动方法"可定义从指定的中心点向外螺旋生成驱动点的驱动方式。驱动点在垂直于投影矢量并包含中心点的平面上生成，然后驱动点沿着投影矢量投影到所选择的部件表面上，如图 7-10 所示。中心点定义螺旋的中心，它是刀具开始切削的位置。如果不指定中心点，则系统使用绝对坐标系的(0,0,0)；如果中心点不在部件表面上，它将沿着已定义的投影矢量移动到部件表面上。螺旋的方向（顺时针或逆时针）由"顺铣"或"逆铣"切削方向控制。

和驱动方式不同，螺旋式驱动方法在步距移动时没有突然的换向，它的步进是一个光顺且恒定的向外转移，可保持一个恒定的切削速度和光顺移动，它对于高速加工应用程序很有用。

螺旋式驱动方法包括以下选项。

（1）螺旋中心点：用于定义螺旋驱动路径的中心点。

（2）步距：指定连续的刀路之间的距离，如图 7-11 所示。螺旋切削方式步进是一个光顺且恒定的向外转移，它不需要在方向上的突变。

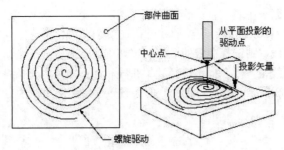

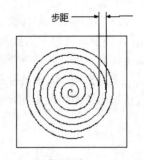

图 7-10　螺旋式驱动方法　　　　　　图 7-11　螺旋驱动的步进距离

（3）最大螺旋半径：通过指定最大半径来限制要加工的区域。此约束通过限制生成的驱动点数目来减少处理时间。半径在垂直于投影矢量的平面上测量。

如果指定的半径包含在部件表面内，则退刀之前刀具的中心按此半径定位；如果指定的半径超出了部件表面，则刀具继续切削直到它不能再放置在部件表面上。然后刀具退出部件，当它可以再次放置到部件表面上时再进入部件，如图 7-12 所示。

（4）顺铣切削/逆铣切削："顺铣切削"和"逆铣切削"可根据主轴旋转定义驱动路径切削的方向，如图 7-13 所示。

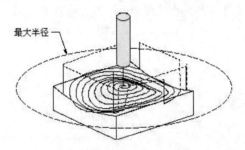

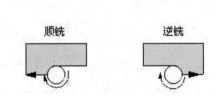

图 7-12　未超出和超出部件表面的最大半径　　　　　图 7-13　顺铣切削和逆铣切削

7.2.3　径向切削驱动方法

"径向切削驱动方法"可使用指定的步进距离、带宽和切削模式生成沿着并垂直于给定边界的驱动路径，此驱动方式可用于创建清理操作，如图 7-14 所示。

径向切削驱动方法包括以下选项。

1．驱动几何体

"选择"显示径向边界或临时边界对话框，它们允许定义要切削的区域。"径向边界"对话框允许为工序选择永久边界，且只有在部件中存在永久边界时才会显示此对话框。如果定义了多个边界，则会应用一个提升，它允许刀具从一个边界向下一个边界移动。

2．带宽

带宽定义在边界平面上测量的加工区域的总宽度。带宽是材料侧和另一侧偏置值的总和。

材料侧是从按照边界指示符的方向看过去的边界右手侧，如图 7-15 所示；另一侧是左手侧。材料侧和另一侧的总和不能等于零。

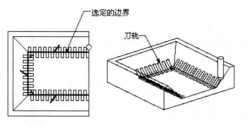

图 7-14　径向切削驱动方法　　　　图 7-15　材料侧和另一侧

3．切削类型

切削类型可定义刀具从一个切削刀路移动到下一个切削刀路的方式，以下选项可用：往复和单向，如图 7-16 所示。

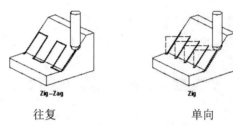

往复　　　　　　　　　　单向

图 7-16　径向切削驱动方法

4．步距

步距可指定连续的驱动路径之间的距离，如图 7-17 所示。步距是直线距离，它可以在连续驱动路径间最宽的点处测量，也可以在边界相交处测量，这取决于所使用的步距方式。

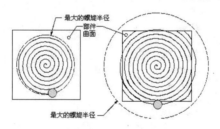

图 7-17　步距（径向切削驱动方法）

径向切削驱动方法使用的步距方式如下。

（1）恒定：可指定连续的切削刀路间的固定的直线距离。

（2）残余高度：允许系统计算将波峰高度限制为用户输入的值的步距。系统将步进的大小限制为略小于三分之二的刀具直径，而不管将残余波峰高度指定为多少。

（3）刀具平直百分比：可根据有效刀具直径的百分比定义步距。

（4）最大值：可从键盘输入一个值，用于定义步进之间的最大允许距离。

5．刀轨方向

"跟随边界"和"边界反向"决定刀具沿着边界移动的方向。"跟随边界"允许刀具按照边界指示符的方向沿着边界以单向或往复方式向下移动；"边界反向"允许刀具按照边界指示符的相反方向沿着边界以单向或往复方式向下移动，如图 7-18 所示。

6. 切削方向

"顺铣切削"和"逆铣切削"可根据主轴旋转定义驱动路径切削的方向。只有在"单向模式"中才可以使用这些选项，如图7-19所示。

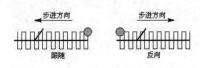
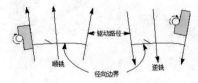

图7-18 跟随/边界反向　　图7-19 "顺铣切削"和"逆铣切削"（跟随边界）

7.2.4 曲面区域驱动方法

"曲面区域驱动方法"可用于创建一个位于驱动曲面网格内的驱动点阵列。当加工需要可变刀具轴的复杂曲面时，这种驱动方式是很有用的。它提供对刀具轴和投影矢量的附加控制。"曲面区域驱动方法"对话框如图7-20所示。

图7-20 "曲面区域驱动方法"对话框

将驱动曲面上的点按指定的投影矢量的方向投影，这样即可在部件表面上生成刀轨。如果未定义部件表面，则可以直接在驱动曲面上创建刀轨。驱动曲面不必是平面的，但是必须按一定的行序或列序进行排列，如图7-21所示。相邻的曲面必须共享一条共用边，且不能包含超出在"预设置"中定义的链公差的缝隙。可以使用裁剪过的曲面来定义驱动曲面，只要裁剪过的曲面具有4个侧。裁剪过的曲面的每一侧可以是单个边界曲线，也可以由多条相切的边界曲线组成，这些相切的边界曲线可以被视为单条曲线。

"曲面区域驱动方法"不会接受排列在不均匀的行和列中的驱动曲面或具有超出链公差的缝隙的驱动曲面，如图7-22所示。

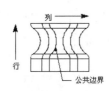 

图 7-21　行和列的均匀矩形网格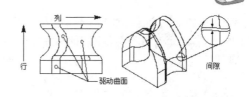

图 7-22　不均匀的行和列

必须按有序序列选择驱动曲面。它们不会被随机选择。选择相邻曲面的序列可以用来定义行。选择完第一行后，必须指定选择下一行。必须按与第一行相同的顺序选择曲面的第二行和所有的后续行。

在图 7-23 中，选择曲面 1～4 后，指定希望开始的下一行。可让系统在每一行建立曲面编号。每个后续的行需要与第一个曲面相同的编号。一旦选择了驱动曲面，系统将显示一个默认的驱动方向矢量，可重新定义驱动方向。

行定义结束后系统将可显示材料侧矢量。材料侧矢量应该指向要删除的材料，如图 7-24 所示。要反转此矢量，在"曲面驱动方式"对话框中选择"反转材料"。

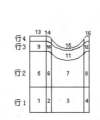 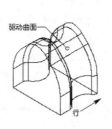 

图 7-23　驱动曲面选择序列　　　图 7-24　材料侧和驱动方向矢量

"表面积驱动方法"包括以下选项。

1．驱动几何体

"选择"显示驱动几何体对话框，初始定义驱动几何体。"重新选择"重新定义驱动几何体。

2．刀具位置

"刀具位置"决定系统如何计算部件表面上的接触点。刀具通过从驱动点处沿着投影矢量移动来定位到部件表面。

"相切"可以创建部件表面接触点，首先将刀具放置到与驱动曲面相切的位置，然后沿着投影矢量将其投影到部件表面上，在该表面中，系统将计算部件表面接触点，如图 7-25 所示。"相切"通常用于最大化部件表面清理。在陡峭曲面上将获得更大的范围。

"对中"可以创建部件表面接触点，首先将刀尖直接定位到驱动点，然后沿着投影矢量将其投影到部件表面上，在该表面中，系统将计算部件表面接触点，如图 7-25 所示。

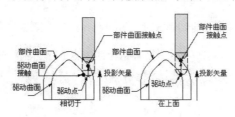

图 7-25　"相切"和"对中"刀具位置

直接在驱动曲面上创建刀轨时（未定义任何部件表面），"刀具位置"应该切换为"相切"位置。根据使用的刀具轴，"对中"会偏离驱动曲面，如图 7-26 所示。

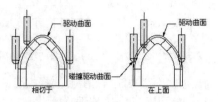

图 7-26　切削驱动曲面时的"相切"

同一曲面被同时定义为驱动曲面和部件表面时，应该使用"相切"，如图 7-27（a）所示。使用"相切"位置方式时，刀轨从刀具上与切削曲面相接触的点处开始计算。刀具沿着曲面移动时，刀具上的接触点将随曲面形状的改变而改变。

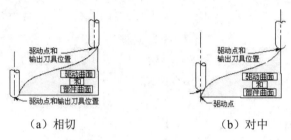

（a）相切　　　　　　　　　　　（b）对中

图 7-27　驱动曲面和部件表面为同一曲面

3．切削方向

"切削方向"可指定切削方向和第一个切削将开始的象限，如图 7-28 所示。可以通过选择在曲面拐角处成对出现的矢量箭头之一来指定切削方向。

4．材料反向

"材料反向"可反向驱动曲面材料侧法向矢量的方向。此矢量决定刀具沿着驱动路径移动时接触驱动曲面的哪一侧（仅用于"曲面区域驱动方式"）。材料侧矢量必须指向要删除的材料，材料侧矢量如图 7-29 所示。

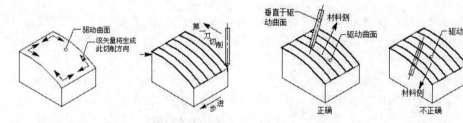

图 7-28　所选矢量指定切削方向　　　　　　图 7-29　材料侧矢量

注意： 在没有部件几何体的情况下，刀轨精确跟随驱动路径，驱动曲面的材料侧成为刀轨的加工侧；在有部件几何体的情况下，刀轨由驱动路径投影而成，投影矢量决定刀轨的加工侧。

5．切削区域

"切削区域"有两个选项："曲面%"和"对角点"，定义了在操作中要使用整个驱动曲面区域的多少或比例。

（1）曲面%：通过为第一个刀路的启动点和结束点、最后一个刀路的启动点和结束点、起始步长以及结束步长输入一个正的或负的百分比值来决定要利用的驱动曲面区域的大小，如图 7-30 所示。

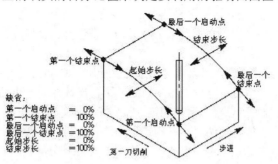

图 7-30   曲面%

仅使用一个"驱动曲面"时，整个曲面是 100%。对于多个曲面，100%被该方向的曲面数目均分。每个曲面被赋予相同的百分比，不管曲面大小。换言之，如果有 5 个曲面，则每个曲面分配 20%，不管各个曲面的相对大小。

第一个启动点、最后一个启动点和起始步长均被视为 0%，输入一个小于 0%的值（负的百分比）可以将切削区域延伸至曲面边界外，输入一个大于 0%的值可以减小切削区域。第一个结束点、最后一个结束点和结束步长均被视为 100%，输入一个小于 100%的值可以减小切削区域，输入一个大于 100%的值可以将切削区域延伸至曲面边界外。定义切削区域的曲面%，如图 7-31 所示。

以 0%～100%之外的值延伸时，曲面总是线性延伸的，与边界相切。但是，对于圆柱等曲面，将沿着圆柱的半径继续向外延伸。

第一个启动点和第一个结束点指的是第一个刀路（作为沿着"切削方向"的百分比距离计算）的第一个和最后一个驱动点的位置。

最后一个启动点和最后一个结束点指的是最后一个刀路（作为沿着"切削方向"的百分比距离计算）的第一个和最后一个驱动点的位置。

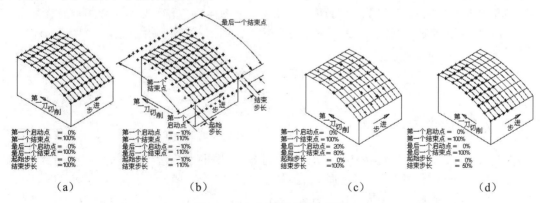

图 7-31   定义切削区域的曲面%

起始步长和结束步长是沿着步进方向（即垂直于第一个切削方向）的百分比距离。

注意：当指定了多个"驱域的大小，动曲面"时，最后一个启动点和最后一个结束点不可用。

（2）对角点：决定操作要利用的驱动曲面区方法是选择驱动曲面面并在这些面上指定用来定义

区域的对角点。

① 选择驱动曲面面，在该面中，可以确定用来定义驱动区域的第一个对角点（见图 7-32 中的面 a）。

② 在所选的面上指定一个点以定义区域的第一个对角点（见图 7-32 中的点 b）。可以在面上的任意位置指定一个点，或者使用"点子功能"来选择面的一条边界。在图 7-32 中，面 a 上的 b 点为指定的点。

③ 选择驱动曲面面，在该面中，可以确定用来定义驱动区域的第二个对角点（见图 7-32 中的面 c）。如果第二个对角点和第一个对角点位于相同的面，则再次选择同一个面。

④ 在所选的面上指定一个点以定义区域的第二个对角点（见图 7-32 中的点 d）。同样，也可以在面上的任意位置指定一个点，或者使用"点"构造器来选择面的一条边界。在图 7-32 中，已经使用"点"构造器中的"结束点"选项指定了点 d 以选择面 c 的某个拐角。

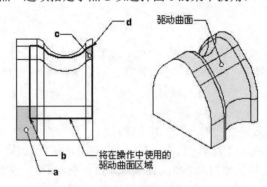

图 7-32 定义切削区域的对角点

6．数目

"数目"可指定在刀轨生成过程中要沿着切削刀路生成的驱动点的最小数目。如果需要，则会自动生成刀轨的其他点。最好沿着驱动刀轨选择一个足够大的数目以捕捉驱动几何体的形状和特征，否则将会出现意外的结果。

所选择的切削图样决定可以输入的数值。如果所选的图样是"平行线"，可以指定沿着第一个和最后一个切削刀路的点的数目；如果为这两个刀路指定了不同的值，则系统在第一个切削和最后一个切削之间生成一个点梯度。

如果选择了"跟随腔体"作为图样，则可以指定沿着"切削方向"、"步进方向"和"切削方向"的相反方向的点的数目。

7.2.5 边界驱动方法

边界驱动方法可通过指定边界和内环定义切削区域。切削区域由边界、环或二者的组合定义。

当环必须与外部部件表面边界相应时，边界与部件表面的形状和大小无关。将已定义的切削区域的驱动点按照指定的投影矢量的方向投影到部件表面，这样就可以生成刀轨。边界驱动方法在加工部件表面时很有用，它需要最少的刀具轴和投影矢量控制。

边界可通过曲线、点、永久边界和面来创建，既可以与零件的表面形状有关联性，也可以没有关联性，边界驱动方法示意图如图 7-33 所示。但内环必须与零件表面形状有关联性，即内环需要建立在零件表面的外部边缘。

系统根据指定的边界生成驱动点。驱动点沿着指定的投影矢量方向投影到零件表面上以生成投影点，从而生成刀具轨迹。

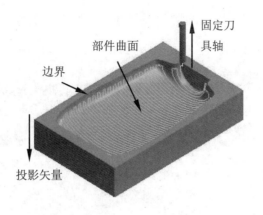

图 7-33 "边界驱动方"示意图

边界驱动方法与"平面铣"的工作方式大致相同。但是，与"平面铣"不同的是边界驱动方法可用来创建沿复杂表面轮廓移动刀具的精加工操作。

与"曲面区域驱动方法"相同的是，边界驱动方法可创建包含在某一区域内的驱动点阵列。在边界内定义驱动点一般比选择驱动曲面更为快捷和方便。但是，使用"边界驱动方法"时，不能控制刀具轴或相对于驱动曲面的投影矢量。

边界可以由一系列曲线、现有的永久边界、点或面构成。它们可以定义切削区域外部，如岛和腔体。边界可以超出部件表面的大小范围，也可以在部件表面内限制一个更小的区域，还可以与部件表面的边重合，边界示意图如图 7-34 所示。当边界超出部件表面的大小范围，如果超出的距离大于刀具直径，将会发生"边界跟踪"，但当刀具在部件表面的边界上滚动时，通常会引起不良状况。

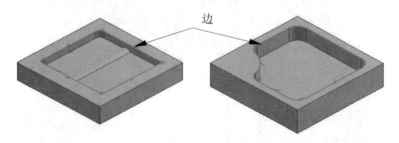

图 7-34 边界示意图

当边界限制了部件表面的区域时，必须使用"对中"、"相切"或"接触"将刀具定位到边界上；当"切削区域"和外部边界重合时，最好使用被指定为"对中"、"相切"或"接触"的"部件包容环"（与边界相反）。

"边界驱动方法"显示以下选项。

1. 驱动几何体

在如图 7-35 所示的"边界驱动方法"对话框中单击"指定驱动几何体"右边的 按钮，打开如图 7-36 所示的"边界几何体"对话框，进行边界定义。

Note

图 7-35 "边界驱动方法"对话框　　　　图 7-36 "边界几何体"对话框

注意：　"接触"刀具位置只能在具有刀具轴的"边界驱动方法"中使用，并且只有在使用"曲线/边"或"点"指定边界模式下才可用，在边界或"面"模式下无"接触"选项。

边界成员和相关刀具位置的关系可以用如图 7-37 所示的图形表示。如果是"相切"位置，则刀具的侧面沿着投影矢量与边界对齐，如图 7-37（a）所示；如果是"对中"位置，则刀具的中心点沿着投影矢量与边界对齐，如图 7-37（b）所示；如果是"接触"位置，则刀具将与边界接触，如图 7-37（c）所示。

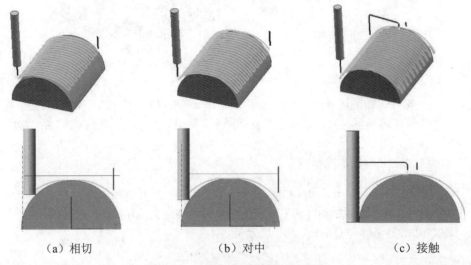

（a）相切　　　　　　（b）对中　　　　　　（c）接触

图 7-37 相切、对中和接触示意图

与"对中"或"相切"不同，"接触"点位置根据刀尖沿着轮廓表面移动时的位置改变。刀具沿着曲面前进，直到它接触到边界。在轮廓化的表面上，刀尖处的接触点位置不同。需要注意的是，在图 7-38 中，当刀具在部件相反的一侧时，接触点位于刀尖相反的一侧。

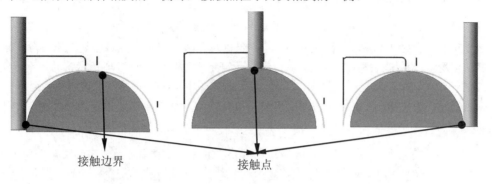

图 7-38　接触点位置

注意：指定了边界的刀具位置时，"接触"不能与"对中"和"相切"结合使用。如果要将"接触"用于任何一个成员，则整个边界都必须使用"接触"。

"接触"边界进行选择时，可以选择部件的底部面，如图 7-39（a）所示；也可以另建一个平面进行投影，如图 7-39（b）所示。

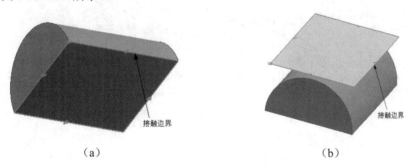

（a）　　　　　　　　　　　　　　（b）

图 7-39　接触边界

2. 部件空间范围

部件空间范围通过沿着所选部件表面和表面区域的外部边界创建环来定义切削区域。"环"类似于边界，可定义切削区域。但"环"是在部件表面上直接生成的且无须投影。"环"可以是平面或非平面且总是封闭的，它们沿着所有的部件外表面边界生成，如图 7-40 所示。

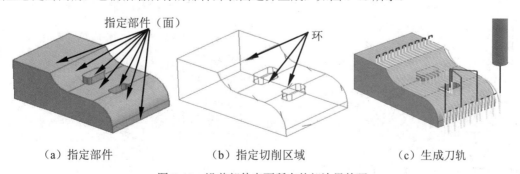

（a）指定部件　　　　　　　（b）指定切削区域　　　　　　　（c）生成刀轨

图 7-40　沿着部件表面所有外部边界的环

注意： 从实体创建部件空间范围时，选择要加工的"面"而不是选择"体"。选择"体"将导致无法生成环。"体"包含多个可能的外部边界，导致阻止生成环。选择要加工的面可清楚地定义外部边界，并能生成所需的环。

"环"可定义要切削的主要区域以及要避免的岛和腔体。岛和腔体刀具位置指示符（沿着环的箭头或半箭头）相对于主包容环指示符的方向可决定某区域是包含在切削区域中还是被排除在切削区域之外。默认情况下，系统将岛和腔体的刀具位置指示符定义为指向主包含环指示符的相反方向，这样使得区域被排除在切削区域之外，如图 7-41 所示。在该图中指定所有环可以使系统使用所有的 3 个环。默认情况下，系统将利用接触刀具位置初始定义每个环。如果要指定不使用岛环和腔体环，可选择"编辑"并将"使用此环"切换为"关"，也可以将刀具位置由"接触"改为"对中"或"相切"。

注意： 部件表面不相邻。如果岛或腔体的刀具位置指示符的方向与主包容环指示符的方向相同，那么只有岛或腔体会形成切削区域，这种情况会使主包容环被完全忽略，所以应该避免出现这种情况。

图 7-42 显示了一个岛环，它的指示符指向与主包容环相同的方向。出现这种情况是因为部件表面 A 与定义主包容环的部件表面不相邻，使得系统将岛环定义为另一个外部边界。图 7-42 中显示的部件表面 A 应该在单独创建的操作中进行加工。

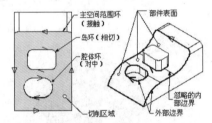

图 7-41　由"环"定义的切削区域

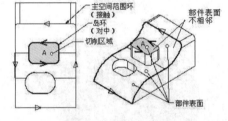

图 7-42　指向同一方向的主环和岛环指示符

可以将环和边界结合起来使用，以便定义切削区域。沿着刀具轴向平面投影时，边界和环的公共区域可定义切削区域，如图 7-43 所示。可以将环和边界结合起来定义多个切削区域，如图 7-44 所示。

注意： 在图 7-44 中系统没有将所有的边界合并至一个切削区域，而是找到相交区域并将其定义为切削区域。

向平面上投影时，应该避免使用互相之间直接叠加的环和边界。可能会存在一些不确定性，如某一区域是包含在切削区域中还是被排除在切削区域外，以及是将刀位设置为"对中""接触"还是"相切"。

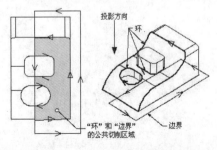

图 7-43　由环和边界定义的切削区域

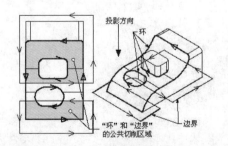

图 7-44　通过将环和边界相交定义的切削区域

3. 空间范围

"边界驱动方法"对话框中的"空间范围"栏（见图 7-45）包括"编辑"按钮 和"显示"按钮。如果将"显示"按钮切换至"开"位置，则系统将所有的外部部件表面边缘确定为环。然后可使用"编辑"按钮来指定定义切削区域时所需要使用的环。

4. 切削模式

切削模式可定义刀轨的形状。某些模式可切削整个区域，而其他模式仅围绕区域的周界进行切削，在"边界驱动方法"对话框中可以对"切削模式"进行设置。"切削模式"下拉列表如图 7-46 所示，主要有以下几种切削模式。

（1）跟随周边、轮廓、标准驱动。

（2）平行线：单向、往复、单向轮廓、单向步进。

（3）同心圆弧：同心单向、同心往复、同心单向轮廓、同心单向步进。

（4）径向线：径向单向、径向往复、径向单向轮廓、径向单向步进。

跟随周边、轮廓、标准驱动、单向、往复、单向轮廓、单向步进等切削方式在第 4 章已经介绍过，这里不再赘述，同心圆弧和径向线切削方式中的单向、往复、单向轮廓、单向步进等切削方式与单列的单向、往复、单向轮廓、单向步进等切削类型是相同的，区别在于切削图样不同。

图 7-45 "空间范围"栏

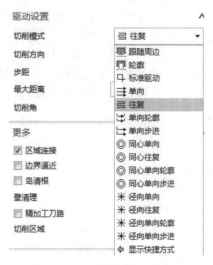

图 7-46 "切削模式"下拉列表

（5）同心圆弧：可从用户指定的或系统计算的最优中心点创建逐渐增大的或逐渐减小的圆形切削模式。此切削模式需要指定"阵列中心"，指定加工腔体的方法"向内"或"向外"。在全路径模式无法生成的拐角部分，系统在刀具运动至下一个拐角前生成同心圆弧。当选择同心单向、同心往复、同心单向轮廓、同心单向步进等切削模式时，将激活"阵列中心"选项。

同心圆弧下的 4 种切削模式的刀轨示意图如图 7-47 所示。

（6）径向线：可创建线性切削模式，这种切削模式可从用户指定的或系统计算的最优中心点延伸。此切削模式需要指定"阵列中心"，指定加工腔体的方法"向内"或"向外"，切削模式的步距是在距中心最远的边界点处沿着圆弧测量的，如图 7-48 所示。当选择同心单向、同心往复、同心单向轮廓、同心单向步进等切削模式时，将激活"阵列中心"选项。

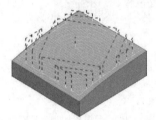

（a）同心单向　　　　　　　　　（b）同心往复

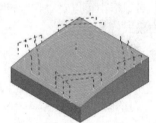

（c）同心单向轮廓　　　　　　　（d）同心单向步进

图 7-47　"同心圆弧"切削刀轨示意图

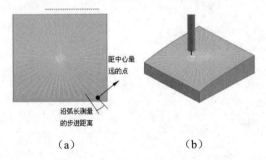

（a）　　　　　　　　　　　　　（b）

图 7-48　径向线刀轨（往复切削并向外）

　　另外，径向线切削模式中新增了对应"角度"步距，此时"度数"值是指相邻刀轨间的角度。在图 7-49（a）的"驱动设置"栏中选择"步距"为"角度"，输入"度数"值即可确定相邻刀轨间的角度，"生成的刀轨数量"为"360/角度值"；在图 7-49（a）中"度数"值为 30°，生成的刀轨如图 7-49（b）所示，共有 12 条刀轨。

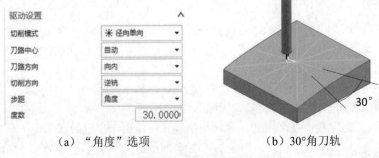

（a）"角度"选项　　　　　　　（b）30°角刀轨

图 7-49　"角度"刀轨

　　径向线下的 4 种切削模式的刀轨示意图如图 7-50 所示。

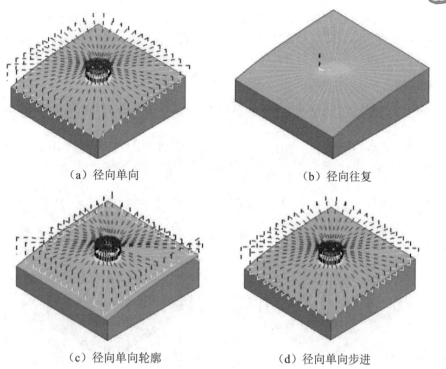

（a）径向单向 　　　　　　　　　　　（b）径向往复

（c）径向单向轮廓 　　　　　　　　　　（d）径向单向步进

图 7-50 "径向线"切削刀轨示意图

5．步距

步距指定了连续切削刀轨之间的距离。可用的步距选项由指定的"切削类型"（单向、往复、径向等）确定。定义步距所需的数值将根据所选的步距选项的不同而有所变化。例如，"恒定"需要在后续行中输入一个距离值，而可变显示一个附加的对话框，它要求输入几个值。有以下步距选项可用。

（1）恒定：用于在连续的切削刀轨间指定固定距离。步距在"驱动轨迹"的切削刀轨之间测量。用于"径向线"切削类型时，"恒定"距离从距离圆心最远的边界点处沿着弧长进行测量。此选项类似于"平面铣"中的"恒定"选项。

（2）残余高度：允许系统根据所输入的残余高度确定步距。系统将针对"驱动轨迹"计算残余高度。系统将步距的大小限制为略小于三分之二的刀具直径，不管指定的残余高度的大小。此选项类似于"平面铣"中的"残余高度"选项。

（3）%刀具平直：用于根据有效刀具直径的百分比定义步距。有效刀具直径是指实际上接触到腔体底部的刀具的直径。对于球头铣刀，系统将其整个直径用作有效刀具直径。此选项类似于"平面铣"中的"刀具直径"选项。

（4）角度：用于从键盘输入角度来定义常量步距。此选项仅可以和"径向切削模式"结合使用。通过指定角度以定义一个恒定的步距，即辐射线间的夹角。

6．刀路中心

"刀路中心"可交互式地或自动地定义"同心单向"和"径向单向"切削模式的中心点，包括下面两个选项。

（1）自动：允许系统根据切削区域的形状和大小确定"径向线"或"同心圆弧"最有效的模式中心位置。图 7-51（a）为"自动"生成的图样中心示例。

（2）指定：由用户定义"径向线"图样的辐射中心点或"同心圆弧"的圆心。系统打开"点"构造器对话框交互式定义中心点，作为"径向线"图样的辐射中心点或"同心圆弧"的圆心。图7-51（b）为"指定"的图样中心示例。

7. 刀路方向

"刀路方向"指定腔加工方法，用于确定从内向外还是从外向内切削。用于跟随周边、同心和径向切削模式。

向外/向内用于指定一种加工腔体的方法，它可以确定"跟随腔体"、"同心圆弧"或"径向线"切削类型中的切削方向，可以是由内向外，也可以是由外向内，如图7-52所示。

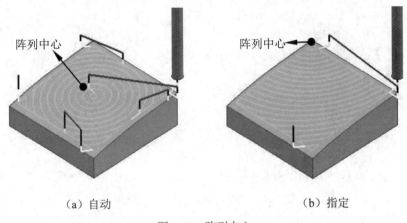

（a）自动　　　　　　　　　　　　　　（b）指定

图7-51　阵列中心

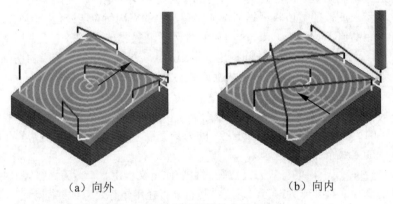

（a）向外　　　　　　　　　　　　　　（b）向内

图7-52　同心圆弧时的向外与向内

7.2.6　区域铣削驱动方法

"区域铣削驱动方法"是沿着轮廓铣面创建固定轴刀轨，并可以沿着选定的面创建驱动点，然后使用此驱动点跟随部件几何体。

"区域铣削驱动方法"与"边界驱动方法"相似，但不需要驱动几何体。但与"曲面区域驱动方法"不同，切削区域几何体不需要按一定的栅格行序或列序进行选择。

"区域铣削驱动方法"对话框如图7-53所示，主要的选项说明如下。

1．陡峭空间范围

"陡峭空间范围"根据刀轨的陡峭度限制切削区域。它可用于控制残余高度和避免将刀具插入陡峭曲面上的材料中。

"陡峭壁角度"能够确定系统何时将部件表面识别为陡峭的。在每个接触点处计算部件表面角，然后将它与指定的"陡峭壁角度"进行比较。实际表面角超出用户定义的"陡峭壁角度"时，系统认为表面是陡峭的。平缓的曲面的陡峭壁角度为 0°，而竖直壁的陡峭壁角度为 90°。

在陡峭方法中共有以下 3 个选项。

（1）无：切削整个区域。在刀具轨迹上不使用陡峭约束，允许加工整个工件表面。

（2）非陡峭：切削非陡峭区域，用于切削平缓的区域，而不切削陡峭区域。通常可作为等高轮廓铣的补充，如图 7-54 所示。

（3）定向陡峭：定向切削陡峭区域，由切削模式和切削角度确定，从 WCS 的 XC 轴开始，绕 ZC 轴旋转指定的切削角度就是路径模式方向，如图 7-55 所示。

图 7-53　"区域铣削驱动方法"对话框

图 7-54　非陡峭

图 7-55　定向陡峭

2．非陡峭切削模式

除了添加"往复上升"外，"区域铣削驱动方法"中使用的切削模式与"边界驱动方法"中使用的一样。"往复上升"根据指定的局部"进刀"、"退刀"和"移刀"运动，在刀路之间抬刀，如图 7-56 所示。

3．步距已应用

在"区域铣削驱动方法"对话框中，"步距已应用"有两个选项："在平面上"（见图 7-57）和"在部件上"（见图 7-58）。

（1）在平面上：如果切换为"在平面上"，那么，当系统生成用于操作的刀轨时，步距是在垂直于刀具轴的平面上测量的，如图 7-59 所示。如果将此刀轨应用至具有陡峭壁的部件上，那么在此部件上实际的步距不相等。因此，"在平面上"最适用于非陡峭区域。

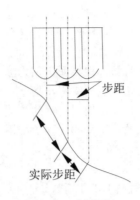

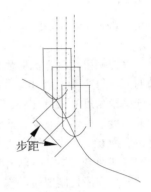

图 7-56　往复上升　　　　　图 7-57　在平面上　　　　　图 7-58　在部件上

（2）在部件上：可用于使用"往复"切削类型的"跟随周边"和"平行"切削图样。如果切换为"在部件上"，当系统生成用于操作的刀轨时，步距是沿着部件测量的。因为"在部件上"沿着部件测量步进，因此它适用于具有陡峭壁的部件。通过对部件几何体较陡峭的部分维持更紧密的步进，以实现对残余波峰的附加控制。在图 7-60 中的步距离是相等的。

> 📢 **注意**：指定的步距是部件上允许的最大距离。步距可以根据部件的曲率不同而有所不同（步距值小于指定的步距）。

图 7-59　"在平面上"刀轨　　　　　　　　　图 7-60　"在部件上"刀轨

7.2.7　清根驱动方法

"清根驱动方法"能够沿着部件表面形成的凹角和凹谷生成刀轨。生成的刀轨可以进行优化，方法是使刀具与部件尽可能保持接触并最小化非切削移动。"自动清根"只能用于"固定轮廓"操作。"清根驱动方法"可以用来在加工往复切削图样之前减缓角度，可以删除之前较大的球刀遗留下来的未切削的材料，可以通过允许刀具在步进间保持连续的进刀来最大化切削移动。

使用清根的优点如下。

☑ 可以用来在使用往复切削模式加工之前减缓角度。

☑ 可以移除之前较大的球刀遗留下来的未切削的材料。

☑ "清根"路径沿着凹谷和角而不是固定的切削角或 UV 方向。使用"清根"后，当将刀具从一侧移动到另一侧时，刀具不会嵌入。系统可以最小化非切削移动的总距离，可以通过使用"非切削移动"模块中可用的选项在每一端获得一个光顺的或标准的转弯。

☑ 可以通过允许刀具在步距间保持连续的进刀来最大化切削运动。

☑ 每次加工一个层的某些几何体类型，并提供用来切削"多个"或 RTO（"参考刀具偏置"）清根两侧的选项，在每一端交替地进行圆角或标准转弯，并在每一侧提供从陡峭侧到非陡峭侧的选项。此操作的结果是利用更固定的切削载荷和更短的非切削移动距离切削部件。

可以通过选择"固定轮廓铣"中的"清根驱动方法"创建"清根"操作。也可以通过在"mill_contour"中选择单刀路清根、多刀路清根、清根参考刀具等操作子类型创建"清根"操作。"清根驱动方法"对话框如图 7-61 所示。可以指定"单刀路"、"多刀路"或"参考刀具偏置"。对话框中的主要选项说明如下。

1．驱动几何体

（1）最大凹度：使用"最大凹度"可决定要切削哪些凹角、凹谷及沟槽。例如，如果在最大凹度框中输入 120，该工序将加工 110°和 70°凹部，但不会加工 160°凹部，如图 7-62 所示。

图 7-61　"清根驱动方法"对话框

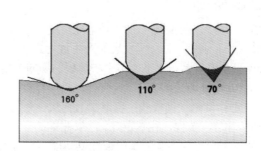

图 7-62　凹角

在"清根驱动方法"对话框中，在"最大凹度"右侧的文本框中所输入的凹角值必须大于 0，小于或等于 179，并且是正值。如果"最大凹度"被设置为 179°，所有小于或等于 179°的角均被加工，即切削了所有的凹谷；如果"最大凹度"被设置为 160°，所有小于或等于 160°的角均被加工。当刀具遇到那些在部件面上超过了指定最大值的区域时，刀具将回退或转移到其他的区域。

（2）最小切削长度：能够除去可能发生在部件的隔离区内的短刀轨分段，不会生成比此值更小的切削运动。在图 7-63 中要除去可能发生在圆角相交处的非常短的切削运动时，此选项尤其有用。

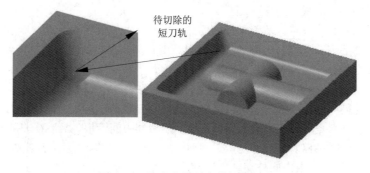

图 7-63　除去小且孤立的切削运动

2. 驱动设置

（1）单刀路：将沿着凹角和凹谷产生一个切削刀路，如图 7-64 所示。

（2）多刀路：可指定偏置数和偏置之间的步距，这样便可在中心清根的任一侧产生多个切削刀路，如图 7-65 所示。

（3）参考刀具偏置：可指定一个参考刀具直径从而定义要加工的区域的整个宽度，还可以指定一个步距从而定义内部刀路，这样便可在中心清根的任一侧产生多个切削刀路。此选项有助于在使用大（参考）刀具对区域进行粗加工后的清理加工。

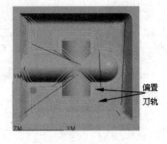

偏置
刀轨

图 7-64　清根"单刀路"　　　　　图 7-65　清根"多刀路"

3. 陡峭空间范围

"陡峭空间范围"根据输入的"陡峭壁角度"控制操作的切削区域，分为陡峭部分和非陡峭部分以限制切削区域，避免刀具在零件表面产生过切。

"陡峭壁角度"是在水平面与中心清根的切向矢量之间测得的夹角。输入的范围为 0°～90°。

4. 非陡峭切削/陡峭切削

（1）非陡峭/陡峭切削模式：可定义刀具从一个切削刀路移动到下一个切削刀路的方式。以下切削类型可用：往复、单向、往复上升。

（2）步距：可指定连续的单向或往复切削刀路之间的距离。只有在指定了"多个偏置"或"参考刀具偏置"的情况下才可使用此选项，步距在部件表面内测量。

（3）每侧步距数：能够指定要在中心"清根"每一侧生成的刀路的数目。例如，清根"多刀路"中的"每侧步距数"等于 2。只有在指定了"多刀路"的情况下，"每侧步距数"才是可用的。

（4）顺序：可确定执行"往复"和"往复上升"切削刀路的顺序。只有在指定了"多刀路"或"参考刀具偏置"的情况下，"顺序"才是可用的。各个"顺序"选项如下所述。

① 畺由内向外："由内向外"从中心"清根"开始向某个外部刀路运动，沿凹槽切第一刀，步距向外一侧移动，直到这一侧加工完毕。然后刀具移回中心切削，接着再向另一侧运动，直到这一侧加工完毕。可选择中心"清根"的任一侧开始序列。

② 畺由外向内："由外向内"从某个外侧刀路开始向中心"清根"运动，步距向中心移动，直到这一侧加工完毕。然后刀具选取另一侧的外部切削，接着再向中心切削移动，直到这一侧加工完毕。可选择中心"清根"的任一侧开始序列。

③ 昌后陡："后陡"从非陡峭侧向陡峭侧加工清根凹谷，是一种单向切削。

④ 畺先陡："先陡"总是按单一方向从陡峭侧的外侧刀路向非陡峭侧的外侧刀路进行加工。系统在陡峭侧输出刀路，方向是从外侧偏置到内侧偏置，然后到中间清根，最后在非陡峭侧从内侧偏置到外侧偏置输出非陡峭侧的刀路。"先陡"序列可以用于单向、往复和往复上升模式。

⑤ 昌由内向外交替："由内向外交替"通常从中间"清根"刀路开始加工"清根"凹谷。在操作中指定此序列后，刀具从中心刀路开始，然后运动至一个内侧刀路，接着向另一侧的另一个内侧刀

路运动。然后刀具运动至第一侧的下一对刀路，接着运动至第二侧的同一对刀路。如果某一侧有更多的偏置刀路，系统将在加工完两侧成对的刀路后，对该侧的所有额外刀路进行加工。利用单向、往复和往复上升切削模式都可以生成"由内向外交替"。

⑥ 由外向内交替："由外向内交替"可用来控制是要交替加工两侧之间的刀路，还是先完成一侧后再切换至另一侧。允许在凹谷的一侧到另一侧的刀路间交替地完成加工。在每一对刀路上，使用一个方向从一侧到一端对凹谷进行加工后，可以在部件上或部件外进行圆角或标准转弯，转至另一侧后，可以使用相反的方向从另一侧向另一端进行加工。然后，可以在下一对刀路上进行圆角或标准转弯。按照这种方法，系统可以最大化切削运动，因为它允许刀具在步距过程中持续保持进刀状态，同时动态地减少非切削移动的整个距离，尤其是较长的清根。单向、往复或往复上升切削模式都可以生成"由外向内交替"序列。

7.2.8　外形轮廓加工驱动方法

"外形轮廓加工驱动方法"利用刀具的外侧刀刃半精加工或精加工型腔零件的立壁。系统基于所选择的加工底面自动判断出加工轮廓墙壁，也可以手工选择加工轮廓墙壁。可以指定一条或多条加工路径。在多轴铣中，例如"可变轮廓铣"中如果选择了"外形轮廓加工驱动方法"，将激活与其相关的选项，"可变轮廓铣"对话框如图 7-66 所示。

1. 底面

"底面" 是刀具靠近壁时用于限制刀具位置的几何体。图 7-67 中使用底面中 A 为底面，B 为壁，刀具靠近壁 B 放置时，刀具半径接触到底部面 A。"底面"几何体可由任意数量的面组成，包括已修剪的面或未修剪的面，但这些面都必须包括在部件几何体或几何体集中。可以将底面或壁几何体定义为实体或片体的面。但是，混合几何体类型后，底部面和壁几何体在公用边缘处必须 100%重合。如果存在缝隙，则操作将失败；如果无底面则无此限制，但切削刀具依据边缘或辅助底部面几何体而停止移动。

图 7-66　"可变轮廓铣"对话框

图 7-67　使用底面

2. 辅助底面

"辅助底面"与"底面"相似，是不需要附加到壁的几何体。当部件几何体无底面时，或对底面在空间的位置有要求时，可以使用"辅助底面"方式定位刀具末端。定义辅助底面的方法有两种：选择几何体（实体面或片体）或使用"自动生成辅助底面"。图 7-68 为通过手工选择实体面为辅助底面。在使用过程中可组合"底面"和"辅助底面"几何体，如图 7-69 所示。

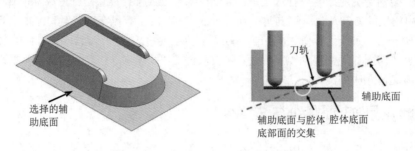

图 7-68　选择辅助底面　　　　　　　图 7-69　组合"底面"和"辅助底面"

3. 自动生成辅助底面

使用"自动生成辅助底面"可定义在壁的底部与进刀矢量垂直的无穷大平面。另外可定义进刀矢量，以确定相对于壁定位刀具的方法。"自动生成辅助底面"功能可创建一个无穷大平面，具有足够的覆盖面积。但如果这个无穷大平面妨碍在其他位置放置刀具，则必须手工定义辅助底面几何体。"自动生成辅助底面"可与"辅助底面"进行组合，其中"自动生成辅助底面"创建的无穷大平面可作为"辅助底面"定义中的其他面处理。

在图 7-66"可变轮廓铣"对话框中可以打开或关闭"自动生成辅助底面"，如果打开"自动生成辅助底面"，将同时打开"距离"。此时的"可变轮廓铣"对话框如图 7-70 所示，根据输入的"距离"数值可以自动生成自动生成辅助底面，如图 7-71 所示。如果另外一般的辅助底面几何体是在"自动生成辅助底面"打开时所定义的，则自动生成的辅助底面将被附加到其他一般的辅助底面上，并将其视为辅助底面的一部分，如图 7-72 所示。图 7-73 为同时使用"自动生成辅助底面"和"指定辅助底面"时所生成的刀轨。

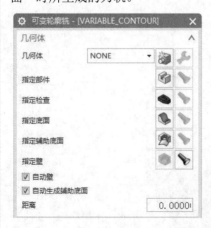

图 7-70　"可变轮廓铣"对话框

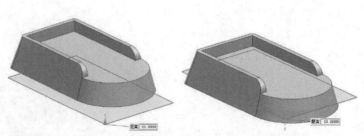

（a）距离为负值　　　　　（b）距离为正值

图 7-71　自动生成辅助底面

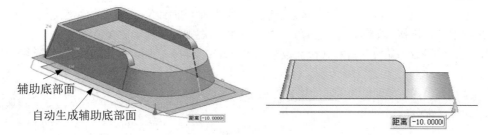

图 7-72　同时使用"自动生成辅助底面"和"指定辅助底面"

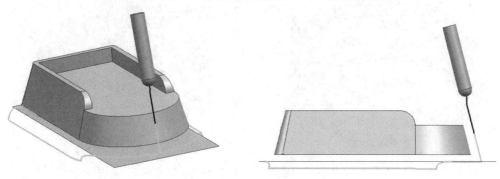

图 7-73　刀轨

4. 壁

"壁"几何体可定义要切削的区域。刀最初靠着壁放置，刀轴确定后，就靠着底部面放置刀。"壁"几何体可以由任意多个已修剪的面或未修剪的面组成，只要这些面都包括在部件几何体中。单击"选择或编辑壁几何体"按钮 ，打开如图 7-74 所示的"壁几何体"对话框，进行壁的选择。

（1）自动壁：使用"自动壁"时系统从底部面来确定壁。壁开始于与底部面相邻接的面，然后相对于底部面的材料侧形成凹角或向上弯曲（如倒圆）。壁继续向上弯曲，包括相切面、凹面或稍微凸起的面。图 7-75 说明了壁是如何自动生成的，每个壁都在与底部面 1 相邻接处开始，在凸弯 2 处结束。

图 7-74　"壁几何体"对话框

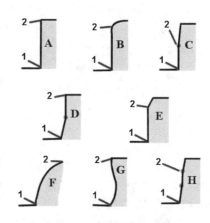

图 7-75　自动选择壁准则

"自动壁"可从定义的底部面几何体中正确选择壁，无论是底部面直接与壁连接，还是通过倒圆与底部面和壁连接。在"可变轮廓铣"对话框中的"几何体"栏中单击"指定壁"右边的"显示"按

钮 时，系统将高亮显示壁以及底部区域（追踪曲线）。追踪曲线显示在壁的底部，应该刚好在壁和底部面之间的任何连接（如倒圆或倒斜角）之上。 以下规则可应用于放置追踪曲线。

- ☑ 追踪曲线应该始终在壁和底部面连接（倒圆或倒斜角）之间，壁和倒圆之间的正确追踪曲线（自动壁）如图 7-76 所示。
- ☑ 壁和底部面（非倒圆）之间的任何连接都应该是底部面定义的一部分，倒斜角连接为底面定义一部分（自动壁）如图 7-77 所示。

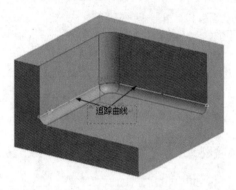 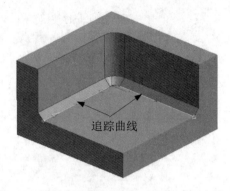

图 7-76　壁和倒圆之间的正确追踪曲线（自动壁）　　图 7-77　倒斜角连接为底面定义一部分（自动壁）

有时会对壁和底部面之间的倒圆（底部面圆角）进行建模。如果未对倒圆进行建模，则倒圆区域都是由刀生成的；如果对倒圆进行了建模，则自动选择壁会找到它们，不需要将倒圆区域选为"底面"几何体的一部分，并且这些倒圆也不能确定刀轴。图 7-78 和图 7-79 说明了在壁 A 和部件几何体 C 之间存在底部面倒圆区域 B 时是如何放置刀具的。当刀的拐角半径小于倒圆半径时，刀会在其下半径的起点与底部面倒圆的起点相接触的点处停止，如图 7-78 所示；当刀的拐角半径大于倒圆半径时，刀会在其下半径与部件几何体相接触的点处停止，如图 7-79 所示。

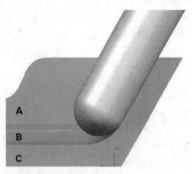 

图 7-78　刀拐角半径小于倒圆半径　　　　　图 7-79　刀拐角半径大于倒圆半径

（2）预选壁：如果"自动壁"几乎（但不完全）选定所需的壁几何体，或者多选了壁几何体，则使用"预选"修改壁选择。"预选"选择的面与"自动壁"相同。"壁"几何体集基于底部面和选定部件体。在图 7-70 中，首先选中"自动壁"复选框，然后再取消选中"自动壁"复选框，单击"选择或编辑壁几何体"按钮 ，打开"壁几何体"对话框，其中的"预选"选项将被激活。随后可对壁几何体集进行移除、编辑或附加几何体等操作。

追踪曲线在刀被放置以便开始切削的位置显示一个带圆圈的大箭头，在追踪结束位置显示一个三角形，追踪方向显示为箭头，沿着壁的底部追踪曲线如图 7-80 所示。

5. 切削起点和终点

定义切削起点和终点会影响壁底部区域。在"可变轮廓铣"对话框（见图7-66）的"驱动方法"栏中选择"外形轮廓铣"或者单击"编辑"按钮，将打开如图7-81所示的"外形轮廓铣驱动方法"对话框，进行切削起点和终点的设置。

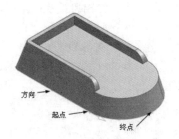

图 7-80 沿着壁的底部追踪曲线

图 7-81 "外形轮廓铣驱动方法"对话框

（1）切削起点：用于修改切削位置的起点。如果无法定义追踪整个壁底部曲线的进刀矢量，则这样做。在"外形轮廓铣驱动方法"对话框中可以选择"自动"选项，也可以单击"用户定义"和"选择参考点"，然后使用"点"对话框定义点。图7-82对切削起点的定义方法给出了说明，图7-82（a）为利用"自动"选项生成的切削起点，图7-82（b）为利用"用户定义"选项生成的切削起点，壁底部追踪曲线将延伸到"用户定义"的切削起点。

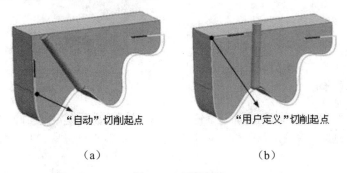

（a） （b）

图 7-82 切削起点

（2）切削终点：用于修改切削位置的起点。终点选项和起点选项相同。在图7-83中刀具在起点处进刀，沿底部区域追踪曲线在终点处终止；对于壁而言，它提供的覆盖面积不够。在图7-84中，壁的底部区域追踪曲线延伸至用户定义的切削终点处。

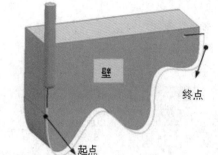

图7-83 "自动"切削终点

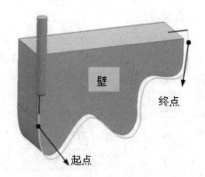

图7-84 "用户定义"切削终点

（3）刀轴：刀轴控制是轮廓铣操作中的一个需要重点考虑的事项。刀轴控制包括"自动"和"带导轨"两个选项。使用"带导轨"方法将激活"选择矢量"选项，然后使用"矢量"构造器对话框定义矢量。

"自动"刀轴选项从壁底部的追踪曲线的法线计算刀轴，通常会给出可接受的结果，如果"自动"给的刀轴不符合需要，可以利用"带导轨"方法改变刀轴方向。图7-85为利用"自动"刀轴生成的刀轨，可以发现刀轴沿追踪曲线的法线。如果在刀轨的终点处使用"带导轨"方法控制刀轴方向，可改变刀轴的方向，在图7-86中指定刀轨的终点处引导矢量方向为"YC轴"，则刀轨的起点处的刀轴方向与"YC轴"平行，并且刀轴在切削过程方向保持不变。

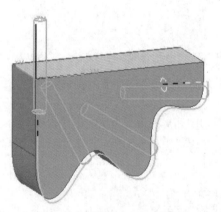

图7-85 "自动"刀轴控制

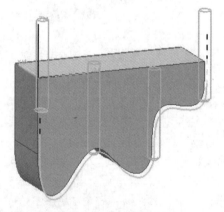

图7-86 "带导轨"刀轴控制

7.2.9 可变流线铣

"可变流线铣"驱动铣削为变轴曲面轮廓铣。创建操作时，需要指定曲面的流曲线和交叉曲线形成网格驱动，加工时刀具沿着曲面的网格方向加工，其中流曲线确定刀具的单个行走路径，交叉曲线确定刀具的行走范围。

在"创建工序"对话框中选择"可变流线铣"按钮，打开如图7-87所示的"可变流线铣"对话框，该对话框中的选项和参数设置在本章中已有描述，这里需要特别说明的是"驱动方法"。在"驱动方法"栏中单击右边的"编辑"按钮，将打开如图7-88所示的"流线驱动方法"对话框，进行驱动方法的设置。

图7-87 "可变流线铣"对话框

图7-88 "流线驱动方法"对话框

"选择方法"包括"自动"和"指定"两个选项。"指定"选项可以通过手工选择流曲线和交叉曲线。

（1）流曲线：在如图7-88所示的对话框的"流曲线"栏中进行相关流曲线选择。单击"选择曲线"右边的"点对话框"按钮，打开"点"对话框，选择第一条流曲线，此时选择图7-89（a）中的"流1"曲线；然后单击"添加新集"按钮，添加新的曲线，继续单击"点对话框"按钮，打开"点"对话框，选择第二条流曲线，此时选择图7-89（a）中的"流2"曲线。

（2）交叉曲线：在如图7-88所示的对话框的"交叉曲线"栏中进行交叉曲线选择。单击"选择曲线"右边的"点对话框"按钮，打开"点"对话框，进行所需交叉曲线的选择，选择第一条交叉曲线，此时选择图7-89（b）中"十字1"曲线；然后单击"添加新集"按钮，添加新的曲线，继续单击"点对话框"按钮，打开"点"对话框，选择第二条交叉曲线，此时选择图7-89（b）中的"十字2"曲线。最终形成的流曲线和交叉曲线如图7-89（c）所示。

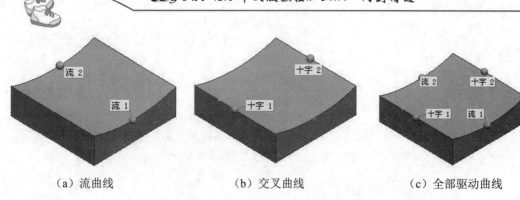

（a）流曲线　　　　　　　（b）交叉曲线　　　　　　（c）全部驱动曲线

图 7-89　选择流曲线和交叉曲线

（3）切削方向：限制了刀轨的方向和进刀时的位置，在如图 7-88 所示的对话框的"切削方向"栏中单击 按钮后，待加工部件上将显示"箭头"以供选择，所选择的箭头方向和在部件中的位置即为切削方向和进刀位置，如图 7-90（a）所示；选择后，将立刻显示刀轨方向，如图 7-90（b）所示。

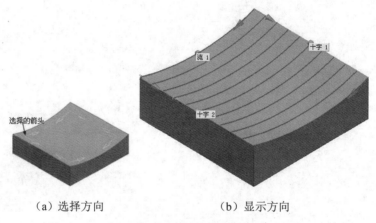

（a）选择方向　　　　　　　　　（b）显示方向

图 7-90　选择切削方向

（4）修剪和延伸：对切削刀轨的长度和步进进行适当的调整。"修剪和延伸"共有 4 个选项：开始切削%、结束切削%、起始步长%、结束步长%。输入值可正可负。对于"开始切削%"和"结束切削%"，输入正值使"修剪和延伸"方向与切削方向相同，负值则与切削方向相反；对于"起始步长%"和"结束步长%"，输入正值使"修剪和延伸"与步进方向相同，负值则与步进方向相反。

在图 7-90（a）中选择的方向如图 7-91 所示。保持"开始切削""结束切削%""起始步长%""结束步长%"为默认值即分别为 0、100、0、100，生成的刀轨如图 7-92 所示。

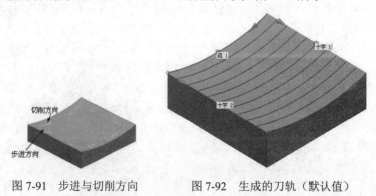

图 7-91　步进与切削方向　　　　　图 7-92　生成的刀轨（默认值）

保持"结束切削%""起始步长%""结束步长%"为默认值，如果"开始切削%"输入值为-10，即输入值为负，则延伸方向与切削方向相反，因此生成的刀轨如图 7-93（a）所示；如果"开始切削%"输入值为 10，即输入值为正，则延伸方向与切削方向相同，因此生成的刀轨如图 7-93（b）所示。

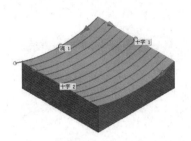
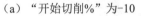
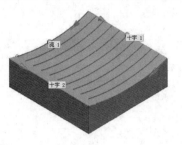

（a）"开始切削%"为-10　　　　　　（b）"开始切削%"为 10

图 7-93　"开始切削%"示意图

保持"开始切削%""结束切削%""结束步长%"均为默认值，如果"起始切削%"输入值为-10，生成的刀轨如图 7-94（a）所示，因为输入负值，延伸方向与切削方向相反；如果"开始切削%"输入值为-10，生成的刀轨如图 7-94（b）所示，因为输入正值，延伸方向与切削方向相同。

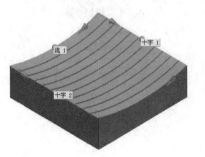
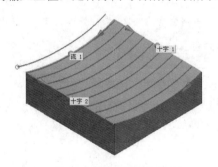

（a）"开始切削%"为-10　　　　　　（b）"开始切削%"为 10

图 7-94　"起始步长%"示意图

7.3　刀　　轴

"刀轴"用于定义固定和可变刀具轴的方向。图 7-95 显示了固定刀具轴和可变刀具轴。可以发现，固定刀具轴将保持与指定矢量平行，而可变刀具轴在沿刀轨移动时将不断改变方向。

（a）固定刀具轴　　（b）可变刀具轴　　（c）可变刀具轴

图 7-95　固定刀具轴和可变刀具轴

"刀轴"选项如图 7-96 所示。

特别是使用"曲面区域驱动方法"直接在驱动曲面上创建刀轨时,应确保正确定义材料侧矢量。材料侧矢量将决定刀具与驱动曲面的哪一侧相接触。材料侧矢量必须指向要切除的材料(与"刀具轴矢量"的方向相同)。"材料侧"示意图如图 7-97 所示。

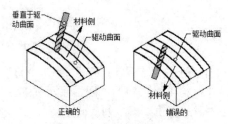

图 7-96 "刀轴"选项   图 7-97 "材料侧"示意图

7.3.1 远离点

"远离点"可定义偏离焦点的可变刀具轴,刀具轴离开一点,允许刀尖在零件垂直侧壁面切削。选择"远离点"将打开"点构造器"对话框来指定点。"刀具轴矢量"从定义的焦点离开并指向刀柄,"远离点"刀具轴(往复切削)如图 7-98 所示。

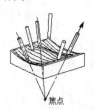

图 7-98 "远离点"刀具轴(往复切削)

"刀具方式"选择了"远离点"方式后,单击"点对话框"按钮,将打开"点"对话框,指定一合适点作为远离点。例如,对如图 7-99 所示的待加工部件进行切削,刀轴采用远离点方式,选择如图 7-100 所示的点作为远离点,驱动方法为"表面积驱动方法","投影方式"为"刀轴",生成的刀轨如图 7-101 所示。

图 7-99 待加工部件   图 7-100 指定的远离点

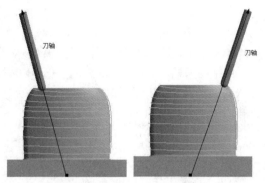

图 7-101 远离点刀轴

7.3.2 朝向点

"朝向点"可定义向焦点收敛的可变刀具轴,刀具轴指向一点,允许刀尖在限制空间切削。选择"朝向点"将打开"点"对话框来指定点。"刀具轴矢量"指向定义的焦点并指向刀柄,如图 7-102 所示。

"刀具方式"选择了"朝向点"方式后,单击"点对话框"按钮 ,打开"点"对话框,指定一合适点作为远离点。例如,对如图 7-103 所示的待加工部件进行切削时,刀轴采用远离点方式,选择该图中所示的点作为远离点,驱动方法为"曲面区域驱动方法",投影方式为"刀轴",生成的刀轨如图 7-104 所示。

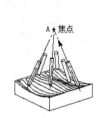

图 7-102 "朝向点"刀具轴(往复切削)

图 7-103 待加工部件

图 7-104 "朝向点"刀轴

7.3.3 远离直线

"远离直线"可定义偏离聚焦线的可变刀具轴。刀具轴沿聚焦线移动并与该聚焦线保持垂直。"刀具轴矢量"从定义的聚焦线离开并指向刀柄，如图 7-105 所示。在零件表面任何一点，刀具始终脱离聚焦线，加工过程中摆动不是太剧烈。刀具在平行平面间运动。

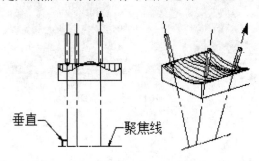

图 7-105　"远离直线"刀具轴（往复切削）

对如图 7-107 所示的待加工部件进行精加工切削，驱动方法为"表面积驱动方法"，切削模式为"往复"，刀轴选择 "远离直线"方法，同时打开如图 7-106 所示的"远离直线"对话框，定义聚焦线，刀轨如图 7-107（a）所示。其余参数设置和"曲面区域驱动方法"示例中相同。生成的刀轨如图 7-107（b）所示，在切削过程中刀具轴始终沿聚焦线移动，并与该聚焦线保持垂直。

图 7-106　"远离直线"对话框

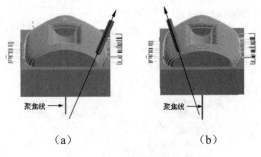

（a）　　　　　　　（b）

图 7-107　"远离直线"刀轨

7.3.4 朝向直线

"朝向直线"可定义向聚焦线收敛的可变刀具轴。刀具轴沿聚焦线移动，但与该聚焦线保持垂直。刀具在平行平面间运动。"刀具轴矢量"指向定义的聚焦线并指向刀柄，"朝向直线"刀具轴（往复切削）如图 7-108 所示。

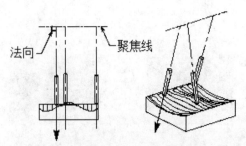

图 7-108　"朝向直线"刀具轴（往复切削）

7.3.5　相对于矢量

"相对于矢量"可定义相对于带有指定"前倾角"和"侧倾角"矢量的可变刀具轴，如图 7-109 所示。

图 7-109　相对于矢量

"前倾角"定义了刀具沿刀轨前倾或后倾的角度。正的角度值表示刀具相对于刀轨方向向前倾斜，负的角度值表示刀具相对于刀轨方向向后倾斜。由于前倾角基于刀具的运动方向，因此往复切削模式将使刀具在 Zig 刀路中向一侧倾斜，而在 Zag 刀路中向相反的另一侧倾斜。

"侧倾角"定义了刀具从一侧到另一侧的角度。正值将使刀具着沿切削方向右倾斜，负值将使刀具向左倾斜。与前倾角不同，侧倾角是固定的，它与刀具的运动方向无关。

7.3.6　垂直于部件

"垂直于部件"可定义在每个接触点处垂直于部件表面的刀具轴，定义了刀具轴始终与加工零件表面垂直的一种精加工方法，如图 7-110 所示。

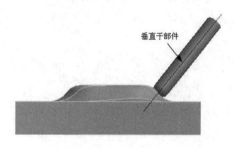

图 7-110　刀具轴垂直于部件表面

7.3.7　相对于部件

"相对于部件"可定义一个可变刀具轴，刀具轴相对工件的方法基于垂直于工件方法实现。此方法定义了前倾角和侧倾角。

它相对于部件表面的另一垂直刀具轴向前、向后、向左或向右倾斜。

正的前倾角表示刀具相对于零件表面法向方向向前倾斜；负的前倾角表示刀具相对于零件表面法向方向向后倾斜。

"侧倾角"定义了刀具从一侧到另一侧的角度，沿着切削方向观察，刀具向左右倾斜一个角度。刀具向右倾斜为正，刀具向左倾斜为负。由于侧倾角取决于切削的方向，因此在"往复切削类型"的 Zag 刀路中，侧倾角将反向。

图 7-111 显示了"相对于部件"的示意图。

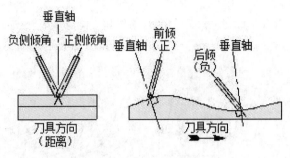

图 7-111 相对于部件

为"前倾角"和"侧倾角"指定的最小值和最大值将相应地限制刀具轴的可变性。这些参数将定义刀具偏离指定的前倾角或侧倾角的程度。例如，在图 7-112（a）中如果将前倾角定义为 20°，最小前倾角定义为 0°，最大前倾角定义为 30°，那么刀具轴可以正偏离前倾角正 5°，副偏离 20°。最小值必须小于或等于相应的"前倾角"或"侧倾角"的角度值；最大值必须大于或等于相应的"前倾角"或"侧倾角"的角度值。输入值可以是正值也可以是负值，但"前倾角"或"侧倾角"值，必须在最小值和最大值之间。

在图 7-112（b）中将"前倾角"设置为"负"，意味着刀具沿切削方向（往复切削中的 Zig 方向）后倾，如图 7-113（a）所示。"侧倾角"设置为"负"，意味着刀具沿切削方向（往复切削中的 Zig 方向）左倾，如图 7-113（b）所示。

（a）正值

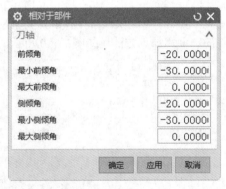

（b）负值

图 7-112 前倾角值和侧倾角值

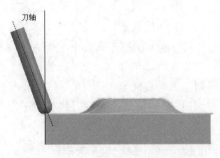

（a）前倾角

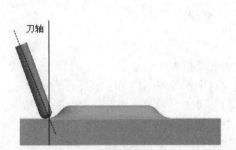

（b）侧倾角

图 7-113 前倾角和侧倾角

7.3.8　4轴，垂直于部件

"4轴，垂直于部件"可定义使用"4轴，垂直于部件"的刀具轴。该方法定义一个旋转轴和旋转角。刀具始终在垂直于旋转轴的平面加工，"旋转角度"定义相对零件法向方向再倾斜一个角度。图7-114针对上述相关概念进行了说明。顺着旋转轴方向观察，"旋转角度"正值向右倾斜。与"前倾角"不同，4轴旋转角始终向垂直轴的同一侧倾斜，它与刀具运动方向无关，但切削时刀具可绕旋转轴旋转。也就是说，"旋转角度"正值使刀具轴在Zig和Zag运动中向部件表面垂直轴的右侧倾斜，刀具始终在垂直于旋转轴的平行平面内运动。

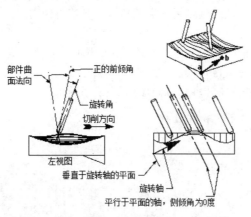

图7-114　"4轴，垂直于部件"示意图

在某个多轴铣操作对话框中，如果在"刀轴"栏中选择"4轴，垂直于部件"方式，单击右边的"编辑"按钮，打开如图7-115所示的"4轴，垂直于部件"对话框，选择"指定矢量"方式按钮，指定旋转轴，如图7-116所示的"旋转轴"方向。将"旋转角度"设置为30°，如图7-117所示。刀具始终在垂直于旋转轴的平行平面内运动，如图7-118所示。

  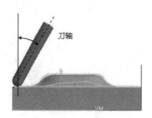

图7-115　"4轴，垂直于部件"对话框　　图7-116　"旋转轴"方向　　图7-117　旋转角度

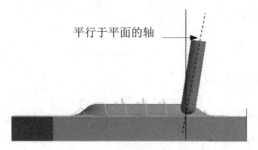

图7-118　沿刀轨刀具的方向

7.3.9　4轴，相对于部件

"4轴，相对于部件"的工作方式与"4轴，垂直于部件"基本相同，但增加了一个前倾角和一个侧倾角。由于是4轴加工方法，侧倾角通常保留为其默认值0°。

"前倾角"定义了刀具轴沿刀轨前倾或后倾的角度。正值表示刀具相对于刀轨方向向前倾斜，负值表示刀具相对于刀轨方向向后倾斜。

旋转角在前倾角基础上进行叠加运算。旋转角度始终保持在同一方向，前倾角随着加工方向变换方向。

"侧倾角"定义了刀具轴从一侧到另一侧的角度。正值将使刀具向右倾斜（按照切削方向），负值将使刀具向左倾斜。

在"可变轮廓铣"对话框中，如果在"刀轴"栏中选择"4轴，相对于部件"方式后，单击右边的"编辑"按钮，打开如图7-119所示的"4轴，相对于部件"对话框，"前倾角"设置为20°，"旋转角度"设置为10°，指定的"旋转轴"方向如图7-120所示。

图7-119　"4轴，相对于部件"对话框

图7-120　"旋转轴"方向

在"可变轮廓铣"对话框中如果切削模式为"往复"，当刀具进行 Zig 切削时，旋转角和前倾角相加；当改变切削方向进行 Zag 切削时，旋转角度和前倾角相减，前倾角和旋转角如图7-121所示。

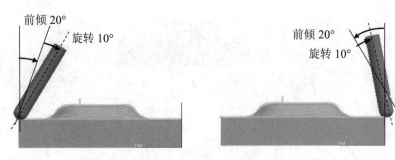

图7-121　前倾角和旋转角

7.3.10　双4轴，相对于部件

"双4轴，相对于部件"与"4轴，相对于部件"的工作方式基本相同。与"4轴，相对于部件"类似，可以指定一个4轴旋转角、一个前倾角和一个侧倾角。4轴旋转角将有效地绕一个轴旋转部件，这如同部件在带有单个旋转台的机床上旋转，但在双4轴中，可以分别为单向切削和回转切削定义以

上参数，"双 4 轴，相对于部件"对话框如图 7-122 所示。"双 4 轴，相对于部件"仅在使用往复切削类型时可用。

"旋转轴"定义了单向和回转平面，刀具将在这两个平面间运动，如图 7-123 所示。

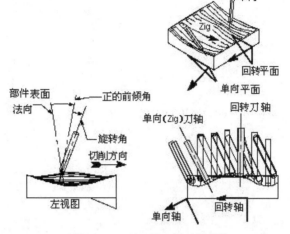

图 7-122　"双 4 轴，相对于部件"对话框　　　　图 7-123　双 4 轴，相对于部件

"双 4 轴，相对于部件"被设计为仅能与"往复切削类型"一起使用。如果试图使用任何其他驱动方法，都将出现一条出错消息。

"双 4 轴，相对于部件"与"4 轴，相对于部件"都将使系统参考部件表面或驱动曲面上的"曲面法向"。

除了参考驱动几何体而不是部件几何体外，"双 4 轴，相对于驱动体"与"双 4 轴，相对于部件"的工作方式完全相同。

选择"双 4 轴，相对于部件"后，需要输入相对于部件表面的前倾角、侧倾角和旋转角度，并分别为单向和回转切削指定旋转轴。

7.3.11　插补

刀具轴"插补"驱动方法一般用于加工如叶轮之类的零件，刀具运动受到空间的限制，必须有效控制刀具轴的方向以免发生干涉情况。

"插补"可通过矢量控制特定点处的刀轴，用于控制由非常复杂的驱动或部件几何体引起的刀轴过大变化，不需要创建其他的刀轴控制几何体，如点、线、矢量和光顺驱动曲面等。

可以根据需要定义从驱动几何体的指定位置处延伸的多个矢量，从而创建光顺的刀轴运动。驱动几何体上任意点处的刀轴都将被用户指定的矢量插补。指定的矢量越多，越容易对刀轴进行控制。需要注意的是，"可变轴曲面轮廓铣"中当使用"曲面驱动"方法时此选项才可用。

如果在"刀轴"栏中选择了"插补矢量"方法后，单击右边的"编辑"按钮，打开如图 7-124 所示的"插补矢量"对话框，其中各选项描述如下。

1．插值矢量

"插值矢量"选项可定义用于插补刀轴的矢量。根据所选择的"插值矢量"选项的不同，添加和编辑中所需的内容也不同。

Note

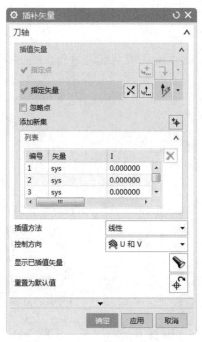

图 7-124　"插补矢量"对话框

在"插补矢量"对话框中单击"指定点"按钮，将打开如图 7-125 所示的"点"对话框。首先在驱动几何体上指定一个数据点。

在如图 7-126 所示的"矢量"对话框中指定一个从该点延伸的矢量，此选项将取决于驱动几何体的定义。

图 7-125　"点"对话框

图 7-126　"矢量"对话框

2. 插值方法

（1）线性：使用驱动点间固定的变化率来插补刀轴。线性插补的刀轴光顺性较差，但执行速度较快。

（2）三次样条：使用驱动点间可变的变化率来插补矢量。与"线性"选项相比，此选项可在全部所定义的数据点上生成更为光顺的刀轴更改。三次样条将插补中等光顺的刀轴，其执行速度也为中等。

（3）光顺：可以更好地控制生成的刀轨轴矢量。该方式将强调位于驱动曲面边缘的所有矢量，这将减小任何内部矢量的影响。如果需要完全控制驱动曲面时，此选项将尤其有用。光顺插补的刀轴光顺性非常高，但执行速度稍慢。

3. 显示已插值矢量

将显示插值矢量。如果使用"指定矢量"将在每个驱动点处显示刀轴矢量。

4. 重置为默认值

将移除所有已定义的数据点。如果在已添加数据点后要更改"指定点"选项，则可使用"重置为默认值"选项。

7.4 切 削 参 数

多轴铣的切削参数与轮廓铣等相似，主要包括策略、多刀路、余量、安全设置、空间范围、刀轴控制和更多等选项，"切削参数"对话框如图 7-127 所示，这里只介绍多轴铣中比较特殊的切削参数。

图 7-127 "切削参数"对话框

7.4.1 刀轴控制

在"切削参数"对话框中的"刀轴控制"选项中，可以进行相关参数设置，实现对刀轴的控制。刀轴控制选项包括以下内容。

1. 最大刀轴更改

"最大刀轴更改"能够控制由短距离中曲面法向突变导致的部件表面上刀轴的剧烈变化。它允许指定一个度数值来限制每一切削步长或每分钟内所允许的刀轴角度更改。"最大刀轴更改"仅对"可变轮廓铣"操作可用。

（1）每一步长：允许指定一个值来限制刀轴角度更改，以度/切削步长为单位。如果步长所需的刀轴更改超出指定限制，则可插入额外的更小步长以便不超出指定的每一步长"最大刀轴更改"值。图 7-128 说明了当指定非常小的"每一步长"值时如何插入额外的步长。小的"每一步长"值可产生更平滑的刀轴运动，从而产生更光滑的精加工表面。然而，若指定太小的"每一步长"值，则会使刀具驻留在一个区域的时间过长。

（2）每分钟：允许指定一个值限制每分钟内刀轴转过的角度，单位为度。它可以防止旋转轴在曲面中由于小的波状特征而出现过大的摆动，还可防止刀具在尖角处留下驻留痕迹。指定相对较小的值可使刀轴沿曲面法向的缓慢更改，并可产生带有较少刀轴更改的刀轨，如图 7-129 所示。

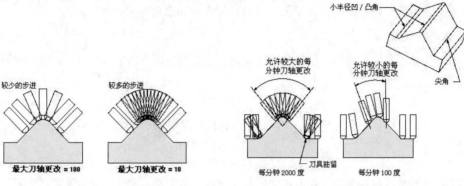

图 7-128　最大刀轴更改　　　　图 7-129　较小的值限制每分钟的刀轴更改

当刀轴依赖于曲面法向（如垂直于部件、相对于驱动、双 4 轴，相对于驱动体）以及当精加工带有尖角的曲面或当包含可被刀具以很大程度放大的细微波状特征时，应该使用此选项。将"插补"指定为刀轴时，"每分钟"是不可用的。

2．在凸角处抬刀

"在凸角处抬刀"可在切削运动通过凸边时提供对刀轨的附加控制，以防止刀具驻留在这些边上。当选中"在凸角处抬刀"复选框时，它可执行"重定位退刀/移刀/进刀"序列，如图 7-130 所示。可指定"最小刀轴更改"，它确定将触发退刀运动的刀轴变化。任何所需的刀轴调整都将在转移运动过程中进行。

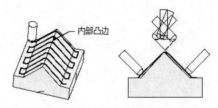

图 7-130　在凸角处抬刀

3．最小刀轴更改

指定一个刀轴角度变化的最小值，以度为单位。

7.4.2　最大拐角角度

"最大拐角角度"是专用于"固定轮廓铣"的切削参数。为了在跨过内凸边进行切削时对刀轨进行额外的控制，可指定最大拐角角度，以免出现抬起动作，最大拐角角度如图 7-131 所示。此抬起动作将输出为切削运动。

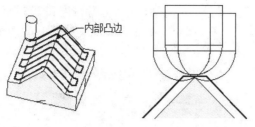

图 7-131　最大拐角角度

7.4.3　切削步长

"切削步长"是专用于轮廓铣的切削参数。在"切削参数"对话框中的"更多"选项中，可以进行参数设置。切削步长可控制壁几何体上的刀具位置点之间沿切削方向的线性距离，切削步长如图 7-132 所示。步长越小，刀轨沿部件几何体轮廓的移动就越精确。只要步长不违反指定的部件内公差/部件外公差值，系统就会应用为"切削步长"输入的值。

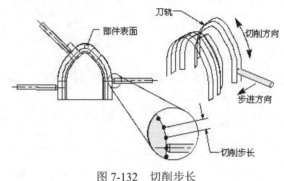

图 7-132　切削步长

7.5　非切削移动

"非切削移动"允许指定运动，以便将刀具定位于切削运动之前、之后和之间。非切削运动可以简单到单个的进刀和退刀，或复杂到一系列定制的进刀退刀和转移（分离、移刀、逼近）运动，如图 7-133 所示。这些运动的设计目的是协调刀路之间的多个部件曲面、检查曲面和抬起操作。

要实现精确的刀具控制，所有非切削运动都是在内部向前（沿刀具运动方向）计算的，如图 7-134 所示。但是进刀和逼近除外，因为它们是从部件曲面开始向后构建的，以确保切削之前与部件的空间关系。

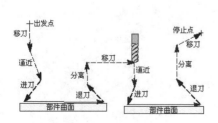

图 7-133　非切削移动

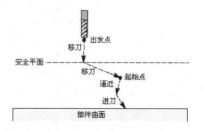

图 7-134　移刀运动的向前构造

非切削移动适用于所有的固定轴曲面轮廓铣操作及除深度加工 5 轴铣以外的所有可变轴操作。在如图 7-135 所示的"非切削移动"对话框中，包括"进刀"、"退刀"、"转移/快速"、"避让"和"更多"等选项卡。

图 7-135 "非切削移动"对话框

7.5.1 进刀和退刀

"进刀"和"退刀"允许指定与向部件曲面的来回运动相关联的参数。所定义的参数与进刀和退刀的特定工况相关联。"进刀类型"允许指定刀轨的形状，可指定线性、圆弧或螺旋状的刀轨，如图 7-136 所示。

1. 线性进刀

线性进刀包括"线性""线性-沿矢量""线性-垂直于部件"3 个选项。选择"线性-沿矢量"进刀类型后，将激活"矢量"构造器进行矢量的指定。"线性"进刀会使刀具直接沿着指定的线性方向进刀或退刀，如图 7-137 所示。

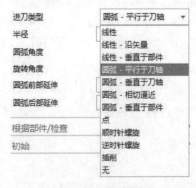

图 7-136 进刀类型

图 7-137 直线运动

2. 圆弧进刀

圆弧进刀包括"圆弧-垂直于部件""圆弧-平行于刀轴""圆弧-垂直于刀轴""圆弧-相切逼近"等选项。圆弧进刀允许同时指定半径、圆弧角度和线性延伸（距离）。系统会通过始终保持指定的半径并调整为使用更大的距离来解决这些值之间的冲突问题，如图 7-138 所示。在图 7-138（a）中系统延伸了距离以保持指定的弧半径，而在图 7-138（b）中系统保持指定的距离和弧半径，但是通过与弧相切的刀具直线运动将它们连接起来。通过以这种方法解决半径和距离之间的冲突，系统可始终确定安全的间距。

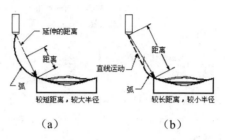

图 7-138　系统解决半径和距离之间的冲突

（1）圆弧-垂直于部件：使用进刀或退刀矢量以及切削矢量来定义包含圆弧刀具运动的平面。弧的末端始终与切削矢量相切，如图 7-139 所示。

（2）圆弧-平行于刀轴：使用进刀或退刀矢量和刀具轴来定义包含弧刀具运动的平面，弧的末端不必与切削矢量相切，如图 7-140 所示。

（3）圆弧-垂直于刀轴：使用垂直于刀具轴的平面来定义包含弧刀具运动的平面，弧的末端垂直于刀具轴，但是不必与切削矢量相切，如图 7-141 所示。

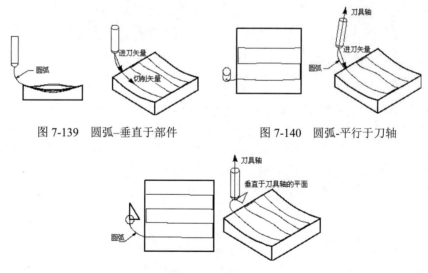

图 7-139　圆弧–垂直于部件　　　　图 7-140　圆弧-平行于刀轴

图 7-141　圆弧-垂直于刀轴

（4）圆弧-相切逼近：使用逼近运动末端的相切矢量和切削矢量来定义包含弧刀具运动的平面，弧运动将同时与切削矢量和逼近运动相切，如图 7-142 所示。

圆弧进刀类型需要指定进刀时的"半径"和"线性延伸"如图 7-143 所示。"半径"允许通过键入值来指定圆弧和螺旋进刀的半径。如果指定的半径和指定的距离之间有冲突，则系统会保持使用半径并调整"线性延伸"距离来解决进刀问题。

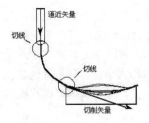

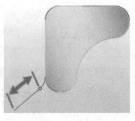

（a）半径　　　　　　　（b）线性延伸

图 7-142　圆弧-相切逼近　　　　　　　　图 7-143　半径和线性延伸

（5）圆弧进刀参数：除了包含半径和圆弧角度外，还包括以下内容。

① 旋转角度：是与部件表面相切的平面中，从第一个接触点开始测量的，如图 7-144 所示。如果旋转角度为正数，则会使该运动背离部件壁。如果有多条刀路，那么，在旋转角度为正数时，还会使该运动背离下一个切削运动。当部件不可用时，正旋转角度会使该运动向右旋转。 如果指定负数旋转角度，则会沿着相反的方向旋转。

② 斜坡角度："旋转角度"矢量从与部件表面相切的平面提升的高度，如图 7-145 所示。如果旋转角度为正数，则会朝着刀轴向上运动。如果旋转角度为负数，则会背离刀轴向下运动。

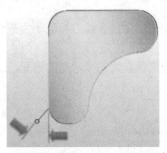

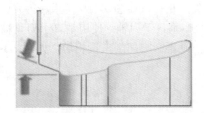

图 7-144　"旋转角度"示意图　　　　　　图 7-145　"斜坡角度"示意图

3．顺时针（逆时针）螺旋

可在固定轴下降到材料中时产生以圆形倾斜的进刀，螺旋的中心线始终平行于刀具轴，此选项最好与允许进刀轴周围存在足够材料的"跟随腔体"或"同心弧"等切削方式一起使用，以避免过切边界壁或检查曲面，如图 7-146 所示。"螺旋"仅对于进刀运动可用。螺旋进刀的陡峭度取决于斜坡度值，斜坡度指定了螺旋线进刀的陡峭度。系统可能会稍微减小所指定的倾斜角度以创建完整的螺旋线旋转。该角度参照于螺旋中心线垂直的平面，如图 7-147 所示。

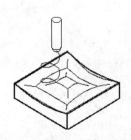

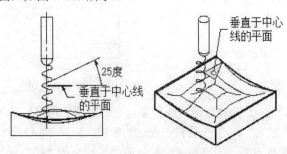

图 7-146　螺旋逆铣（跟随腔体）　　　　　图 7-147　最大倾斜角度 25°

7.5.2 转移/快速

"转移"和"快速"允许指定退刀后和进刀前发生的非切削运动,如图 7-148 所示。对于固定轴曲面轮廓铣操作来说,所有的"逼近"和"离开"运动都限制在沿着刀轴运动。

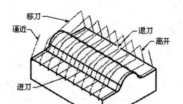

图 7-148 逼近和分离

当需要指定不同于进刀和退刀的进给率和方向时,定义"逼近"和"离开"很有用。在图 7-148 中,逼近和分离用于抬起移刀,以允许刀具从部件的一侧迅速移动到另一侧并避开部件曲面。需要注意的是,进刀和退刀距离保持为最小,因为它们使用较慢的进给率。

"转移/快速"选项卡中的相关选项设置如图 7-149 所示。

1. 逼近和离开

"逼近"组指定进刀前发生的移动。"离开"组指定退刀后发生的移动。逼近方法如图 7-150 所示。离开方法和逼近方法相对应。

图 7-149 "转移/快速"选项卡

图 7-150 逼近方法

(1) 沿矢量:选择"沿矢量"方法后,将同时激活指定矢量、距离、刀轴等选项,进行矢量的设置,如图 7-151 所示。"距离"指定了逼近点与进刀点的距离,"刀轴"包括"无更改"和"指定刀轴"两个选项。"沿矢量"使用矢量构造器将逼近或离开矢量指定为任何所需的方位,沿矢量逼近和离开(指定矢量)如图 7-152 所示。

（2）沿刀轴：使逼近或分离矢量的方向与刀轴一致，沿刀轴逼近和离开（竖直刀轴）如图7-153所示。

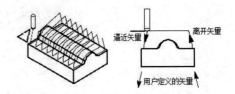

图7-151　"沿矢量"逼近选项　　　　　　　图7-152　沿矢量逼近和离开（指定矢量）

沿刀轴逼近和离开（安全圆柱）说明了沿安全圆柱的矢量方向进行的逼近和分离移动，如图7-154所示。

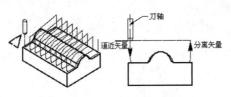

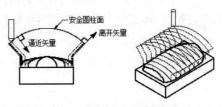

图7-153　沿刀轴逼近和离开（竖直刀轴）　　　图7-154　沿刀轴逼近和离开（安全圆柱）

（3）"刀轴"参数：在"沿矢量"逼近选项对话框中，出现了"刀轴"选项需要进行适当的设置。"刀轴"包括"无更改"和"指定刀轴"两个选项，使用这两个选项可指定逼近运动开始处和分离运动结尾处的刀具轴方向。仅当使用"可变轮廓铣"时这些选项才可用。分别说明如下。

① 无更改：使逼近移动开始时的刀轴方位与进刀移动刀轴的方位相同，如图7-155所示。分离移动结束时的刀轴方位与退刀移动刀轴的方位相同。

② 指定刀轴：使用矢量构造器来定义逼近运动开始处和分离运动结尾处的刀具轴方向。刀轴在逼近移动过程中会更改方位，但是在进刀移动过程中方位不改变。图7-156显示了逼近运动开始处的刀具轴方向是如何由矢量定义的。请注意，刀具轴在逼近运动过程中会改变方向，但是在进刀运动过程中方向不改变。刀具轴控制允许控制逼近过程中刀具轴方向的改变量。

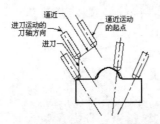

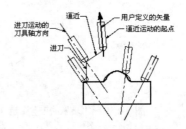

图7-155　逼近移动方向指定为"无更改"　　　图7-156　逼近运动方向为"指定刀轴"

2. 移刀

"移刀"可指定刀具从离开终点（如果离开设置为"无"，则为退刀终点；或者是初始进刀的出发点）到逼近起点（如果逼近设置为"无"，则为进刀起点；或者是最终退刀的回零点）的移动方式。

通常，移刀发生在进刀和退刀之间或分离和逼近之间。

图 7-157 显示了退刀和进刀之间发生的、沿同一单向切削方向的 4 个移刀运动序列。移刀通常发生在分离和逼近之间，为简化起见，该图中只显示了进刀和退刀。运动 1、2 和 3 是中间移刀，运动 4 是最终移刀。此例中，由三个中间移刀和一个最终移刀组成的相同序列发生在刀轨的每个进刀和退刀之间。

移刀 1 的参数将指定刀具沿着固定的刀具轴运动到安全平面 A；移刀 2 的参数可指定刀具直接运动到安全点 B；移刀 3 的参数可指定刀具沿着固定的刀具轴运动到安全平面 A，移刀 4（末端移刀）的参数可指定刀具直接运动到进刀的起点。

3. 最大刀轴更改

在"转移/快速"对话框中的"距离"限制逼近和离开过程中每次刀具移动刀轴方位可以更改的范围。如果刀轴的更改大于指定的限制，则系统会插入中间刀具位置处。此选项仅在可变轴轮廓铣中有效。图 7-158 说明了逼近移动开始时刀轴的方位，该方位与进刀移动的刀轴方位不同。"最大刀轴更改"允许刀轴沿着逼近路线移动时逐渐更改其方位。

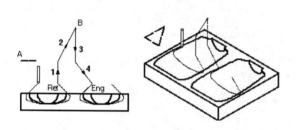

图 7-157　沿同一单向切削方向的移刀

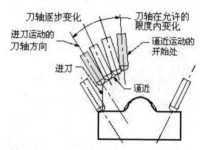

图 7-158　逼近移动的刀轴控制

7.5.3　公共安全设置

"公共安全设置"允许为进刀、退刀、逼近、离开和移刀的各种工况指定安全几何体。进刀和逼近运动开始于定义的安全几何体，而所有其他运动则终止于定义的安全几何体。

安全几何体可定义为点、平面、球及圆柱边框等，"公共安全设置"选项卡如图 7-159 所示。此外，如果几何体组中定义了安全平面，则它可用作"使用继承的"选项。

图 7-159　"公共安全设置"选项卡

只要定义了安全几何体，每个实体（点、平面、球或圆柱）就可以与每个非切削运动的特定工况相关联。安全几何体创建之后，不能编辑它，只能将其删除，仅当安全几何体未用于当前运动中时才能将其删除。

Note

1. 自动平面

"自动平面"可在安全距离值处创建一个安全平面,该值须在由指定部件和检查几何体(包括部件余量和检查余量)定义的最高点之上。在图 7-159 "公共安全设置"选项卡中选择"自动"方式后将激活"安全距离"选项,可输入数值。安全距离是由输入的"安全距离"值与部件偏置距离之和确定的。如果未定义部件几何体,则以驱动曲面为参考来确定"自动"安全平面的位置。图 7-160 为利用"自动"方式生成的安全平面。

2. 点

"点"允许通过使用"点"对话框将关联或不关联的点指定为安全几何体,如图 7-161 所示。

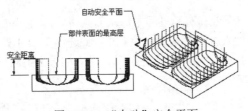
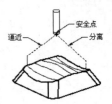

图 7-160　"自动"安全平面　　　　　　　图 7-161　用于逼近和分离的安全点

3. 平面

"平面"允许通过使用"平面"对话框将关联或不关联的平面指定为安全几何体,如图 7-162 所示。

4. 球

"球"允许通过使用"点"对话框输入半径值和指定球心来将球指定为安全几何体,如图 7-163 所示。

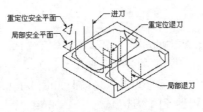
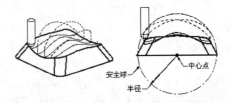

图 7-162　安全平面　　　　　　　　图 7-163　用于进刀和退刀的安全球

注意:除了对球的进刀和退刀外,进刀和退刀之间的移刀会沿着球的几何轮廓运动。

5. 圆柱

"圆柱"允许通过使用"点"对话框输入半径值和指定中心,并使用"矢量子"构造器指定轴,从而将圆柱指定为安全几何体,此圆柱的长度是无限的,如图 7-164 所示。

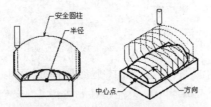

图 7-164　用于逼近和分离的安全圆柱

> **注意：** 除了对圆柱的进刀和退刀外，进刀和退刀之间的移刀会沿着圆柱的几何轮廓运动。

7.6 多轴铣加工示例

对如图 7-165 所示的待加工部件进行多轴铣加工。

1. 创建毛坯

（1）在建模环境中，单击"视图"选项卡"可见性"面板中的"图层设置"按钮 ，打开"图层设置"对话框。选择图层"2"为工作图层，单击"关闭"按钮。

（2）单击"主页"选项卡"特征"面板中的"拉伸"按钮 ，打开"拉伸"对话框，选择加工部件的底部 4 条边线为拉伸截面，指定矢量方向为"YC"，输入开始距离和结束距离分别为 0 和 70，其他采用默认设置，单击"确定"按钮，生成毛坯，如图 7-166 所示。

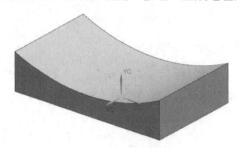

图 7-165 加工部件

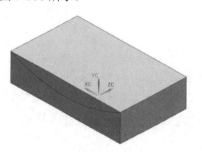

图 7-166 毛坯

2. 创建几何体

（1）单击"应用模块"选项卡"加工"面板中的"加工"按钮 ，打开"加工环境"对话框，在"CAM 会话配置"列表框中选择"cam_general"，在"要创建的 CAM 组装"列表框中选择"mill_multi-axis"，单击"确定"按钮，进入加工环境。

（2）在上边框条中选择"几何视图"按钮 ，在显示的"工序导航器-几何"中双击"WORKPIECE"，打开"工件"对话框。单击"选择和编辑部件几何体"按钮 ，选择如图 7-165 所示的待加工部件。单击"选择和编辑毛坯几何体"按钮 ，选择如图 7-166 所示的毛坯，单击"确定"按钮。

3. 创建刀具

（1）单击"主页"选项卡"刀片"面板中的"创建刀具"按钮 ，打开"创建刀具"对话框，在"类型"栏中选择"mill_multi-axis"；在"刀具子类型"栏中选择"MILL"；输入"名称"为 END10，单击"确定"按钮。

（2）打开"铣刀-5 参数"对话框，输入"直径"为 10，其他采用默认设置，单击"确定"按钮，创建 END10 刀具。

4. 创建工序

（1）单击"主页"选项卡"刀片"面板中的"创建工序"按钮 ，打开如图 7-167 所示的"创建工序"对话框，在"类型"栏中选择"mill_multi-axis"；在"工序子类型"栏中选择"可变轮廓铣"；在"位置"栏中选择"刀具"为"END10"，"几何体"为"WORKPIECE"；其他采用默认设置，单击"确定"按钮。

Note

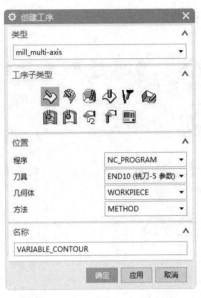

图 7-167 "创建工序"对话框

（2）打开如图 7-168 所示的"可变轮廓铣"对话框，在"驱动方法"栏的"方法"中选择"曲面区域"，打开如图 7-169 所示的"驱动方法"提示对话框，单击"确定"按钮。

图 7-168 "可变轮廓铣"对话框

图 7-169 "驱动方法"提示对话框

（3）打开如图 7-170 所示的"曲面区域驱动方法"对话框，单击"选择或编辑驱动几何体"按钮，打开"驱动几何体"对话框，指定驱动几何体，如图 7-171 所示。单击"确定"按钮，返回"曲面区域驱动方法"对话框中，设置"切削区域"为"曲面%"，"刀具位置"为"相切"；在"驱动设置"栏中设置"切削模式"为"往复"，"步距"为"数量"，"步距数"为 30；在"更多"栏中设置"切削步长"为"数量"，"第一刀切削"为 10，"最后一刀切削"为 10，"过切时"为"无"，单击"确定"按钮。

Note

图 7-170　"曲面区域驱动方法"对话框

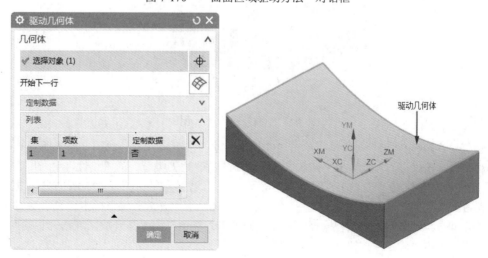

图 7-171　指定驱动几何体

（4）在"可变轮廓铣"对话框中，在"刀轴"栏中设置"轴"为"插补矢量"，打开"插补矢量"对话框，在列表中选择矢量，单击"反向"按钮 ⊠，调整矢量方向，生成的插补矢量如图 7-172 所示。

（5）在"插补矢量"对话框中单击"显示已插值矢量"按钮 ✎，对插补驱动点进行显示查看，单击"确定"按钮，生成的插补驱动点如图 7-173 所示。

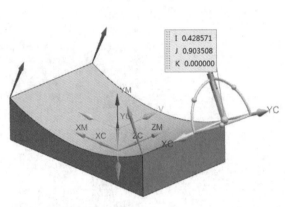

图 7-172　插补矢量示意图

图 7-173　插补驱动点示意图

（6）在"可变轮廓铣"对话框中单击"非切削移动"按钮 ▦，打开如图 7-174 所示的"非切削移动"对话框，在"进刀"选项卡"开放区域"栏中设置"进刀类型"为"线性"，"长度"为"50%刀具"，在"根据部件/检查"栏中设置"进刀类型"为"线性"，"长度"为"50%刀具"，在"初始"栏中设置进刀类型为"与开放区域相同"；在"退刀"选项卡"开放区域"栏中设置"退刀类型"为"与进刀相同"，设置"根据部件/检查"和最终的"退刀类型"为"与开放区域退刀相同"；其他采用默认设置，单击"确定"按钮。

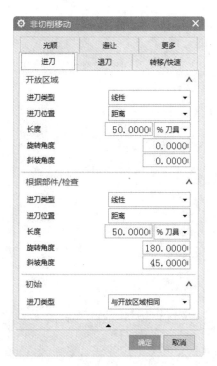

（a）"进刀"选项卡

（b）"退刀"选项卡

图 7-174　"非切削移动"对话框

（7）在"可变轮廓铣"对话框中单击"生成"按钮 ，然后单击"确认"按钮 ，打开"刀轨可视化"对话框，生成的刀轨如图 7-175 所示。

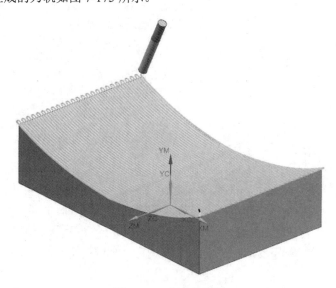

图 7-175　生成的刀轨

第 3 篇

车削加工篇

本篇将在读者熟练掌握上一篇 UG 铣削加工相关知识的基础上，进行各种类型零件的车削加工方法与技巧的讲解。先简要讲解车削加工基础知识，然后按从易到难的顺序分别讲解外径粗车、车螺纹和中心线钻孔的加工操作思路与方法。

通过本篇的学习，读者可以完整掌握 UG 中车削加工的操作设计方法与技巧，达到熟练使用 UG 进行车削加工的学习目的。

第 **8** 章

车削加工基础

数控车削主要用于加工回转体零件的内圆柱面、外圆柱面等，也可以加工回转体零件的端面以及内外螺纹。数控车床由于具有高效率、高精度和高柔性的特点，在机械制造业中得到日益广泛的应用，成为目前应用最广泛的数控机床之一。本章主要介绍数控车削加工的基础知识。

☑ 数控车削加工概述　　　　　　☑ 几何体
☑ 车刀　　　　　　　　　　　　☑ 创建车削工序

任务驱动&项目案例

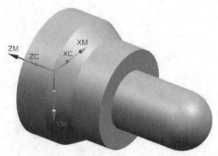

8.1 数控车削加工概述

数控车床是高精度和高生产率的自动化机床，典型数控车床的结构系统主要包括主轴传动机构、进给传动机构、刀架、床身、辅助装置（刀具自动交换机构、润滑与切削液装置、排屑、过载限位）等部分，能加工各种形状的回转体零件。数控车削的加工流程和其他的数控加工流程相似，首先是几何造型，然后对其进行加工工艺的分析，再进行刀位轨迹的生成和一些后置处理，最后进行程序的输出。而加工工艺的好坏将直接影响到加工的质量。

8.1.1 数控车削加工工艺基础

车削加工工艺路线的拟订是制定车削工艺规程的重要内容之一，其主要内容包括确定进给路线、选择给加工表面的加工方法、划分加工阶段、划分工序以及安排工序的先后顺序等。设计者应根据从生产实践中总结的综合性工艺原则结合本单位的生产条件，提出几种方案，通过比较分析选择最佳的方案。一般遵循以下的原则。

（1）加工路线确定时应保证被加工零件的精度和表面粗糙度，以及效率较高；使数值计算简单，以减少编程工作量；应使加工路线最短，这样既可以减少程序段，又可以减少空刀时间。确定进给路线的工作重点，主要在于确定粗加工及空行程的进给路线，因精加工切削过程的进给路线基本上都是沿其零件轮廓顺序进行的。

（2）机械零件的结构形状是多种多样的，但它们都是由平面、圆柱面、曲面等基本表面组成。每一种表面都有多种加工方法，在数控车床上，能够完成内外回转体表面的车削、钻孔、镗孔、铰孔和攻螺纹等加工操作，具体选择时应根据零件的加工精度、表面粗糙度、材料、结构形状、尺寸以及生产等因素，选用相应的加工方法和方案。

（3）零件的加工过程按工序性质不同，可分为粗加工、半精加工、精加工和光整加工 4 个阶段。当然加工阶段的划分也不应绝对化，应根据零件的质量要求、结构特点和生产的纲领而灵活掌握。对加工质量要求不高、工件刚性好、毛坯精度高、生产纲领不大时，可不必划分加工阶段，对刚性好的重型工件，由于装夹以及运输费时，也常在一次装夹下完成全部粗、精加工。对于不划分加工阶段的工件，为减少粗加工中产生的各种变形对加工质量的影响，在粗加工后，松开夹紧机构，停留一段时间，让工件充分变形，然后再用较小的夹紧力重新夹紧，进行精加工。

（4）工序的划分可以采用两种不同的原则，即工序集中原则和工序分散原则。工序集中原则是指每道工序尽可能多的加工内容，从而使工序的总数减少；工序分散原则就是将工件的加工分散在较多的工序内进行，每道工序的加工内容很少。在数控车床上加工零件要按工序集中的原则划分，在一次安装下尽可能完成大部分甚至全部表面的加工。

（5）车削加工顺序一般遵循先粗后精、先近后远、内外交叉、基面先行的原则，即按照粗车→半精车→精车的顺序进行，逐步提高加工精度；在一般情况下，离对刀点近的部位先加工，离对刀点远的部位后加工，以便缩短刀具移动距离，减少空行程时间；对既有内表面又有外表面要加工的零件，安排加工顺序时，应先进行内表面粗加工，后进行外表面精加工。切不可将零件上一部分表面加工完毕后，再加工其他表面；用作精基准的表面应优先加工出来，因为定位基准的表面越精确，装夹误差就越小。

8.1.2 数控车削加工编程基础

1．数控车床编程概述

在数控车床上，一些传统加工过程中的人工操作被数控系统所取代，其工作过程大概如下：首先根据要被加工的零件图上的几何信息和工艺信息编成数控车削加工程序，将数控程序输入数控系统；数控系统按照程序的要求，进行相应的处理，发出控制命令，实现刀具与工件的相对运动，从而完成零件的加工。

数控车床编程过程中，既可以采用相对值编程，也可以采用绝对值编程。一般数控车床的数控系统中都具有刀具自动补偿的功能。

2．坐标系的确定

为了便于编程时描述机床的运动，简化程序的编制方法以及保证数据的互换性，数控车床的坐标和运动方向均已标准化。我国现在执行的是中国机械工业联合会颁布的 GB/T 19660—2005《工业自动化系统与集成机床数值控制坐标系和运动命名》。数控系统的坐标系主要有机床坐标系和工件坐标系。

（1）机床坐标系。

机床坐标系是机床上的一个固定的坐标系，在机床制造好后便已确定，标准的车床坐标系统是右手笛卡儿直角坐标系统，其原点一般取在卡盘端面与主轴中心线的交点处。与主轴轴线平行的为 Z 轴；X 轴是水平的，它平行于工件装夹面，是刀具或工件定位平面内运动的主要坐标；根据笛卡儿原则，在确定 Z 轴、X 轴后就可以确定 Y 轴了。

（2）工件坐标系。

工件坐标系主要是为了编程方便而使用的坐标系，故又可以称为编程坐标系。其坐标零点就是工件的原点，一般在主轴回转中心与工件端面的交点上。

3．车床编程常用指令

一个数控程序一般由程序开始、程序内容、程序结束指令等 3 部分组成。常用程序号表示程序开始，程序号由地址符字母加表示程序号的数值组成，程序号必须放在程序之首。程序内容部分是整个程序的核心部分，由若干程序段组成，表示数控车床要完成的全部动作。程序结束指令则构成最后的程序段。数控程序主要由准备功能 G 指令、辅助功能 M 指令等组成。

（1）地址字母表。

程序号加上若干个程序字就可组成一个程序段。在程序段中表示地址的英文字母含义如表 8-1 所示，可以分为表示尺寸字地址的 X、Y、Z、U、V、W、P、Q、I、J、K、A、B、C、D、E、R、H 等字母和表示非尺寸字地址的 N、G、F、S、T、M、L、O 等字母。

表 8-1　地址字母表

地址	功能	意义	地址	功能	意义
A	坐标字	绕 X 轴旋转	G	准备功能	指令动作方式
B	坐标字	绕 Y 轴旋转	H	补偿号	补偿号的指定
C	坐标字	绕 Z 轴旋转	I	坐标字	圆弧中心 X 轴向坐标
D	补偿号	刀具半径补偿指令	J	坐标字	圆弧中心 Y 轴向坐标
E	进给速度	第二进给功能	K	坐标字	圆弧中心 Z 轴向坐标
F	进给速度	进给速度的指令	L	重复次数	固定循环及子程序的重复次数

地　址	功　能	意　　义	地　址	功　能	意　　义
M	辅助功能	机床开/关指令	T	刀具功能	刀具编号的指令
N	顺序号	程序段顺序号	U	坐标字	与 X 轴平行的附加轴的增量坐标值或暂停时间
O	程序号	程序号、子程序号的指定	V	坐标字	与 Y 轴平行的附加轴的增量坐标值
P	参数	暂停或程序中某功能开始使用的顺序号	W	坐标字	与 Z 轴平行的附加轴的增量坐标值
Q	参数	固定循环终止段号或固定循环中的定距	X	坐标字	X 轴的绝对坐标值或暂停时间
R	坐标字	固定循环中定距离或圆弧半径的指定	Y	坐标字	Y 轴的绝对坐标值
S	主轴功能	主轴转速的指令	Z	坐标字	Z 轴的绝对坐标值

现在数控系统版本比较多，以上的各个字母在不同数控系统中可能有一些不同。

（2）准备功能 G 指令及含义。

G 指令的作用是建立数控机床工作方式，用来规定刀具和工件的相对运动轨迹、刀具补偿坐标偏置等多种加工操作。G 功能有模态 G 功能和非模态 G 功能，非模态 G 功能只在所规定的程序段中有效，程序段结束时被注销；模态 G 功能是指一组可相互注销的模态 G 功能，其中某一 G 功能一旦被执行，则一直有效，直到被同一组的另一 G 功能注销为止。我国标准 GB/T19660—2005 中规定的主要 G 指令及含义如表 8-2 所示。

表 8-2　准备功能 G 指令及含义（符合 GB/T19660—2005）

代　　码	功　　能	代　　码	功　　能
G00	点定位	G35	螺纹切削，减螺距
G01	直线插补	G36～G39	永不指定
G02	顺时针方向圆弧插补	G40	刀具补偿/刀具偏置注销
G03	逆时针方向圆弧插补	G41	刀具补偿—左
G04	暂停	G42	刀具补偿—右
G05	不指定	G43	刀具偏置—正
G06	抛物线插补	G44	刀具偏置—负
G07	不指定	G45	刀具偏置+/+
G08	加速	G46	刀具偏置+/-
G09	减速	G47	刀具偏置-/-
G10～G16	不指定	G48	刀具偏置-/+
G17	XY 平面选择	G49	刀具偏置 0/+
G18	ZX 平面选择	G50	刀具偏置 0/-
G19	YZ 平面选择	G51	刀具偏置+/0
G20～G32	不指定	G52	刀具偏置-/0
G33	螺纹切削，等螺距	G53	直线偏移，注销
G34	螺纹切削，增螺距	G54	直线偏移 X

Note

续表

代　码	功　能	代　码	功　能
G55	直线偏移 Y	G70～G79	不指定
G56	直线偏移 Z	G80	固定循环注销
G57	直线偏移 XY	G81～G89	固定循环
G58	直线偏移 XZ	G90	绝对尺寸
G59	直线偏移 YZ	G91	增量尺寸
G60	准确定位 1（精）	G92	预置寄存
G61	准确定位 2（中）	G93	时间倒数，进给率
G62	快速定位（粗）	G94	每分钟进给
G63	攻丝	G95	主轴每转进给
G64～G67	不指定	G96	恒线速度
G68	刀具偏置，内角	G97	每分钟转数（主轴）
G69	刀具偏置，外角	G98～G99	不指定

几个常用准备功能指令的具体含义如下。

- ☑ G00：快速点定位指令。刀具快速移动，从刀具当前点移到目标点，刀具处于非加工状态。
- ☑ G01：直线插补指令。刀具以进给速度从当前点以直线运动移动到目标点，刀具处于加工状态。
- ☑ G02：顺时针方向圆弧插补指令。刀具从圆弧的起点顺时针沿圆弧移动到圆弧的终点。
- ☑ G03：逆时针方向圆弧插补指令。刀具从圆弧的起点逆时针沿圆弧移动到圆弧的终点。
- ☑ G04：暂停指令。刀具做短时间的停顿。
- ☑ G90：绝对坐标系指令。尺寸为绝对坐标值，即从编程坐标原点开始计算的坐标值。
- ☑ G91：相对坐标系指令。尺寸为相对坐标值，即坐标值为相对于前一个点的值。
- ☑ G92：工件坐标系指令。设定程序起始时刀具中心在工件坐标系中所处的位置，同时也是工件原点位置。

（3）辅助功能 M 指令及含义。

M 指令是用于控制数控机床"开、关"功能的指令，主要完成加工时的辅助动作。我国标准 GB/T19660—2005 中规定的主要 M 指令及含义如表 8-3 所示。

表 8-3　辅助功能 M 指令及含义（符合 GB/T19660—2005）

代　码	功　能	代　码	功　能
M00	程序暂停	M10	夹紧
M01	计划停止	M11	松开
M02	程序结束	M12	不指定
M03	主轴顺时针方向	M13	主轴顺时针方向，冷却液开
M04	主轴逆时针方向	M14	主轴逆时针方向，冷却液开
M05	主轴停止	M15	正运动
M06	换刀	M16	负运动
M07	2 号冷却液开	M17～M18	不指定
M08	1 号冷却液开	M19	主轴定向停止
M09	冷却液关	M20～M29	永不指定

代　码	功　能	代　码	功　能
M30	纸带结束	M52～M54	不指定
M31	互锁旁路	M55	刀具直线位移，位置 1
M32～M35	不指定	M56	刀具直线位移，位置 2
M36	进给范围 1	M57～M59	不指定
M37	进给范围 2	M60	更换工作
M38	主轴速度范围 1	M61	工件直线位移，位置 1
M39	主轴速度范围 2	M62	工件直线位移，位置 2
M40～M45	如有需要，可作为齿轮换挡，此外不指定	M63～M70	不指定
M46～M47	不指定	M71	工件角度位移，位置 1
M48	注销 M49	M72	工件角度位移，位置 2
M49	进给率修正旁路	M73～M89	不指定
M50	3 号冷却液开	M90～M99	永不指定
M51	4 号冷却液开		

常用的几个辅助功能指令的具体含义如下。

☑ M00：程序暂停指令。程序执行完含有该指令的程序后，机床的主轴停止旋转、刀具停止进给、冷却液关闭。

☑ M01：程序计划停止指令。在执行某个程序段之后准备停机，可按下机床上的停止按钮，当程序执行到 M01 时机床便自动停止运行。需重新启动机床才能执行后面的程序。

☑ M02：程序结束指令。该指令在最后一条程序语句中，表示程序结束，机床停止运行。

☑ M03：表示主轴以顺时针方向旋转。

☑ M04：表示主轴以逆时针方向旋转。

☑ M05：表示主轴停止运转。

☑ M30：程序结束指令。程序结束并返回到程序的第一条语句，准备下一个工件加工。

8.2 几 何 体

单击"主页"选项卡"刀片"面板中的"创建几何体"按钮，打开如图 8-1 所示的"创建几何体"对话框。

图 8-1 "创建几何体"对话框

8.2.1　MCS 主轴

在"创建几何体"对话框中单击"MCS_SPINDLE"按钮 ，或者双击"工序导航器-几何"中的"MCS_SPINDLE"，打开如图 8-2 所示的"MCS 主轴"对话框。

图 8-2　"MCS 主轴"对话框

📢 **注意：请勿将 MCS 修改为引用旋转轮廓的几何体，否则会创建一个循环引用，这将引发错误。**

1. 机床坐标系

（1）指定 MCS：用于指定 MCS 的位置和方位。单击"坐标系"对话框按钮，打开"坐标系"对话框，指定坐标系，也可以直接从列表中选择一个坐标系选项。

（2）细节。

① 用途：包括局部和主要两种方式。

② 特殊输出：用途设置为局部时可用。特殊输出仅影响后处理输出。

☑　无：基于局部 MCS 坐标输出。

☑　使用主 MCS：忽略局部 MCS 坐标，而基于主 MCS 输出。在"几何视图"中，主 MCS 位于局部 MCS 之上的几何体树中。

☑　装夹偏置：基于局部 MCS 坐标输出。后处理器可以将这些坐标与主坐标一起使用，以输出装夹偏置，如 G54。

☑　坐标系旋转：基于局部 MCS 坐标输出。后处理器可以将这些坐标与主坐标一起使用，以便在局部坐标系中输出编程，如 CYCLE 19。

③ 装夹偏置：为使用装夹偏置的机床指定装夹偏置值。每个部件在机床上的方向都与特定的 MCS 相对应，从而生成一个特定的装夹偏置值。

④ 保存 MCS：可根据当前的 MCS 创建坐标系实体并将其保存。

2. 参考坐标系

（1）链接 RCS 与 MCS：选择此选项，将使 RCS 与 MCS 处于相同的位置和方向。

（2）指定 RCS：用于指定 RCS 的位置和方位。单击"坐标系"对话框按钮，打开"坐标系"对话框，指定 RCS，也可以直接从列表中选择一个 RCS 选项。

3．车床工作平面

指定平面：设置 2D 平面，刀具在其中移动。可指定 XM-YM 和 ZM-XM 为车床工作平面。

4．工作坐标系

（1）ZM 偏置：指定 WCS 原点与 MCS 原点之间沿 ZM 轴或 XM 轴的距离。从工序导航器编辑车削对象（工序、刀具或几何体）时，WCS 原点自动置于所定义的距离。

（2）XC 映射：根据用于定义 MCS 轴的车床工作平面的方位，设置 WCS 的 XC 轴方向。

（3）YC 映射：根据用于定义 MCS 轴的车床工作平面的方位，设置 WCS 的 YC 轴方向。可用的 YC 映射选项取决于对 XC 映射选项的选择。

5．布局和图层

（1）保存图层设置：选择此选项，保存当前布局的图层设置和视图信息。

（2）保存布局/图层 ：保存当前方位的布局和图层设置。

8.2.2 车削工件

双击"工序导航器-几何"中的"TURNING_WORKPICE"，打开如图 8-3 所示的"车削工件"对话框。

图 8-3 "车削工件"对话框

（1）部件旋转轮廓：指定部件轮廓的创建方法。

☑ 自动：在不存在任何用户交互的情况下创建旋转轮廓作为部件边界。

☑ 成角度的平面：在指定角创建剖切平面，以创建旋转轮廓作为部件边界。

☑ 通过点的平面：通过指定点创建剖切平面，以创建旋转轮廓作为部件边界。

☑ 无：不创建旋转轮廓。

（2）指定部件边界：单击"选择和编辑部件边界"按钮 ，打开"部件边界"对话框，通过面、曲线和点方法确定部件边界。

（3）毛坯旋转轮廓：指定毛坯轮廓的创建方法，包括自动、成角度的平面、通过点的平面、与部件相同和无。

（4）指定毛坯边界：单击"选择和编辑部件边界"按钮 ，打开如图 8-4 所示的"毛坯边界"

Note

对话框，指定毛坯边界。

图 8-4 "毛坯边界"对话框

- ☑ 棒材：如果要加工的部件几何体是实心的，则选择此选项。
- ☑ 管材：如果工件带有中心线钻孔，则选择此选项。
- ☑ 曲线：已被预先处理，可以提供初始几何体。如果毛坯作为模型部件存在，则选择此选项。
- ☑ 工作区：从工作区中选择一个毛坯，这样可以选择以前处理中的工件作为毛坯。
- ☑ 安装位置：用于设置毛坯相对于工件位置参考点。如果选取的参考点不在工件轴线上时，系统会自动找到该点在轴线上的投影点，然后将杆料毛坯一端的圆心与该投射点对齐。
- ☑ 点位置：用于确定毛坯相对于工件的放置方向。如果选择"在主轴箱上"，毛坯将沿坐标轴在正方向放置；如果选择"远离主轴箱"，毛坯将沿坐标轴在负方向放置。

8.2.3 从实体创建曲线

可以选择实体作为部件或毛坯几何体。软件会自动获取 2D 形状，用于车加工工序以及定义定制成员数据，并将 2D 形状投影到车床工作平面，用于编程。

具体操作步骤如下。

（1）在建模环境中创建一个实体。

（2）单击"应用模块"选项卡"加工"面板中的"加工"按钮 ，打开"加工环境"对话框，在 CAM 会话配置中选择"cam_general"，在要创建的 CAM 组装中选择"turning"，单击"确定"按钮，进入加工环境。

（3）系统自动在"工序导航器-几何"中创建如图 8-5 所示的结构。

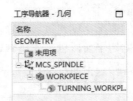

图 8-5 工序导航器-几何

（4）在"工序导航器-几何"中双击"WORKPIECE"，打开如图 8-6 所示的"工件"对话框，单击"选择或编辑部件几何体"按钮 ，打开"部件几何体"对话框，选择实体为几何体，如图 8-7 所示。单击"确定"按钮。

Note

图 8-6 "工件"对话框

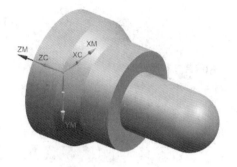

图 8-7 选取几何体

（5）在"工序导航器-几何"中双击"TURNING_ WORKPIECE"，打开"车削工件"对话框，单击"选择或编辑部件边界"按钮 ，打开"部件边界"对话框，系统自动生成部件边界，如图 8-8 所示。单击"确定"按钮，系统自动创建一个已填充的平面 2D 形状用于车加工。这个 2D 形状表示部件或工件的轮廓，它在车加工时会自旋。

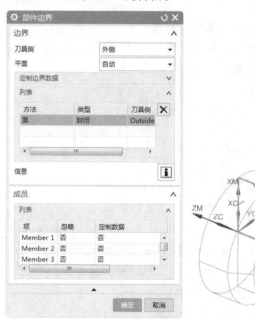

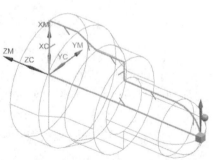

图 8-8 生成部件边界

📢 **注意**：（1）2D 形状与它对应的实体相关。如果更改这个实体，则 2D 外形也会随之更改。

（2）每个 2D 形状都作为片体列表显示在部件导航器中。

（3）在当前工作图层创建 2D 外形。

（4）一旦创建了 2D 形状，可以选择它作为一个组（不包含在以上结构中）里的几何体。

（5）可以选择 2D 形状的一部分作为示教模式中的驱动曲线。

（6）如果创建给定实体的 2D 形状失败，请检查这个实体的几何体，并确保其正确。

（7）在使用多个体创建单个旋转轮廓时，体必须接触。可将每个体定义为单独的集。

8.3 车   刀

8.3.1 创建刀具

（1）单击"主页"选项卡"刀片"面板中的"创建刀具"按钮，打开如图 8-9 所示的"创建刀具"对话框。

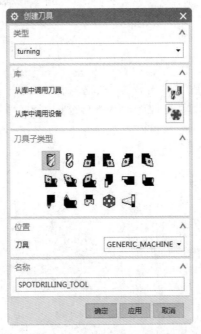

图 8-9 "创建刀具"对话框

（2）在"类型"下拉列表框中选择"turning"（车削）加工方式，将列出车削支持的刀具子类型。

（3）在"刀具子类型"中任选一子类型图标，车削操作子类型共有 17 种，"创建刀具"对话框中给出了每种车削刀具子类型的图标，其中 13 种刀具子类型的含义如表 8-4 所示。设置名称后，单击"确定"按钮，刀具将显示在工序导航器的刀具视图中。

（4）也可用数据库中的刀具进行操作。在"创建刀具"对话框的"库"栏中，单击"从库中调用刀具"右边的图标，打开"库类选择"对话框，可以调用库中已有的刀具。

表 8-4 刀具子类型含义

图标	名称	含义
	SPOTDRILLING_TOOL	点钻刀具，中心线钻孔时使用
	DRILLING_TOOL	钻刀具，中心线钻孔时使用
	OD_80_L	车外圆刀具，刀尖角度为 80°，刀尖向左

图标	名称	含义
	OD_80_R	车外圆刀具，刀尖角度为80°，刀尖向右
	OD_55_L	车外圆刀具，刀尖角度为55°，刀尖向左
	OD_55_R	车外圆刀具，刀尖角度为55°，刀尖向右
	ID_80_L	车内圆刀具，刀尖角度为80°，刀尖向左
	ID_55_L	车内圆刀具，刀尖角度为55°，刀尖向左
	OD_GROOVE_L	车外圆槽刀具，刀尖向左
	FACE_GROOVE_L	车面槽刀具，刀尖向左
	ID_GROOVE_L	车内圆槽刀具，刀尖向左
	OD_THREAD_L	车外螺纹刀具，刀尖向左
	ID_THREAD_L	车内螺纹刀具，刀尖向左

8.3.2　标准车刀选项说明

常见的车刀刀片按 ISO/ANSI/DIN 或刀具厂商标准划分。

在"创建刀具"对话框中选择"OD_80_L "刀具子类型，单击"确定"按钮，打开如图 8-10 所示的"车刀-标准"对话框。

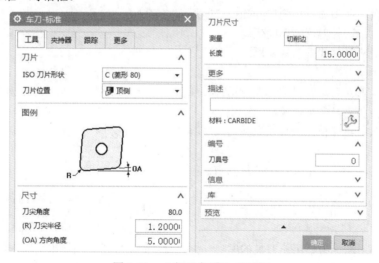

图 8-10　"车刀-标准"对话框

1．"工具"选项卡

（1）刀片。

① ISO 刀片形状：在这里选择刀片形状。选项包括：平行四边形、菱形、六边形、矩形、八边形、五边形、圆形、正方形、三角形、三边形或用户定义形状。在"ISO 刀片形状"下拉列表中选择了刀片类别后，位于对话框顶部的草图将被进行调整，并且编辑字段"刀尖角度"也以正确设置填充（例如，选择选项 C（菱形 80）生成的刀尖角度 = 80°）。

② 刀片位置：它决定加工的主轴方向。

☑　顶侧：当切削中心线上方时，它使主轴顺时针旋转。

☑ 底侧：当在中心线以上切削时，它使主轴逆时针转动。

（2）图例：显示一个代表刀片的草图。此草图依选定的刀片形状而更改。

（3）尺寸。

☑ 刀尖角度：此角度定义刀片在刀尖处的形状。它是刀片的两条刀刃相交处的夹角。两条后续边间的夹角值小于 180°，表示夹角圆弧是顺时针；值大于 180°，表示夹角圆弧是逆时针。

☑ 刀尖半径：定义刀尖处的圆半径。

☑ 方向角度：沿逆时针方向从正 X 轴测量到从外部遇到的第一条切削边。

> ◀》 **注意**：工序的层角（或层角 +/- 180）不能等于刀具的方向角度。如果这两个角度相等，则在线性粗加工时系统将无法确定从哪一侧移动到材料。用户可以尝试将刀具方向角度设为递增或递减（例如 359.9999）；或者尝试在相应步进角度和清理处于不活动状态时使用单向插削策略。

（4）刀片尺寸。

测量：指定确定刀片尺寸的方法。

☑ 切削边：ISO 标准定义，按切削边长来测量刀片。

☑ 内切圆：按内切圆直径测量刀片。

☑ ANSI：ANSI 标准定义，按 64 等分内切圆测量刀片。

（5）更多。

☑ 退刀槽角度：刀刃自切削边开始倾斜所形成的角度。

☑ 厚度代码：选择刀片的厚度代码。

☑ 厚度：对应厚度代码刀片的厚度。

（6）描述。

☑ 描述：输入对刀具的描述。在对话框，或在工序导航器的机床视图的描述列中选择刀具后，该描述会随刀具名称一起显示。

☑ 材料：从材料库指派或显示当前刀具材料。

（7）编号。

刀具号：将刀具引入转塔上切削位置的 T 编码号。

（8）信息。

目录号：这是一个用户定义的字符串，可用于标识刀具。

（9）库。

☑ 库号：显示从库中调用的刀具的库唯一标识符。如果要将刀具导出至库中，则可以输入用户定义值；或让 NX 设置下一个可用的用户号。

☑ 导出刀具部件文件：选中此选项，将创建的刀具保存到部件文件。

☑ 将刀具导出至库 ![icon]：将刀具导出至库中。

2."夹持器"选项卡

"夹持器"选项卡，如图 8-11 所示。

（1）夹持器。

☑ 样式：选择要使用的夹持器的样式。

☑ 手：选择左视图或右视图夹持器。

☑ 柄类型：选择方形或圆形柄类型。

（2）尺寸。

☑ 长度：包括刀刃在内的刀具长度。

☑ 宽度：包括刀刃在内的刀具宽度。

☑ 柄宽度：只是刀柄的宽度。

☑ 柄线：安装刀刃所在刀柄的长度。

☑ 夹持器角度：指定刀具夹持器相对于主轴的方位。

3."跟踪"选项卡

"跟踪"选项卡，如图 8-12 所示。

图 8-11 "夹持器"选项卡　　　　　图 8-12 "跟踪"选项卡

（1）名称：显示当前选定跟踪点的名称。此选项只有在刀具定义对话框中创建跟踪点时才可用。

（2）半径 ID：可以选择刀片的任何有效拐角作为跟踪点的活动拐角半径。软件从 R1（默认半径）开始按逆时针方向依次为拐角半径编号。

（3）点编号：指定在活动拐角上放置跟踪点的位置，如图 8-13 所示。

（4）X 偏置：指定 x 偏置，该偏置必须是刀具参考点和它的跟踪点间距离的 x 坐标。

图 8-13 跟踪点的位置

（5）Y 偏置：指定 y 偏置，该偏置必须是刀具参考点和它的跟踪点间距离的 y 坐标。

（6）补偿寄存器：使用输入的值确定刀具偏置坐标在控制器内存中的位置。

（7）刀具补偿寄存器：调整刀轨以适应刀尖半径的变化。

4. "更多"选项卡

"更多"选项卡，如图 8-14 所示。

图 8-14 "更多"选项卡

（1）机床控制。

☑ 手工换刀：添加一个停止动作 (M00)，以允许手工换刀。

☑ 夹持器号：指定为刀具分配的夹持器。

☑ 文本：指定换刀的文本。

（2）限制。

☑ 最小镗孔直径：镗杆可以安全切削，并且不会影响镗杆背面的最小直径镗孔。

☑ 最大刀具范围：刀具及其夹持器可以在部件中遍历的最大距离。具体距离取决于部件几何形状和刀具夹持器。此参数的目的在于防止刀具夹持器与部件发生碰撞。

☑ 最大深度：此参数描述刀具可达到的最大每刀切削深度。

（3）仿真。

☑ X 向安装：是沿着机床 Z 轴从刀具跟踪点到转塔/摆头参考点的指定距离。

☑ Y 向安装：是沿着机床 X 轴从刀具跟踪点到转塔/摆头参考点的指定距离。

（4）工作坐标系。

☑ MCS 主轴组：在创建或编辑刀具时，从列表中选择相应的 MCS 主轴，以根据 WCS 方位确定主轴工作平面。

☑ 工序：工序选项可选择当前工序的 MCS。刀具方向将根据情况进行调整。

8.4 创建车削工序

车削工序通常沿主轴中心线与 ZM 轴在 ZM-XM 平面中生成刀轨。

单击"主页"选项卡"刀片"面板中的"创建工序"按钮，打开如图 8-15 所示的"创建工序"对话框。

（1）在"创建工序"对话框的"类型"下拉列表框中选择"turning"（车削）加工方式，将列出车削支持的工序子类型。

图 8-15 "创建工序"对话框

车削工序子类型共有 23 种，图 8-15"创建工序"对话框的"工序子类型"中给出了每种车削加工类型的图标，每种车削加工类型的含义如表 8-5 所示。

表 8-5 车削加工类型含义

图标	名称
	中心线定心钻
	中心线钻孔
	中心线啄钻
	中心线断屑
	中心线铰刀
	中心攻丝（螺纹加工）
	面加工
	外径粗车（OD，Outer Diameter）
	退刀粗车

续表

	内径粗镗（ID，Inner Diameter）
	退刀粗镗
	示教模式
	外径开槽
	退刀精镗
	外径精车
	内径开槽
	在面上开槽
	外径螺纹铣
	内径螺纹铣
	部件分离
	内径精镗
	车削控制
	用户定义车削

（2）在"工序子类型"栏中任选一个子类型图标，并设置程序、刀具、几何体、方法等选项，然后单击"确定"按钮。

第 9 章

外径车

（ 视频讲解：7分钟 ）

粗加工功能包含了用于去除大量材料的许多切削技术，包括用于高速粗加工的策略，以及通过正确设置进刀/退刀运动达到半精加工或精加工质量的技术。

本章将具体讲述外径粗车的具体加工方法和设置技巧以及相应的加工实例。

☑ 切削区域　　　　　　　　☑ 切削策略
☑ 层角度　　　　　　　　　☑ 切削深度
☑ 变换模式　　　　　　　　☑ 切削参数
☑ 非切削移动参数　　　　　☑ 外径粗车加工示例

任务驱动&项目案例

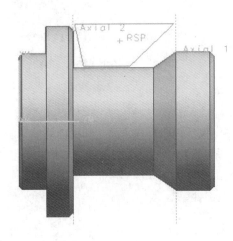

9.1　切　削　区　域

在"创建工序"对话框中选择"工序子类型"为"外径粗车 ",单击"确定"按钮,打开如图 9-1 所示的"外径粗车"对话框。

"切削区域"将加工操作限定在部件的一个特定区域内,以防止系统在指定的限制区域之外进行加工操作。定义"切削区域"的方法有径向或轴向修剪平面、修剪点和区域选择等,单击切削区域右侧的"编辑"按钮 ,打开"切削区域"对话框,如图 9-2 所示。

图 9-1　"外径粗车"对话框

图 9-2　"切削区域"对话框

9.1.1　修剪平面

"修剪平面"可以将加工操作限制在平面的一侧,包括径向修剪平面 1 和径向修剪平面 2、轴向修剪平面 1 和轴向修剪平面 2。通过指定修剪平面,系统根据修剪平面的位置、部件与毛坯边界以及其他设置参数计算出加工区域。可以使用的修剪平面组合有如下 3 种形式。

(1)指定一个修剪平面(轴向或径向)限制加工部件。

(2)指定两个修剪平面限制加工工件。

(3)指定三个修剪平面限制在区域内加工部件,如图 9-3(a)所示。

如果移动修剪平面将改变切削区域的范围，在图 9-3（a）中移动轴向修剪平面 2，将改变切削区域，如图 9-3（b）所示。

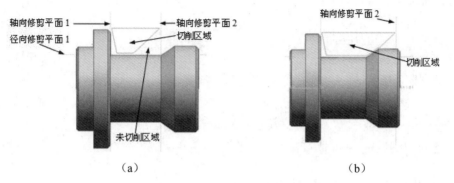

图 9-3 3 个修剪平面限制切削区域

9.1.2 修剪点

"修剪点"可以相对整个成链的部件边界指定切削区域的起始点和终止点。最多可以选择两个修剪点。图 9-4（a）说明了利用修剪点对待加工特征进行车削，该图中使用两个修剪点定义切削区域，右侧直径为起始位置，左侧面为终止位置。在选择了两个修剪点后，系统将确定边界上位于这两个修剪点之间的部分边界，并根据刀具方位和"层角度/方向/步距"等确定工件需加工的一侧，生成的切削刀轨如图 9-4（b）所示。定义修剪点时，如果两个修剪点重合，则产生的切削区域将是空区域。

如果只选择了一个修剪点并且没有选择其他空间范围限制，系统将只考虑部件边界上修剪点所在的这一部分边界。如果所选择的修剪点不在部件边界上，系统将通过修改修剪点输入数据，在部件边界上找出距原来的修剪点最近的点，将其作为修正后的修剪点并将操作应用于其上。

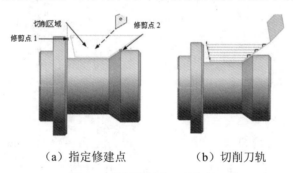

（a）指定修建点 （b）切削刀轨

图 9-4 使用修剪点限制切削区域

9.1.3 区域选择

在车削操作中，有时需要手工选择切削区域。在"切削区域"对话框"区域选择"栏中选择"指定"，同时将打开"指定点"栏，区域选择如图 9-5 所示，单击"指定点"右边的按钮 将打开"点"对话框，进行点的指定。

在以下情形中，可能需要进行手工选择。

☑ 系统检测到多个切削区域。

图 9-5 区域选择

☑ 需要指示系统在中心线的另一侧执行切削操作。

☑ 系统无法检测任何切削区域。

☑ 系统计算出的切削区域数不一致，或切削区域位于中心线错误的一侧。

☑ 对于使用两个修剪点的封闭部件边界，系统会将部件边界的错误部分标识为封闭部件边界（此部分以驱动曲线的颜色显示）。

利用手工选择切削区域时，在图形窗口中单击要加工的切削区域，系统将用字母 RSP（区域选择点）对其进行标记，如图 9-6 所示。如果系统找到多个切削区域，将在图形窗口中自动选择距选定点最近的切削区域。

> **注意**：任何空间范围、层、步长或切削角设置的优先权均高于手工选择的切削区域。这将导致即使手工选择了某个切削区域，系统也可能无法识别。

9.1.4　自动检测

在"切削区域"对话框的"自动检测"栏中可进行最小面积和开放边界的检测设置。"自动检测"利用最小面积、起始/终止偏置、起始/终止角等选项来限制切削区域，自动检测如图 9-7 所示。起始/终止偏置、起始/终止角只有在开放边界且未设置空间范围的情况下才有效。

（1）最小面积：如果在"最小面积"编辑字段中指定了值，便可以防止系统对极小的切削区域产生不必要的切削运动。如果切削区域的面积（相对于工件横截面）小于指定的加工值，系统不切削这些区域。使用时需仔细考虑，防止漏掉确实想要切削的非常小的切削区域。如果取消选择"最小面积"选项，系统将考虑所有面积大于零的切削区域。

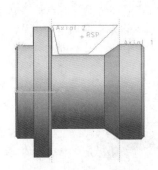

图 9-6　指定 RSP

图 9-7　自动检测

在图 9-8 中，系统检测到了切削区域 2，因为剩余材料的数量大于"最小面积"参数中输入的值（见图 9-8 中区域 1）。区域 3 没有被检测到，因为它的面积小于 1，因此系统不会对其进行切削。

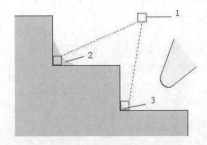

图 9-8　"最小面积"剩余材料

（2）开放边界。

① 指定：在"延伸模式"中选择"指定"后，将激活起始偏置/终止偏置，起始角/终止角等选项。

☑ 起始偏置/终止偏置：如果工件几何体没有接触到毛坯边界，那么系统将根据其自身的内部规则将车削特征与处理中的工件连接起来。如果车削特征没有与处理中的工件的边界相交，那么处理器将通过在部件几何体和毛坯几何体之间添加边界段来"自动"将切削区域补充完整。默认情况下，从起点到毛坯边界的直线与切削方向平行，终点到毛坯边界间的直线与切削方向垂直。输入"起始偏置"使起点沿垂直于切削方向移动；输入"终止偏置"使终点沿平行于切削方向移动。图9-9为起始偏置/终止偏置示意图。该图中1为处理中的工件，2为切削方向，3为起点，4为终点。对于"起始偏置"和"终止偏置"，输入正偏置值使切削区域增大，输入负偏置值使切削区域减小。

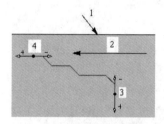

（a）起点和终点偏置，层角度为 180°

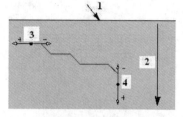

（b）起点和终点偏置，层角度为270°

图9-9　起始偏置/终止偏置示意图

☑ 起始角/终止角：如果不希望切削区域与切削方向平行或垂直，那么可使用起始角/终止角限制切削区域。正值将增大切削面积，而负值将减小切削面积。系统将相对于起点/终点与毛坯边界之间的连线来测量这些角度，并且这些角度必须在开区间 $(-90, 90)$ 之内，如图9-10所示。该图中1为处理中的工件，2为切削方向，3为起点，4为终点，5为终点的修改角度。

② 相切：在"延伸模式"中选择"相切"后，将会禁用起始/终止偏置和起始/终止角参数，如图9-11所示。系统将在边界的起点/终点处沿切线方向延伸边界，使其与处理中的形状相连。如果在选择的开放部件边界中，第一个或最后一个边界段上带有外角，并且剩余材料层非常薄，便可使用此选项。

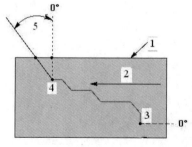

图9-10　终点处的毛坯交角

图9-11　自动检测（相切）

9.2　切削策略

"外径粗车"对话框中的"切削策略"提供了进行粗加工的基本规则，包括直线切削、斜切、轮廓切削和插削，可根据切削的形状选择切削策略实现对切削区域的切削。

9.2.1 策略

在"策略"栏中选择具体的切削策略，主要包括两种直线切削、两种斜切、两种轮廓切削和 4 种插削。

（1）单向线性切削：直层切削，当要对切削区间应用直层切削进行粗加工时，选择"单向线性"。各层切削方向相同，均平行于前一个切削层，"单向线性切削"刀轨如图 9-12 所示。

（2）线性往复切削：选择"线性往复切削"以变换各粗切削的方向。这是一种有效的切削策略，可以迅速去除大量材料，并对材料进行不间断切削，"线性往复切削"刀轨如图 9-13 所示。

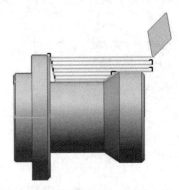

图 9-12　"单向线性切削"刀轨　　　图 9-13　"线性往复切削"刀轨

（3）倾斜单向切削：具有备选方向的直层切削。单向斜切可使一个切削方向上的每个切削或每个备选切削的、从刀路起点到刀路终点的切削深度有所不同，"倾斜单向切削"刀轨如图 9-14 所示。这会沿刀片边界连续移动刀片切削边界上的临界应力点（热点）位置，从而分散应力和热，延长刀片的寿命。

（4）倾斜往复切削：在备选方向上进行上斜/下斜切削。"倾斜往复斜切"对于每个粗切削均交替切削方向，减少了加工时间，"倾斜往复斜切"刀轨如图 9-15 所示。

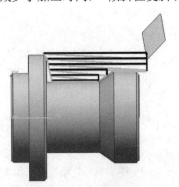
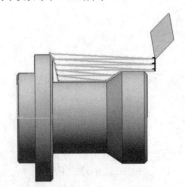

图 9-14　"倾斜单向切削"刀轨　　　图 9-15　"倾斜往复切削"刀轨

（5）轮廓单向切削：轮廓平行粗加工。"轮廓单向切削"加工在粗加工时刀具将逐渐逼近部件的轮廓。在这种方式下，刀具每次均沿着一组等距曲线中的一条曲线运动，而最后一次的刀路曲线将与部件的轮廓重合，"轮廓单向切削"刀轨如图 9-16 所示。对于部件轮廓开始处或终止处的陡峭元素，系统不会使用直层切削的轮廓加工选项来进行处理或轮廓加工。

（6）轮廓往复切削：具有交替方向的轮廓平行粗加工。往复轮廓粗加工刀路的切削方式与上一种方式类似，不同的是此方式在每次粗加工刀路之后还要反转切削方向，"轮廓往复切削"刀轨如图 9-17 所示。

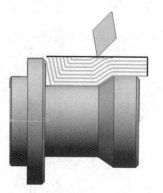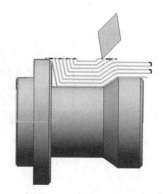

图 9-16　"轮廓单向切削"刀轨　　　　图 9-17　"轮廓往复切削"刀轨

（7）单向插削：在一个方向上进行插削。"单向插削"是一种典型的与槽刀配合使用的粗加工策略，"单向插削"刀轨如图 9-18 所示（这里只为演示并利于比较，继续使用前面使用的部件，并没有使用真正具有槽的部件）。

（8）往复插削：在交替方向上重复插削指定的层。"往复插削"并不直接插削槽底部，而是使刀具插削到指定的切削深度（层深度），然后进行一系列的插削以去除处于此深度的所有材料，再次插削到切削深度，并去除处于该层的所有材料。以往复方式反复执行以上一系列切削，直至达到槽底部。"往复插削"刀轨如图 9-19 所示。

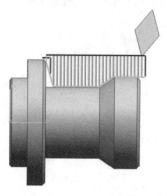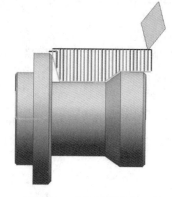

图 9-18　"单向插削"刀轨　　　　　图 9-19　"往复插削"刀轨

（9）交替插削：具有交替步距方向的插削。执行"交替插削"时将后续插削应用到与上一个插削相对的一侧，"交替插削"刀轨顺序如图 9-20 所示。图 9-21 为利用"交替插削"生成的刀轨，其中图 9-21（b）为工件切削中的 3D 动态模型。

（10）交替插削（余留塔台）：插削时在剩余材料上留下"塔状物"的插削运动。"交替插削（余留塔台）"通过偏置连续插削（即第一个刀轨从槽一肩运动至另一肩之后，"塔"保留在两肩之间）在刀片两侧实现对称刀具磨平。当在反方向执行第二个刀轨时，将切除这些塔。图 9-22 为"交替插削（余留塔台）"刀轨顺序。图 9-23 为利用"交替插削（余留塔台）"生成的刀轨，其中图 9-23（b）为工件切削中的 3D 动态模型。

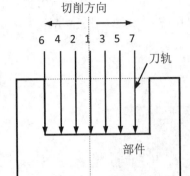

图 9-20 "交替插削"刀轨顺序

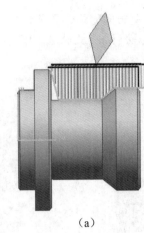 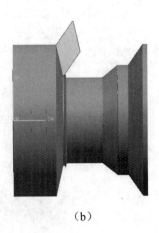

（a） （b）

图 9-21 "交替插削"刀轨

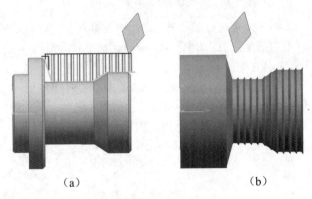

（a） （b）

图 9-22 "交替插削（余留塔台）"刀轨顺序 图 9-23 "交替插削（余留塔台）"刀轨

9.2.2 倾斜模式

在"策略"栏中如果选择"倾斜单向切削"或"倾斜往复切削"将激活"倾斜模式"，在如图 9-24 所示的"倾斜模式"中可指定斜切策略的基本规则。主要包括以下 4 种选项。

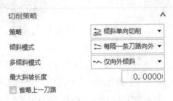

图 9-24 倾斜模式

（1）每隔一条刀路向外：刀具一开始切削的深度最深，之后切削深度逐渐减小，形成向外倾斜的刀轨。下一切削将与层角中设置的方向一致，从而可去除上一切削之后所剩的倾斜余料，"每隔一条刀路向外"刀轨如图 9-25 所示。

（2）每隔一条刀路向内：刀具从曲面开始切削，然后采用倾斜切削方式逐步向部件内部推进，形成向内倾斜刀轨。下一切削将与层角中设置的方向一致，从而可去除上一切削之后所剩的倾斜余料，

Note

"每隔一条刀路向内"刀轨如图 9-26 所示。

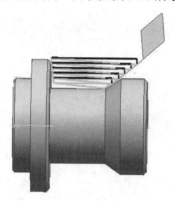

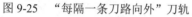

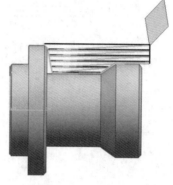

图 9-25　"每隔一条刀路向外"刀轨　　　　　图 9-26　"每隔一条刀路向内"刀轨

（3）先向外：刀具一开始切削的深度最深，之后切削深度逐渐减小。下一切削将从曲面开始切削，之后采用第二倾斜切削方式逐步向部件内部推进，"先向外"刀轨如图 9-27 所示。

（4）先向内：刀具从曲面开始切削，之后采用倾斜切削方式逐步向部件内部推进。下一切削一开始切削的深度最深，之后切削深度逐渐减小，"先向内"刀轨如图 9-28 所示。

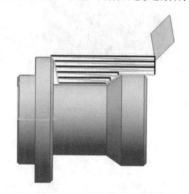

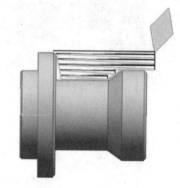

图 9-27　"先向外"刀轨　　　　　　　　图 9-28　"先向内"刀轨

9.2.3　多倾斜模式

如果按最大和最小深度差创建的倾斜非常小、近似于线性切削的位置，则在对比较长的切削进行加工时，可选择"多倾斜模式"。

根据在"倾斜模式"中选择的选项，分为以下两种情况。

（1）每隔一条刀路向外。

☑　仅向外倾斜：刀具一开始切削的深度最深，然后切削深度逐渐减小直至到达最小深度，随后返回插削材料，直至到达切削最大深度，重复执行此过程直至切削完整个切削区域，"仅向外倾斜"刀轨如图 9-29 所示，其中图 9-29（b）为工件切削中的 3D 动态模型。每次切削长度由"最大倾斜长度"限定。

☑　向外/内倾斜：刀具一开始切削的深度最深，然后切削深度逐渐减小直至到达最小深度，从这一点刀具开始另一倾斜切削，之后返回插削材料，直到切削最大深度，"向外/内倾斜"刀轨如图 9-30 所示，其中图 9-33（b）为工件切削中的 3D 动态模型。每次切削长度由"最大倾斜长度"限定。

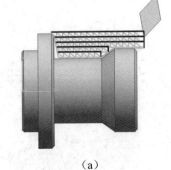 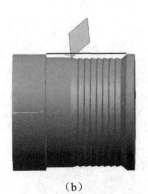

（a）　　　　　　　　　　　　　　（b）

图 9-29　"仅向外倾斜" 刀轨

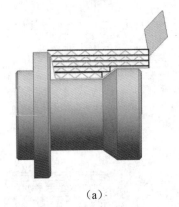 

（a）　　　　　　　　　　　　　　（b）

图 9-30　"向外/内倾斜" 刀轨

（2）每隔一条刀路向内。

☑ 　仅向内倾斜：刀具一开始切削的深度最深，之后切削深度逐渐减小，直至到达最小深度，从这一点刀具开始另一倾斜切削，之后返回插削材料，直至到达切削最大深度，"仅向内倾斜" 刀轨如图 9-31 所示，其中图 9-31（b）为工件切削中的 3D 动态模型。每次切削长度由 "最大倾斜长度" 限定。

☑ 　向内/外倾斜：刀具从最小深度开始切削，并斜向切入材料直至到达最深处，接着刀具从此处向外倾斜，直至到达最小切削深度。"向内/外倾斜" 刀轨如图 9-32 所示，其中图 9-32（b）为工件切削中的 3D 动态模型。每次切削长度由 "最大倾斜长度" 限定。

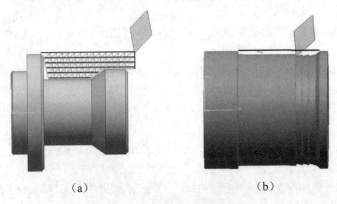

（a）　　　　　　　　　　　　　　（b）

图 9-31　"仅向/内倾斜" 刀轨

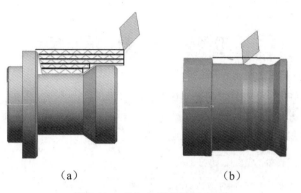

（a） （b）

图 9-32 "向内/外倾斜"刀轨

9.2.4 最大斜坡长度

在"多倾斜模式"中选择"仅向外倾斜"或"仅向内倾斜"后，将激活"最大斜坡长度"选项。"最大斜坡长度"指定了倾斜切削时单次切削沿"层角度"方向的最大距离，"最大斜坡长度"示意图如图 9-33 所示，但选择的最大倾斜深度不能超过对应深度层的粗切削总距离。

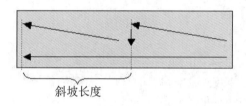

斜坡长度

图 9-33 "最大斜坡长度"示意图

9.3 层 角 度

"层角度"用于定义单独层切削的方位。从中心线按逆时针方向测量层角度，它可定义粗加工线性切削的方位和方向。根据定义的刀具方位和层角，系统确定粗加工切削区间的刀具运动。0°层角与中心线轴的"正"方向相符，180°层角与中心线轴的"反"方向相符，图 9-34 "层角度"定义示例显示了层角设置的方向。

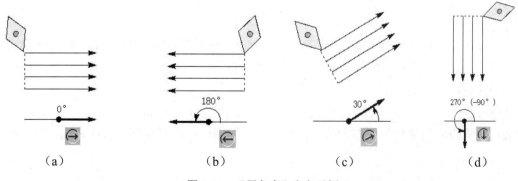

（a） （b） （c） （d）

图 9-34 "层角度"定义示例

9.4 切削深度

"切削深度"位于"外径粗车"对话框中的"步进"栏。"切削深度"可以指定粗加工操作中各刀路的切削深度,可以指定恒定值,也可以使用由系统根据指定的最小值和最大值计算出的可变值。"切削深度"可供选择的策略有以下选项。

1. 恒定

利用"恒定"可以指定各粗加工刀路的最大切削深度。系统尽可能多次地采用指定的"深度"值,然后在一个刀路中切削余料。

2. 变量最大值

如果选择"变量最大值",则可以输入切削深度"最大值"和"最小值"。系统将确定区域,尽可能多次地在指定的最大深度值处进行切削,然后一次性切削各独立区域中大于或等于指定的最小深度值的余料。

例如,如果区域为 10 mm,最小深度为 2 mm,最大深度为 4 mm,则前两个刀路深度为 4mm,第三个刀路切削剩余 2 mm 的余料。

3. 变量平均值

利用变量平均值方式,可以输入切削深度"最大值"和"最小值"。系统根据不切削大于指定的深度"最大值"或小于指定的深度"最小值"的原则,计算所需最小刀路数。

在以下两种情况下,系统自动采用变量平均值方法(如果选择变量最大值)。

☑ 如果系统确定采用最大值之后余料可能小于最小值。

☑ 如果采用最大值之后,系统无法生成粗加工刀路。

在上述情况下,系统通过对整个区域输入的最大值和最小值取平均数的方法,即采用"变量平均值"方法。

例如,如果区域为 4.5mm,最小深度为 2mm,最大深度为 3 mm,则在第一次切削 3 mm 深度之后,由于余料(1.5 mm)小于最小深度值(2mm),导致系统无法对整个区域进行加工,此时需要采用"变量平均值"方法对整个区域进行切削。

9.5 变换模式

"变换模式"决定使用哪种方式将切削变换区域中的材料移除(即这一切削区域中部件边界的凹部),可以选择以下选项。

1. 根据层

系统以最大深度执行各粗切削。当进入较低的切削层时,系统将继续根据切削"层角度"方向中的方向,"根据层"的变换模式如图 9-35 所示,图 9-35(b)为部件切削中的 3D 动态模型。

2. 最接近

对距离当前刀具位置最近的反向进行切削时,可用"最接近"选项并结合使用"往复切削"策略。

对于特别复杂的部件边界，采用"最接近"方式可减少刀轨，节省加工时间。

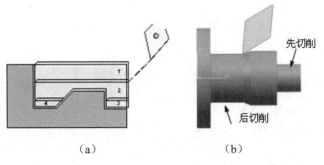

图 9-35 "根据层"的变换模式

3．向后

在对遇到的第一个反向进行完整深度切削后对更低反向进行粗切削时使用。初始切削时完全忽略其他的颈状区域，仅在进行完开始的切削之后才对其进行加工。图 9-36 所示为"向后"变换模式，图 9-36（b）为部件切削中的 3D 动态模型。

4．省略

"省略"将不切削在第一个反向之后遇到的任何颈状的区域，图 9-37 为"省略"变换模式，图 9-37（b）为部件切削中的 3D 动态模型。

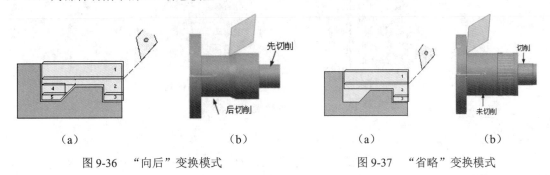

图 9-36 "向后"变换模式　　　图 9-37 "省略"变换模式

9.6 切削参数

在"外径粗车"对话框中单击"切削参数"按钮，打开如图 9-38 所示的"切削参数"对话框进行进刀/退刀设置。

9.6.1 拐角

可在使用"拐角"选项进行轮廓加工时指定对凸角切削的方法。凸角可以是常规拐角或浅角。浅角是指具有大于给定最小角度，且小于 180°的凸角，最小浅角可以根据具体问题指定，如图 9-38 所示。在"常规拐角"下拉列表中有下面 4 类选项。

图 9-38 "拐角"选项卡

1. 绕对象滚动

系统在拐角周围切削一条平滑的刀轨，但是会留下一个尖角，加工拐角时绕顶点转动，刀具在遇到拐角时，会以拐角尖为圆心，以刀尖圆弧为半径，按圆弧方式加工，此时形成的圆弧比较小。图 9-39 中的示意图说明了采用"绕对象滚动"时加工直角和钝角时的走刀情况。

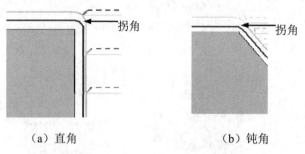

（a）直角 （b）钝角

图 9-39 "绕对象滚动"示意图

2. 延伸

按拐角形状加工拐角，刀具在遇到拐角时，按拐角的轮廓直接改变切削方向。图 9-40 中的示意图说明了采用"延伸"时加工直角和钝角时的走刀情况。

（a）直角 （b）钝角

图 9-40 "延伸"示意图

3. 圆形

按倒圆方式加工拐角，刀具将按指定的圆弧半径对拐角进行倒圆，切掉尖角部分，产生一段圆弧刀具路径。选择此选项后，将激活"半径"选项，输入圆形的半径。图 9-41 中的示意图给出了采用

"圆形"时加工直角和钝角时的走刀情况。

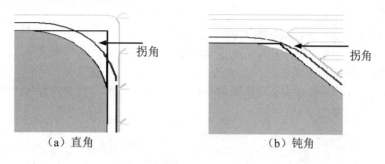

（a）直角 （b）钝角

图 9-41 "圆形"示意图

4. 倒斜角

"倒斜角"指定按倒角方式加工拐角，按指定参数对拐角倒斜角，切掉尖角部分，产生一段直线刀具路径。"倒斜角"使要切削的角展平，选择此选项后，将激活"距离"选项，输入距离值确定从模型工件的拐角到实际切削的距离。图 9-42 中的示意图给出了采用"倒斜角"加工直角和钝角时的走刀情况。

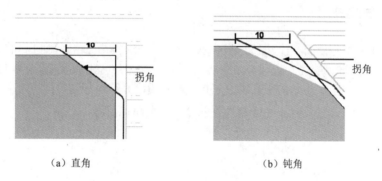

（a）直角 （b）钝角

图 9-42 "倒斜角"示意图

9.6.2 策略

（1）排料式插削：控制是否添加附加插削以避免因为刀具挠曲而过切，包括无和离壁方式。

☑ 无：不添加排料式插削，如图 9-43（a）所示。

☑ 离壁距离：每一层的切削均从附加（排料式）插削开始，以去除边界附近的材料，并提供空间以防止在执行侧向切削时刀具的尾角过切部件，如图 9-43（b）所示。

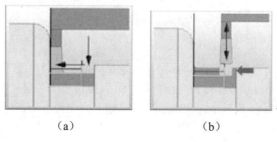

（a） （b）

图 9-43 排料式插削

（2）安全切削：创建短的安全切削，以在进行完整的粗切削之前清除小区域的材料，包括以下内容。

- ☑ 无：不应用安全切削，如图9-44（a）所示。
- ☑ 切削数：指定希望工序生成的安全切削数，如图9-44（b）所示。
- ☑ 切削深度：指定安全切削的深度，如图9-44（c）所示。
- ☑ 数量和深度：指定安全切削数和安全切削深度。这样可先进行较浅的安全切削，再进行全长粗切削，如图9-44（b）所示。

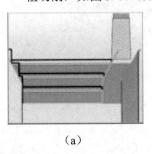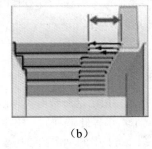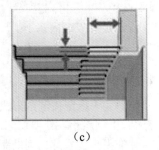

（a）　　　　　　　　　　　（b）　　　　　　　　　　　（c）

图9-44　安全切削

9.6.3　轮廓类型

"轮廓类型"指定由面、直径、陡峭区域或层区域表示的特征轮廓情况。可定义每个类别的最小角值和最大角值，"轮廓类型"选项卡如图9-45所示。这些角度分别定义了一个圆锥，它可过滤切削矢量小于最大角且大于最小角的所有线段，并将这些线段分别划分到各自的轮廓类型中。

图9-45　"轮廓类型"选项卡

1．面角度

"面角度"可用于粗加工和精加工。"面角度"包括"最小面角角度"和"最大面角角度"，二者都是从中心线起测量的。通过"最小面角角度"和"最大面角角度"定义切削矢量在轴向允许的最大变化圆锥范围。图9-46显示了"最小面角角度"和"最大面角角度"的示意图。

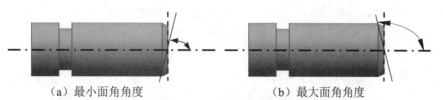

（a）最小面角角度　　　　　　　　　　　（b）最大面角角度

图 9-46　"面角度"示意图

2. 直径角度

"直径角度"可用于粗加工和精加工。"直径角度"包括"最小直径角度"和"最大直径角度"，二者都是从中心线起测量的。通过"最小直径角度"和"最大直径角度"定义切削矢量在径向允许的最大变化圆锥范围。图 9-47 显示了"最小直径角度"和"最大直径角度"的示意图。

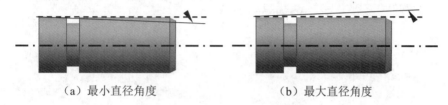

（a）最小直径角度　　　　　　　　　　　（b）最大直径角度

图 9-47　"直径角度"示意图

3. 陡峭壁角度和水平角度

水平和陡峭区域总是相对于粗加工操作指定的水平角度和陡峭壁角方向进行跟踪的。最小角值和最大角值从通过水平角度或陡峭壁角定义的直线起自动测量。图 9-48 显示了"陡峭壁角度"示意图，而图 9-49 则显示了"水平角度"的示意图如图 9-49 所示。

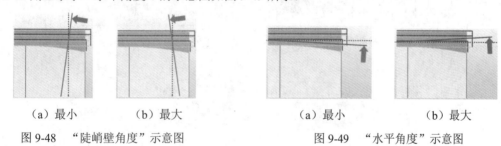

（a）最小　　　　（b）最大　　　　　　　　　（a）最小　　　　（b）最大

图 9-48　"陡峭壁角度"示意图　　　　　图 9-49　"水平角度"示意图

9.6.4　轮廓加工

在完成多次粗切削后，"附加轮廓加工"将对部件表面执行清理操作。与"清理"选项相比，轮廓加工可以在整个部件边界上进行，也可以仅在特定部分的边界上进行（单独变换）。当在"切削参数"对话框中选择"附加轮廓加工"选项时，相关的轮廓加工参数将被激活，包括刀轨设置、多刀路及螺旋刀路，"轮廓加工"选项卡如图 9-50 所示。

1. 策略

（1）全部精加工 ：系统对每种几何体按其刀轨进行轮廓加工，不考虑轮廓类型。如果改变方向，切削的顺序会反转。"全部精加工"切削策略如图 9-51 所示。

（2）仅向下 ：可将"仅向下"用于轮廓刀路或精加工，切削运动从顶部切削到底部。"仅向下"切削策略如图 9-52 所示。在这种切削策略中，如果改变方向，切削运动不会反转，始终从顶部切削到底部，但切削的顺序会反转。"仅向下"切削顺序如图 9-53 所示。

（3）仅周面 ：仅切削被指定为直径的几何体。"仅周面"切削策略如图 9-54 所示。

（4）仅面 ：可以在轮廓类型对话框中指定面的构成。"仅面"切削策略如图 9-55 所示。如果改变方向，系统切削运动不会反转，始终从顶部切削到底部，但切削面顺序会反转。

图 9-50　"轮廓加工"选项卡

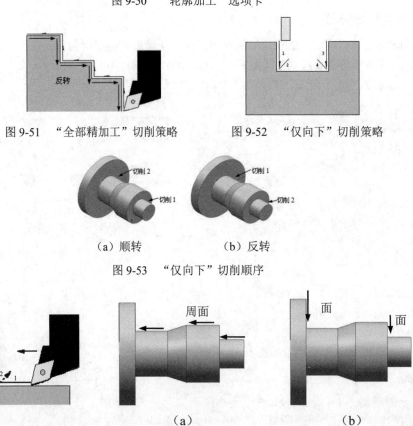

图 9-51　"全部精加工"切削策略　　　　图 9-52　"仅向下"切削策略

（a）顺转　　　　（b）反转

图 9-53　"仅向下"切削顺序

图 9-54　"仅周面"切削策略　　　　图 9-55　"仅面"切削策略

（5）首先周面，然后面 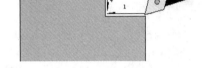：指定为直径和面的几何体，先切削周面（直径），后切削面。"首先周面，然后面"切削策略如图 9-56 所示。如果改变方向，则系统将反转直径运动，而不反转面运动。

（6）首先面，然后周面 ：指定为直径和面的几何体，先切削面，后切削周面（直径）。"首先面，然后周面"切削策略如图 9-57 所示。如果改变方向，则系统将反转直径运动，而不反转面运动。

图 9-56　"首先周面，然后面"切削策略　　　图 9-57　"首先面，然后周面"切削策略

（7）指向拐角 ：系统自动计算进刀角值并与角平分线对齐。切削位于已检测到的凹角邻近的面或周面，不切削超出这些面的圆凸角。"指向拐角"切削策略如图 9-58 所示。

（8）离开拐角 ：系统自动计算进刀角值并与角平分线对齐。仅切削位于已检测到的凹角邻近的面或直径，不切削超出这些面的圆凸角。"离开拐角"切削策略如图 9-59 所示。

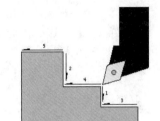

图 9-58　"指向拐角"切削策略　　　图 9-59　"离开拐角"切削策略

2. 多刀路

在"多刀路"部分指定切削深度和切削深度对应的备选刀路数。"多刀路"对应的切削深度选项有以下几种。

（1）恒定深度：指定一个恒定的切削深度，用于各个刀路。在第一个刀路之后，系统会创建一系列等深度的刀路。第一个刀路可小于指定深度，但不能大于这个深度。

（2）刀路数：指定系统应有的刀路数。系统会自动计算生成的各个刀路的切削深度。

（3）单个的：指定生成一系列不同切削深度的刀路。在选择"单个的"选项后，对话框如图 9-60 所示，输入所需的"刀路数"和各刀路的切削"距离"，如果有多项，可以单击右边的"添加新集"按钮 进行添加。

（4）精加工刀路：包括"保持切削方向" 和"变换切削方向" 两个选项。如果要在各刀路之后更改方向，使反方向上的连续刀路变成原来的刀路，可选择"精加工刀路"。

图 9-60　"单个的"选项

Note

9.7 非切削移动参数

在"外径粗车"对话框中单击"非切削移动"按钮，打开如图 9-61 所示的"非切削移动"对话框进行进刀/退刀设置。进刀/退刀设置可确定刀具逼近和离开部件的方式。对于加工过程中的每一点，系统都将区分进刀/退刀状态，可对每种状态指定不同类型的进刀/退刀方法。

图 9-61 "非切削移动"对话框

1. 圆弧-自动

"圆弧-自动"可使刀具以圆周运动的方式逼近/离开部件，刀具可以平滑地移动，中途无停止运动。主要在切削到部件边界时使用。仅可用于"粗轮廓加工"、"精加工"和"教学模式"。此方法包括以下两个选项。

（1）自动：系统自动生成的角度为 90°，半径为刀具切削半径的两倍。

（2）用户定义：需要在"非切削移动"对话框中输入角度和半径。图 9-62（a）为"圆弧-自动"示意图，该图中，E 为进刀/退刀运动；A 为角度；R 为半径。图 9-62（b）为定义"角度"和"半径"后生成的切削刀轨。

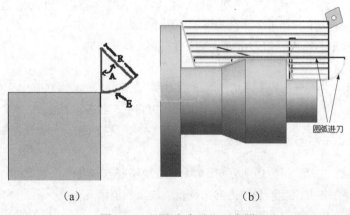

（a）   （b）

图 9-62 "圆弧-自动"示意图

2．线性-自动

"线性-自动"方式沿着第一刀切削的方向逼近/离开部件。运动长度与刀尖半径相等。 "线性-自动"示意图如图 9-63 所示。

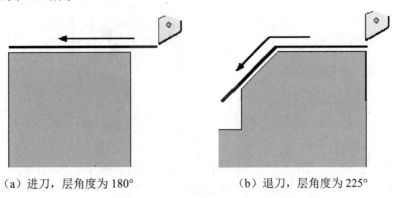

（a）进刀，层角度为 180°　　　　　　（b）退刀，层角度为 225°

图 9-63　 "线性-自动"示意图

3．线性-增量

在"进刀类型"中选择"线性-增量"选项后，将激活"XC 增量"和"YC 增量"，"线性-增量"选项如图 9-64 所示。使用 XC 和 YC 值会影响刀具逼近或离开部件的方向，输入的值表示移动的距离。

图 9-64　 "线性-增量"选项

4．线性

"线性"方法用"角度"和"长度"值决定刀具逼近或离开部件的方向，"线性"选项如图 9-65 所示。"角度"和"长度"值总是与 WCS 相关，系统从进刀或退刀移动的起点处开始计算这一角度，"线性"进刀方法如图 9-66 所示。

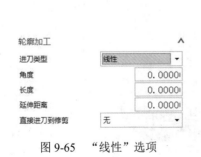

图 9-65　 "线性"选项　　　　　　　　图 9-66　 "线性"进刀方法

5．点

"点"方法可任意选定一个点，刀具沿此点直接进入部件，或在离开部件时经过此点，"点"进刀示意图如图 9-67 所示。

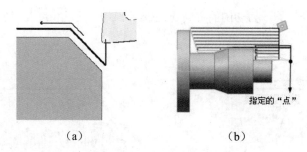

（a） （b）

图 9-67 "点"进刀示意图

6. 线性-相对于切削

"线性-相对于切削"方法用"角度"和"长度"值影响刀具逼近和离开部件的方向，其中角度是相对于相邻运动的角度，"线性-相对于切削"进刀/退刀示意图如图 9-68 所示。

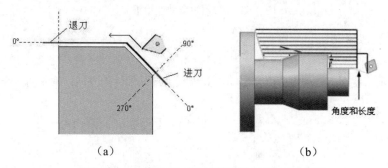

（a） （b）

图 9-68 "线性-相对于切削"进刀/退刀示意图

9.8 外径粗车加工示例

对如图 9-69 所示的粗车待加工部件进行外轮廓粗车加工，具体的创建加工过程如下。

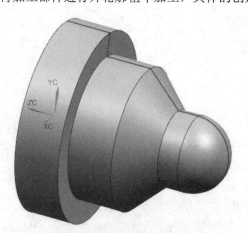

图 9-69 粗车待加工部件

1. 创建几何体

（1）单击"应用模块"选项卡"加工"面板中的"加工"按钮 ，打开如图 9-70 所示的"加工环境"对话框，在"CAM 会话配置"列表框中选择"cam_general"，在"要创建的 CAM 组装"列表框中选择"turning"，单击"确定"按钮，进入加工环境。

（2）将"导航器"转换到"工序导航器-几何"状态，如图 9-71 所示。在"工序导航器-几何"中双击"MCS_SPINDLE"。

图 9-70　"加工环境"对话框

图 9-71　工序导航器-几何

（3）打开如图 9-72 所示的"MCS 主轴"对话框，单击"坐标系对话框"按钮，打开如图 9-73 所示的"坐标系"对话框，指定 MCS 的坐标原点与绝对 CSYS 的坐标原点重合，指定平面为 ZM-XM，然后使 MCS 坐标系绕 YM 轴旋转-180°，再使 MCS 坐标系绕 ZM 轴旋转 90°，单击"确定"按钮，调整后的 MCS 坐标如图 9-74 所示。

图 9-72　"MCS 主轴"对话框

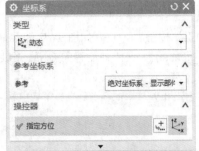

图9-73　"坐标系"对话框

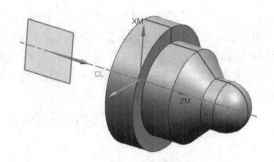

图9-74　调整后的MCS坐标

2．创建刀具

（1）单击"主页"选项卡"刀片"面板中的"创建刀具"按钮，打开如图9-75所示的"创建刀具"对话框，选择"类型"为"turning"，"刀具子类型"为"OD_80_L　"，输入"名称"为OD_80_L，其他采用默认设置，单击"确定"按钮。

（2）打开如图9-76所示的"车刀-标准"对话框，选择"工具"选项卡，输入"刀尖半径"为1.2，"方向角度"为15，"长度"为15，其他采用默认设置，单击"确定"按钮。

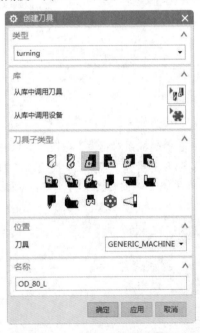

图9-75　"创建刀具"对话框

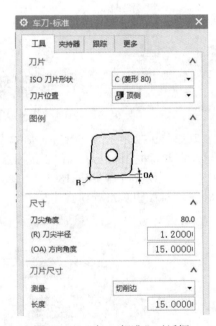

图9-76　"车刀-标准"对话框

3．指定车削边界

（1）在"工序导航器-几何"中双击"TURNING_WORKPIECE"，打开如图9-77所示的"车削工件"对话框，进行指定部件边界。

（2）在"车削工件"对话框中单击"指定部件边界"按钮，系统将打开如图9-78所示的"部件边界"对话框，通过"曲线边界"选择指定部件边界，指定的边界如图9-78所示。

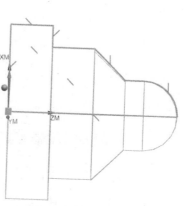

图9-77 "车削工件"对话框　　图9-78 "部件边界"对话框

（3）在"车削工件"对话框中，单击"指定毛坯边界"按钮，系统将打开如图9-79所示的"毛坯边界"对话框。选择"类型"为"棒材"，"安装位置"为"在主轴箱处"，"指定点"为如图 9-79 所示的定位点，输入"长度"为410，"直径"为410，指定的毛坯边界如图9-79所示，单击"确定"按钮。

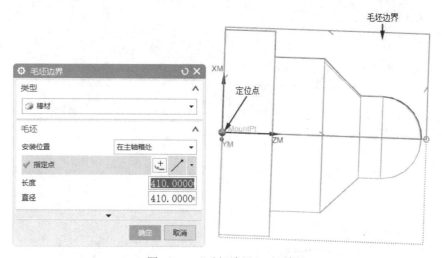

图9-79 "毛坯边界"对话框

4．创建工序

（1）单击"主页"选项卡"刀片"面板中的"创建工序"按钮，打开如图9-80所示的"创建工序"对话框，选择"类型"为"turning"，"工序子类型"为"外径粗车"，"刀具"为"OD_80_L"，"几何体"为"TURNING_WORKIECE"，其他采用默认设置，单击"确定"按钮。

（2）打开"外径粗车"对话框，单击"切削区域"右边的"编辑"按钮，打开如图9-81所示的"切削区域"对话框。在"修剪点1"和"修剪点2"栏中选择"指定"点选项，分别指定修剪点1（TP1）和修剪点2（TP2），如图9-81所示；在"区域选择"栏中采用"指定"方式，选择的区域如图 9-82 中 RSP 所示，单击"确定"按钮。

图 9-80　"创建工序"对话框

图 9-81　"切削区域"对话框

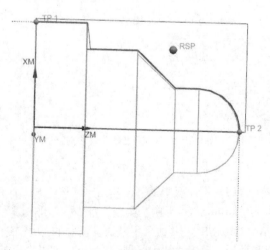

图 9-82　指定的切削区域

（3）在"外径粗车"对话框的"切削策略"栏中选择"单向线性切削"；在"刀轨设置"栏中设置"与 XC 的夹角"为 180°，"方向"为"前进"，"切削深度"为"变量平均值"，"最大值"为 10，

"变换模式"为"根据层","清理"为"全部",如图 9-83 所示。

（4）单击"切削参数"按钮 ，打开如图 9-84 所示的"切削参数"对话框，在"余量"选项卡的"粗加工余量"栏中设置"恒定"为 3；在"轮廓类型"选项卡中设置"最小面角角度"为 80，"最大面角角度"为 100，"最小直径角度"为-10，"最大直径角度"为 10，"最小陡峭壁角度"为 80，"最大陡峭壁角度"为 100，"最小水平角度"为-10，"最大水平角度"为 10，单击"确定"按钮。

（5）在"外径粗车"对话框单击"生成"按钮，生成刀轨，单击"确认"图标，实现刀轨的可视化，如图 9-85 所示。

图 9-83　设置参数

（a）"余量"选项卡　　　（b）"轮廓类型"选项卡

图 9-84　"切削参数"对话框

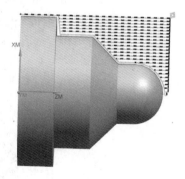

图 9-85　生成的刀轨

第10章

车螺纹和中心线钻孔

（ ▣ 视频讲解：14分钟 ）

车螺纹和中心线钻孔是车削中常见的加工方法，本章详细介绍车螺纹和中心线钻孔的创建方法及概念。

☑ 车螺纹　　　　　　　　　☑ 中心线钻孔

任务驱动&项目案例

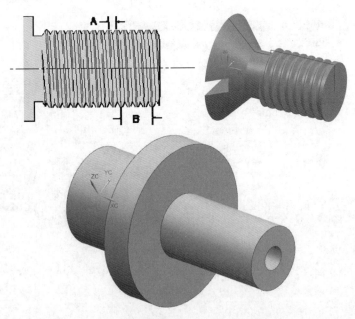

10.1 车 螺 纹

车螺纹用于切削直螺纹和锥螺纹，可以是单个或多个内部、外部或面螺纹。车螺纹时，可以控制粗加工刀路的深度以及精加工刀路的数量和深度，通过指定"螺距"、"前进角"或"每毫米螺纹圈数"，并选择顶线（峰线）和根线（或深度）以生成螺纹刀轨。在如图 10-1 所示的"外径螺纹铣"对话框中进行"车螺纹"相关参数的设置。

图 10-1 "外径螺纹铣"对话框

10.1.1 螺纹形状

1．选择顶线

顶线的位置由所选择的顶线加上"顶线偏置"值确定，如果"顶线偏置"值为 0，则所选线的位置即为顶线位置。选择顶线如图 10-2 所示，选择时离光标点最近的顶线端点将作为起点，另一个端点为终点。

图 10-2 选择顶线

2．选择终止线

通过选择与顶线相交的线来定义螺纹终端。当指定终止线时，交点即可决定螺纹的终端。

3．深度选项

（1）根线：既可建立总深度，也可建立螺纹角度。在选择根线后重新选择顶线不会导致重新计算螺纹角度，但会导致重新计算深度。根线的位置由所选择的根线加上"根线偏置"值确定，如果"根线偏置"值为 0，则所选线的位置即为根线位置。

（2）深度和角度：用于为总深度和螺纹角度键入值。

① 深度：可通过输入值建立起从顶线起测量的总深度。

② 角度：用于产生拔模螺纹，输入的角度值是从顶线起测量的，螺旋角如图 10-3 所示，图中 A 为角度，设置为 174°（从顶线逆时针计算）；B 为顶线；C 为总深度。

如果输入深度和角度值而非选择根线，则重新选择顶线时系统将重新计算螺旋角度，但不重新计算深度。

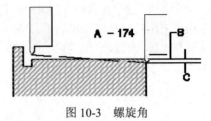

图 10-3　螺旋角

4．偏置

偏置用于调整螺纹的长度。正偏置值将加长螺纹；负偏置值将缩短螺纹。偏置是沿着螺旋角测量的，螺旋角取决于指定深度时使用的方法。

（1）起始偏置：输入所需的偏置值以调整螺纹的起点，如图 10-4 螺纹长度的计算中的 B 点。

（2）终止偏置：输入所需的偏置值以调整螺纹的终点，如图 10-4 螺纹长度的计算中的 A 点。

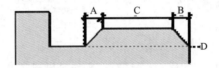

图 10-4　螺纹长度的计算

（3）顶线偏置：输入所需的偏置值以调整螺纹的顶线位置。正值会将螺纹的顶线背离部件偏置，负值会将螺纹的顶线向着部件偏置，如图 10-5（a）所示。该图中 C 为顶线，D 为根线。当未选择根线时，螺纹会上下移动而不会更改其角度或深度，如图 10-5（a）所示；当选择了根线但未输入根偏置时，螺旋角度和深度将随顶线偏置而变化，如图 10-5（b）所示。

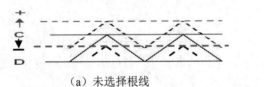

（a）未选择根线　　　　　　　　　　（b）已选择根线（无偏置）

图 10-5　顶线偏置

（4）根偏置：输入所需的偏置值可调整螺纹的根线该位置。正值使螺纹的根线背离部件偏置，负值使螺纹的根线向着部件偏置。根偏置如图 10-6 所示，该图中 C 为顶线，D 为根线。

（5）利用刀具参数初始化终止偏置："利用刀具参数初始化终止偏置"可使系统计算终止偏置，以便留出螺纹。偏置量是根据刀具方位、后角和离隙角、螺纹运动方向和螺旋角确定的。

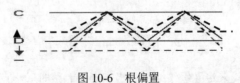

图 10-6　根偏置

10.1.2 切削参数

在"外径螺纹铣"对话框的"刀轨设置"栏中单击"切削参数"按钮，打开如图 10-7 所示的"切削参数"对话框。

图 10-7 "切削参数"对话框

1."策略"选项卡

（1）螺纹头数。

使用此选项可以定义多螺纹。单螺纹具有一个与导程相等的螺距，还有一个螺纹起始位置。双螺纹具有一个两倍于螺距距离的导程，还有两个 180°间距的螺纹起始距离，双螺纹的导程越长，螺纹"越长"，将是单螺纹每圈的纵向距离的两倍。

（2）切削深度。

粗加工螺纹深度等于总螺纹深度减去精加工深度，即粗加工螺纹深度由总螺纹深度和精加工螺纹深度决定。

① "恒定"可指定单一增量值。由于刀具压力会随着每个刀路迅速增加，因此在指定相对少的粗加工刀路时可使用此方式。当刀具沿着螺纹角切削时会移动输入距离，直到达到粗加工螺纹深度为止。"恒定"深度刀轨如图 10-8 所示。

② "单个的"可指定一组可变增量以及每个增量的重复次数以最大限度控制单个刀路。输入所需的增量距离以及希望它们重复的次数。如果增量的和不等于粗加工螺纹深度，则系统将重复上一非零增量值，直到达到适当的深度；如果增量的和超出粗加工螺纹深度，则系统将忽略超出的增量。

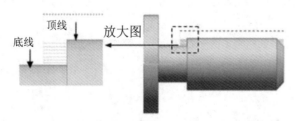

图 10-8 "恒定"深度刀轨

例如，如果粗加工螺纹深度是 3 mm，输入值如图 10-9 所示，包括以下几组增量。

☑ 刀路数=4，增量=0.5；增量 0.5 被重复 4 次，共切削深度为 2mm。

☑ 刀路数=5，增量=0.2；增量0.2被重复5次，共切削深度为1mm。

☑ 刀路数=5，增量=0.1；增量0.1被重复5次，共切削深度为0.5mm。

前两组的切削深度共为3mm，已经达到了切削深度，第三组增量设置将被忽略，系统不允许刀具的进给超出指定的深度，生成的"单个的"深度刀轨如图10-10所示。

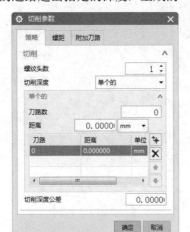

图10-9　　"单个的"设置

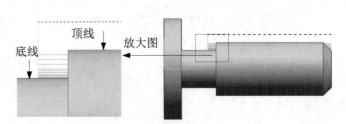

图10-10　　"单个的"深度刀轨

③ 切削深度选择"剩余百分比"选项，将激活剩余百分比、最大距离、最小距离等选项，"剩余百分比"设置如图10-11所示。可按照产生刀路时所保持的粗加工总深度的百分比来指定每个刀路的增量深度，步长距离随刀具深入螺纹中而逐渐减小，随着刀具接近粗加工螺纹深度，增量深度将变得非常小。"剩余百分比"深度刀轨如图10-12所示。

☑ 剩余百分比：控制下一次切削是上次切削剩余深度的百分比，使切削深度逐次变小直到刀具达到粗加工螺纹深度。

☑ 最小距离：利用"剩余百分比"控制增量时，必须输入一个最小增量值，当百分比计算结果小于最小值时，系统将在剩余的刀路上使用最小值切削到粗加工螺纹深度。

☑ 最大距离：利用"最大值"控制切削深度，防止在初始螺纹刀路过程中刀具切入螺纹太深。

例如，如果粗加工螺纹深度是3mm，输入"剩余百分比"为20%，最小距离为0.1，则第一个刀路的切削深度是3mm的20%或0.6mm，下一次切削是剩余深度2.4mm的20%或0.48mm，以此类推，直到百分比计算产生一个小于输入最小值0.10mm的结果。然后，系统对以后每个刀路以0.10mm增量进行切削，直到达到粗加工螺纹深度。生成的"剩余百分比"深度刀轨如图10-12所示。

图10-11　　"剩余百分比"设置

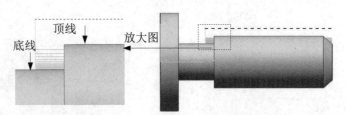

图10-12　　"剩余百分比"深度刀轨

2．"螺距"选项卡

"螺距"选项卡，如图10-13所示。

（1）螺距选项。

① "螺距"是指两条相邻螺纹沿与轴线平行方向上测量的相应点之间的距离，如图 10-14 所示中的 A。

② "导程角"指螺纹在每一圈上在轴的方向上前进的距离。对于单螺纹，前进度等于螺距；对于双螺纹，前进度是螺距的两倍。

③ "每毫米螺纹圈数"是沿与轴平行方向测量的每毫米的螺纹数量，如图 10-14 所示中的 B。

图 10-13 "螺距"选项卡

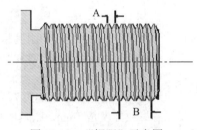

图 10-14 "螺距"示意图

（2）螺距变化。

"螺距选项"包括螺距、导程角和每毫米螺纹圈数 3 个选项，如图 10-13 所示。每个选项都可指定为"恒定""起点和终点"或"起点和增量"。

① 恒定："恒定"选项允许指定单一"距离"或"每毫米螺纹圈数"并将其应用于螺纹长度。系统将根据此值和指定的"螺纹头数"自动计算两个未指定的参数。对于"螺距"和"前进度"两个未指定的参数是"距离"和"输出单位"；对于"每毫米螺纹圈数" 两个未指定的参数是"每毫米螺纹圈数"和"输出单位"。

② 起点和终点/增量："起点和终点"或"起点和增量"可定义增加或减小螺距、前进度或每毫米螺纹圈数。"起点和终点"通过指定"开始"与"结束"确定变化率；"起点和增量" 通过指定"开始"与"增量"确定变化率。如果开始值小于结束值或增量值为正，则"车螺纹"对话框中的螺距/前进度/每毫米螺纹圈数将变大；如果开始值大于结束值或增量值为负，则"车螺纹"对话框中的螺距/前进度/每毫米螺纹圈数将变小。

（3）输出单位。

"输出单位"显示以下选项："与输入相同"、"螺距"、"导程角"和"每毫米螺纹圈数"。"与输入相同"可确保输出单位始终与上面指定的螺距、导程角或每毫米螺纹圈数相同。

3. "附加刀路"选项卡

"附加刀路"选项卡，如图 10-15 所示。

"精加工刀路"指定加工工件时所使用的增量和精加工刀路数。精加工螺纹深度由所有刀路数和增量决定，是所有增量的和。

Note

图 10-15 "附加刀路"选项卡

当生成螺纹刀轨时,首先由刀具切削到粗加工螺纹深度。粗加工螺纹深度按以下方式确定:由"外径螺纹加工"对话框中的"切削深度"增量方式和切削的"深度"值决定的刀路数以及"深度和角度"或"根线"决定的总深度确定。

使用由"附加刀路"对话框中精加工刀路指定的"刀路数"和"增量"切削到精加工螺纹深度。例如,如果总螺纹深度是 3mm,指定的精加工刀路数有以下两种情况。

☑ 刀路数=3,增量=0.25;增量 0.25 被重复 3 次,共切削深度为 0.75mm。

☑ 刀路数=5,增量=0.05;增量 0.05 被重复 5 次,共切削深度为 0.25mm。

则精加工刀路加工深度总计 1mm,粗加工深度为总深度减去精加工深度,即 3mm-1mm =2mm。

10.1.3 车螺纹示例

视频讲解

对如图 10-16 所示的螺钉 M10-20 进行车螺纹加工,具体的创建加工过程如下。

图 10-16 螺钉 M10-20

1. 指定几何体

（1）单击"应用模块"选项卡"加工"面板中的"加工"按钮 ，打开"加工环境"对话框，在 CAM 会话配置列表框中选择"cam_general"，在要创建的 CAM 组装列表中选择"turning"，单击"确定"按钮，进入加工环境。

（2）在"工序导航器-几何"中双击"MCS_SPINDLE"，打开"MCS 主轴"对话框，如图 10-17 所示。单击"坐标系对话框"图标 ，打开"坐标系"对话框中，捕捉螺帽的左端圆弧中心为原点，单击"确定"按钮，返回"MCS 主轴"对话框中，指定平面为 ZM-XM，将 MCS 坐标系绕 YM 轴旋转 90°，然后将 MCS 坐标系绕 XM 轴旋转 180°，单击"确定"按钮，MCS 主轴如图 10-18 所示。

图 10-17 "MCS 主轴"对话框

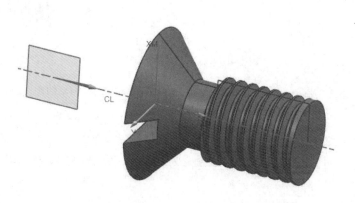

图 10-18 设置 MCS 主轴

（3）在"工序导航器-几何"中双击"TURNING_WORKPIECE"，打开如图 10-19 所示的"车削工件"对话框进行车削边界的指定。

图 10-19 "车削工件"对话框

（4）在"车削工件"对话框中单击"指定部件边界"按钮 ，系统打开"部件边界"对话框，设置选择方法为"曲线"，刀具侧为"外侧"，选择部件边界，指定的部件边界如图 10-20 所示。

Note

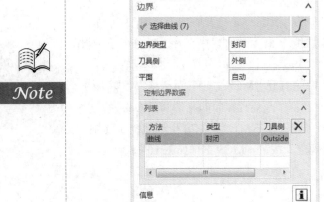

图 10-20　指定的部件边界

（5）在"车削工件"对话框中单击"指定毛坯边界"按钮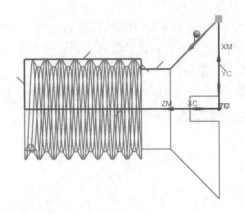，系统将打开如图 10-21 所示的"毛坯边界"对话框，选择"类型"为"棒材"，"安装位置"为"在主轴箱处"，"指定点"为如图 10-22 所示的定位点，输入"长度"为 12，"直径"为 10，最终指定的毛坯边界如图 10-22 所示。

图 10-21　"毛坯边界"对话框

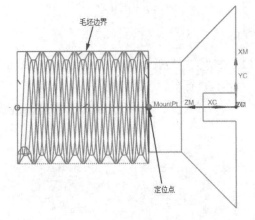

图 10-22　指定的毛坯边界

2. 创建刀具

（1）单击"主页"选项卡"刀片"面板中的"创建刀具"按钮，打开如图 10-23 所示的"创建刀具"对话框，选择"类型"为"turning"，"刀具子类型"为"OD_THREAD_L"，输入"名称"为 OD_THREAD_L，其他采用默认设置，单击"确定"按钮。

（2）打开如图 10-24 所示的"螺纹刀-标准"对话框，选择"工具"选项卡，输入"方向角度"为 90，"刀片长度"为 4，"刀片宽度"为 2，"左角"为 30，"右角"为 30，"刀尖半径"为 0，"刀尖偏置"为 1，其他采用默认设置，单击"确定"按钮。

Note

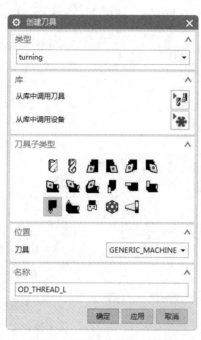

图 10-23 "创建刀具"对话框

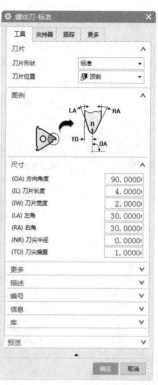

图 10-24 "螺纹刀-标准"对话框

3. 创建工序

（1）单击"主页"选项卡"刀片"面板中的"创建工序"按钮，打开如图 10-25 所示的"创建工序"对话框，选择"类型"为"turning"，"工序子类型"为"外径螺纹铣"，"刀具"为"OD_THREAD_L"，"几何体"为"TURNING_WORKPIECE"，其他采用默认设置，单击"确定"按钮。

图 10-25 "创建工序"对话框

Note

（2）打开"外径螺纹铣"对话框，单击"选择顶线"右边的按钮 选择顶线，指定螺纹形状如图 10-26 所示。选择"深度选项"为"深度和角度"，输入"深度"为 0.75，"与 XC 的夹角"为 180°，"起始偏置"和"终止偏置"均为 0.5，单击"显示起点和终点"按钮，显示选择的顶线、起始点和终止点，如图 10-26 所示。

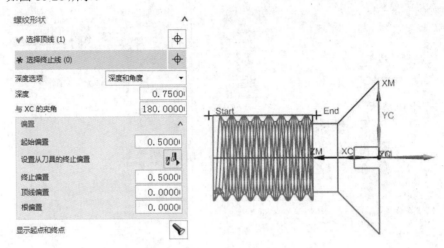

图 10-26　指定螺纹形状

（3）单击"切削参数"按钮，打开如图 10-27 所示的"切削参数"对话框，在"策略"选项卡中设置"螺纹头数"为 1，"切削深度"为"恒定"，"最大距离"为 0.75mm，"切削深度公差"为 0.001；在"螺距"选项卡中设置"螺距选项"为"螺距"，"螺距变化"为"恒定"，"距离"为 1.5，"输出单位"为"与输入相同"；在"附加刀路"选项卡的"精加工刀路"栏中设置"刀路数"为 5，"增量"为 0.15，单击"确定"按钮。

（a）"策略"选项卡　　　　（b）"螺距"选项卡　　　　（c）"附加刀路"选项卡

图 10-27　"切削参数"对话框

（4）单击"非切削移动"按钮，打开如图 10-28 所示的"非切削移动"对话框，在"逼近"选项卡的"运动到起点"栏中选择"运动类型"为"直接"，"点选项"为"点"，"指定点"的坐标为 X=25、Y=0、Z=10；在"离开"选项卡的"运动到返回点/安全平面"栏中选择"运动类型"为"径向→轴向"，"点选项"为"点"，"指定点"的坐标为 X=25、Y=0、Z=10。

（a）"逼近"选项卡

（b）"离开"选项卡

图 10-28 "非切削移动"对话框

（5）在"外径螺纹铣"对话框中单击"生成"按钮 ，生成刀轨，单击"确认"按钮 ，实现刀轨的可视化，生成的刀轨如图 10-29 所示。

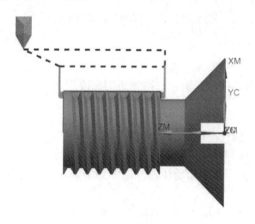

图 10-29 螺纹刀轨

10.2 中心线钻孔

使用"中心线钻孔"执行钻孔操作，利用车削主轴中心线上的非旋转刀具，通过旋转工件来执行钻孔操作。在"中心线钻孔"对话框中进行"中心线钻孔"相关参数的设置。

在"创建工序"对话框中选择"中心线钻孔 "工序子类型，单击"确定"按钮，打开如图 10-30 所示的"中心线钻孔"对话框。

图 10-30 "中心线钻孔"对话框

10.2.1 循环类型

"循环类型"可以设置循环选项、输出选项、进刀/退刀距离等。

1．输出选项

中心线钻孔操作支持如下两种不同的循环类型。

（1）机床加工周期：系统输出一个循环事件，其中包含所有的循环参数，以及一个 GOTO 语句，表示特定于 NC 机床钻孔循环的起始位置。选择此选项后，将激活退刀距离、步数等选项，如图 10-31（a）所示。

（2）已仿真：系统计算出一个中心线钻孔刀轨，输出一系列 GOTO 语句，没有循环事件。选择此选项后，将激活进刀距离、排屑等选项，如图 10-31（b）所示。

2．排屑

"排屑"用于"钻，深"和"钻，断屑"循环，可指定钻孔时除屑或断屑的增量类型。

"增量类型"包括以下内容。

（1）恒定：刀具每向前移动一次的距离。如果最后剩余深度小于"恒定"值，则最后一次钻孔移动会缩短。

（2）可变：可指定刀具按指定深度切削所需的次数。如果增量之和小于总深度，系统将重复执行最后一个具有非零增量值的刀具移动操作，直至达到总深度；如果增量和超出总深度，则系统将忽略过剩增量；如果选择可变作为增量类型，则在切削数和增量字段中输入切削数与每次切削的深度。

（a）　　　　　　　　　　　　（b）

图 10-31　输出选项

3．进刀距离

输入正的进刀距离，该距离等于或大于"安全距离"。

4．输出选项

（1）已仿真：系统计算钻刀刀轨。

（2）机床加工周期：使用 NC 机床的机床加工周期。

5．主轴停止

（1）无：不停止主轴。

（2）退刀之前：在刀具从工件退刀之前停止主轴。

10.2.2　起点和深度

1．起始位置

（1）自动：系统选择一个起始位置，该位置取决于当前 IPW。

（2）指定：从图形窗口中选择起始位置。

> 注意：如果复制、粘贴 CENTERLINE_DRILLING 工序，而且该工序指定了"起始位置"、"深度"、"距离"或"刀肩深度"，新复制的工序会将其起点位置调整到首次（原先的"中间线钻孔"）工序所产生的 IPW 处。

2．入口直径

用以在存在埋头或沉头孔时减少空中切削。软件使用指定的入口直径和钻点角度来调整钻刀与材料的接触点，如图 10-32 所示。图中 A 为入口直径；B 为新起点；C 为原起点。

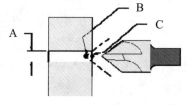

图 10-32　入口直径

3．深度选项

（1）距离：可输入沿钻孔轴加工的深度值，必须为正值。

（2）终点：利用"点"对话框定义钻孔深度，利用指定的"起点"和定义的"终点"计算钻孔

Note

深度。如果所定义的点不在钻孔轴上，系统会将该点垂直投影到钻孔轴上，然后计算深度。终点定义如图 10-33 所示，该图中 A 为该点被垂直投影到钻孔轴上；B 为钻孔深度；C 为起点。

（3）横孔尺寸：可输入定义钻孔深度的信息，当钻至这一深度时，刀具将钻入一个横孔中，钻孔刀轨（进入相交孔）如图 10-34 所示。选择"横孔尺寸"后，将激活以下选项。

- ☑ 直径：指定横孔的直径，如图 10-34 所示的 A。
- ☑ 距离：指定钻孔起点 D 和横孔轴 B 与钻轴交点之间的距离，如图 10-34 所示的 E。
- ☑ 角度：指定横孔轴与钻孔轴所成的角度，如图 10-34 所示的 C。

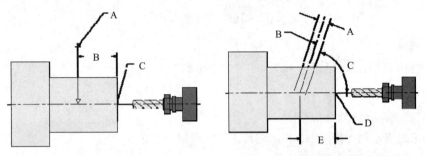

图 10-33　定义终点　　　　图 10-34　钻孔刀轨（进入相交孔）

（4）横孔：可选择现有的圆或圆柱面作为横孔。系统将从"起点"出发沿着钻轴一直到所选横孔的距离作为钻孔深度。计算得出的钻孔深度将使得刀具可以完全穿透横孔的一侧，然后退刀。横孔的中心应该在钻轴上。如果其中心没有位于钻孔轴上，系统将沿着圆弧轴将该中心投影至钻孔轴。通过横孔定义深度如图 10-35 所示，该图中 A 为圆弧中心的投影；B 为钻孔深度；C 为起点。

（5）埋头直径：系统将根据所选的刀具自动确定沉孔深度。刀具将依照指定的深度嵌入工件中，从而生成指定直径的沉孔，根据沉孔直径定义深度如图 10-36 所示，该图中 A 为沉孔直径；B 为自动计算沉孔深度。

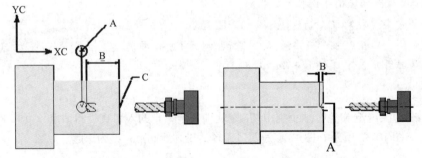

图 10-35　通过横孔定义深度　　　　图 10-36　根据埋孔直径定义深度

4．参考深度

（1）刀尖：刀尖会达到所需深度。

（2）刀肩：刀肩会达到所需深度。

（3）循环跟踪点：跟踪点会达到所需深度。

5．偏置

控制从深度参考列表中选择的刀尖或刀肩的偏置。

10.2.3　刀轨设置

1．安全距离

在工件周围建立一个没有切削刀具运动的安全区域。钻孔完成后，刀具返回安全距离处，之后继续回到返回点和/或回零点。如果希望进刀运动位于材料外部，则输入正的"安全距离"值；如果希望向材料内部进刀，则输入负的"安全距离"值。

2．驻留

指定加工刀路末端刀具运动中的延迟，以减轻刀具压力。

3．钻孔位置

钻孔位置可以设置在中心线上和不在中心线上，当钻孔位置选择不在中心线上时用于远离中心线钻孔。

10.2.4　中心线钻孔示例

对如图 10-37 所示的待加工部件进行中心线钻孔，具体创建步骤如下。

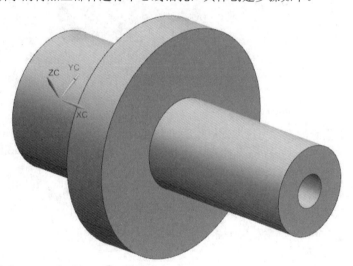

图 10-37　待加工部件

视频讲解

1．创建几何体

（1）单击"应用模块"选项卡"加工"面板中的"加工"按钮 ，打开"加工环境"对话框，在"CAM 会话配置"列表框中选择"cam_general"，在"要创建的 CAM 组装"列表框中选择"turning"，单击"确定"按钮，进入加工环境。

（2）将"导航器"转换到"工序导航器-几何"状态，在"工序导航器-几何"中双击"MCS_SPINDLE"。

（3）打开如图 10-38 所示的"MCS 主轴"对话框，单击"坐标系对话框"按钮 ，打开如图 10-39 所示的"坐标系"对话框，选择"Z 轴，X 轴，原点"类型，捕捉零件的左端圆弧中心为原点，选取"XC 轴"为 Z 轴方向，选取"ZC 轴"为 X 轴方向，单击"确定"按钮，返回"MCS 主轴"对话框中，指定平面为 ZM-XM，单击"确定"按钮，MCS 主轴如图 10-40 所示。

图 10-38 "MCS 主轴"对话框

图 10-39 "坐标系"对话框

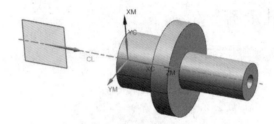

图 10-40 调整 MCS 坐标

2．创建刀具

（1）单击"主页"选项卡"刀片"面板中的"创建刀具"按钮 ，打开如图 10-41 所示的"创建刀具"对话框，"类型"为"turning"，"刀具子类型"为"DRILLING_TOOL "，输入"名称"为 DRILLING_TOOL，其他采用默认设置，单击"确定"按钮。

（2）打开如图 10-42 所示的"钻刀"对话框，输入"直径"为 30，"刀尖角度"为 118，"长度"为 120，"刀刃长度"为 100，其他采用默认设置，单击"确定"按钮。

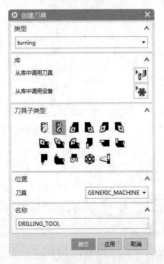

图 10-41 "创建刀具"对话框

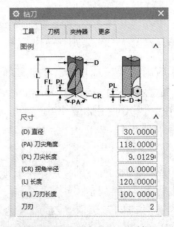

图 10-42 "钻刀"对话框

3．指定车削边界

（1）在"工序导航器-几何"中双击"TURNING_WORKPIECE"，打开"车削工件"对话框，进行指定部件边界。

（2）在"车削工件"对话框中，单击"指定毛坯边界"按钮，系统将打开如图 10-43 所示的"毛坯边界"对话框。选择"类型"为"棒材"，"安装位置"为"在主轴箱处"，"指定点"为如图 10-44 所示的定位点，输入"长度"为 150，"直径"为 80，单击"确定"按钮。

图 10-43　"毛坯边界"对话框

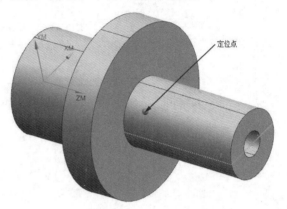

图 10-44　定位点

4．创建工序

（1）单击"主页"选项卡"刀片"面板中的"创建工序"按钮，打开如图 10-45 所示的"创建工序"对话框，"类型"为"turning"，"工序子类型"为"中心线钻孔"，"刀具"为"DRILLING_TOOL"，"几何体"为"TURNING_WORKPIECE"，其他采用默认设置，单击"确定"按钮。

图 10-45　"创建工序"对话框

（2）打开如图 10-46 所示的"中心线钻孔"对话框，在"循环类型"栏中设置"循环"为"钻，深"，"输出选项"为"已仿真"；在"排屑"栏中设置"增量类型"为"恒定"，"恒定增量"为 10，"安全距离"为 3；在"起点和深度"栏中设置"起始位置"为"自动"，"深度选项"为"距离"，"距

G NX 12.0中文版数控加工从入门到精通

离"为 100；在"刀轨设置"栏中设置"安全距离"为 3，"驻留"为"时间"，"秒"为 2，"钻孔位置"为"在中心线上"。

图 10-46 "中心线钻孔"对话框

（3）单击"非切削移动"按钮，打开如图 10-47 所示的"非切削移动"对话框，在"逼近"选项卡的"运动到起点"栏中"运动类型"选择"直接"，"点选项"选择"点"；单击"点对话框"按钮，打开"点"对话框，输入坐标为 X=320、Y=0、Z=0；单击"确定"按钮。

（4）在"中心线钻孔"对话框中单击"生成"按钮，生成刀轨，单击"确认"按钮，实现刀轨的可视化，生成的刀轨如图 10-48 所示。

图 10-47 "非切削移动"对话框

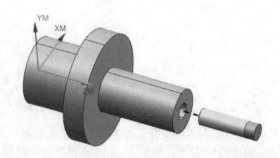

图 10-48 生成的刀轨

· 272 ·

第 4 篇

综合实例篇

本篇将在读者熟练掌握 UG 铣削和车削加工相关知识的基础上,通过各种实践应用中常见的零件数控加工综合实例的讲解,帮助读者进一步深化对前面所学知识的掌握和理解。

通过本篇的学习,读者可以完整而深入地掌握 UG 中铣削和车削加工的操作设计方法与技巧,达到熟练使用 UG 进行数控加工的学习目的。

第*11*章

铣削加工某电器产品外壳凸模

（ 视频讲解：18分钟）

　　本章对某电器产品外壳凸模进行加工，通过本章的学习，读者能够对数控铣削加工的综合应用有一个深刻的了解，并学会熟练使用不同的数控铣削加工方法进行复杂零件的加工。

☑ 概述
☑ 创建工序
☑ 初始设置
☑ 刀轨演示

视频讲解

任务驱动&项目案例

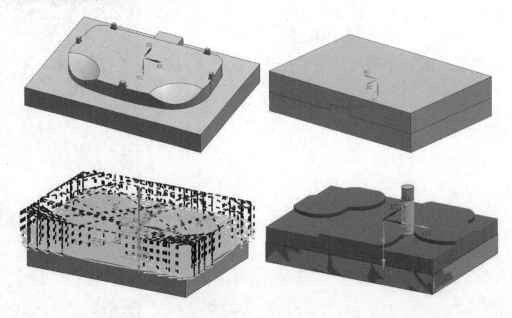

11.1　概　　述

　　本实例对如图 11-1 所示的某电器产品外壳凸模进行加工，采用型腔铣、固定轮廓铣等。

　　该零件模型包括多个凸台、圆角、曲面等特征，底面为平面。对于该模具需要加工多个凸台，如果采用轮廓铣、平面铣等加工方式，需要多次设置加工区域等限制条件，操作较为烦琐；如果采用型腔铣加工，由系统计算，则可以较好地解决这个问题。

　　根据待加工零件的结构特点，先用型腔铣粗加工出零件的外形轮廓，再用型腔铣精加工零件外形轮廓，最后用固定轮廓铣加工曲面。由于零件同一特征可以使用不同的加工方法，因此，在具体安排加工工艺时，读者可以根据实际情况来确定。本实例安排的加工工艺和方法不一定是最佳的，其目的只是让读者了解各种铣削加工方法的综合应用。

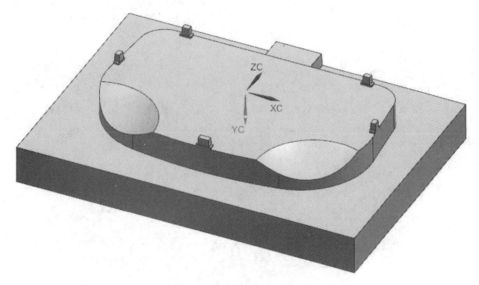

图 11-1　某电器产品外壳凸模

11.2　初　始　设　置

11.2.1　创建毛坯

　　（1）在建模环境中，单击"视图"选项卡"可见性"面板中的"图层设置"按钮，打开"图层设置"对话框。在"工作层"文本框中输入 2，按 Enter 键，新建工作图层"2"，如图 11-2 所示。单击"关闭"按钮。

　　（2）单击"主页"选项卡"特征"面板中的"拉伸"按钮，打开如图 11-3 所示的"拉伸"对话框，选取待加工部件的底部边线为拉伸截面，指定矢量方向为"-YC"，输入开始距离为 0 和结束距离为 90，其他采用默认设置，单击"确定"按钮，生成毛坯，如图 11-4 所示。

图 11-2 "图层设置"对话框

图 11-3 "拉伸"对话框

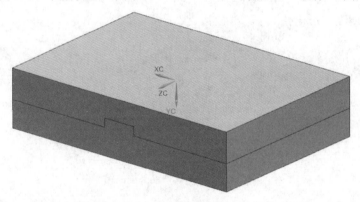

图 11-4 毛坯

（3）单击"视图"选项卡"可见性"面板中的"图层设置"按钮，打开"图层设置"对话框。双击图层 1 将其设置为工作层，取消选中图层"2"，隐藏毛坯，单击"关闭"按钮。

11.2.2　创建几何体

（1）单击"应用模块"选项卡"加工"面板中的"加工"按钮，打开如图 11-5 所示的"加工环境"对话框，在"CAM 会话配置"列表框中选择"cam_general"，在"要创建的 CAM 组装"列表框中选择"mill_contour"，单击"确定"按钮，进入加工环境。

（2）在上边框条中单击"几何视图"按钮，在"工序导航器-几何"中双击"WORKPIECE"，打开如图 11-6 所示的"工件"对话框，单击"选择或编辑部件几何体"按钮，打开"部件几何体"对话框，选择如图 11-7 所示的待加工零件为部件几何体。

图 11-5　"加工环境"对话框　　　　图 11-6　"工件"对话框

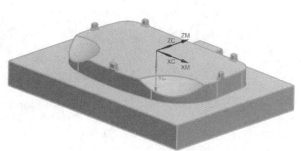

图 11-7　选取部件几何体

（3）单击"选择或编辑毛坯几何体"按钮，打开"毛坯几何体"对话框，单击"视图"选项卡"可见性"面板中的"图层设置"按钮 ，打开"图层设置"对话框。双击图层 1 将其设置为工作层，选中图层"2"，显示毛坯，单击"关闭"按钮。选择如图 11-8 所示的毛坯，单击"确定"按钮。

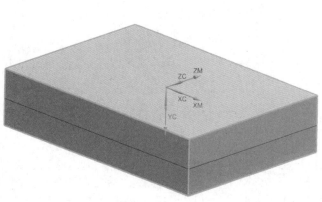

图 11-8　选取毛坯

（4）单击"视图"选项卡"可见性"面板中的"图层设置"按钮，打开"图层设置"对话框。取消选中图层"2"，隐藏毛坯，单击"关闭"按钮。

11.2.3　创建刀具

（1）单击"主页"选项卡"刀片"面板中的"创建刀具"按钮，打开如图 11-9 所示的"创建刀具"对话框，"类型"为"mill_contour"，"刀具子类型"为"MILL"，输入"名称"为 END26，其他采用默认设置，单击"确定"按钮。

（2）打开如图 11-10 所示的"铣刀-5 参数"对话框，输入"直径"为 26，"长度"为 100，"刀刃长度"为 75，其他采用默认设置，单击"确定"按钮。

（3）重复"创建刀具"命令，新建 END16 刀具，输入"直径"为 16，"长度"为 100，"刀刃长度"为 75。

（4）重复"创建刀具"命令，新建 END6 刀具，输入"直径"为 6，"长度"为 100，"刀刃长度"为 75。

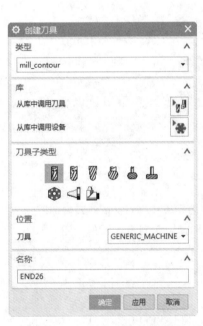

图 11-9　"创建刀具"对话框

图 11-10　"铣刀-5 参数"对话框

11.3　创建工序

11.3.1　粗加工外轮廓

（1）单击"主页"选项卡"刀片"面板中的"创建工序"按钮，打开如图 11-11 所示的"创建工序"对话框，选择"类型"为"mill_contour"，"工序子类型"为"型腔铣"，"刀具"为"END26"，

"几何体"为"WORKPIECE","方法"为"MILL_ROUGH",其他采用默认设置,单击"确定"按钮。

（2）打开如图 11-12 所示的"型腔铣"对话框,在"刀轴"栏中的"轴"下拉列表中选择"指定矢量"选项,在"指定矢量"下拉列表中选择"-YC 轴"。

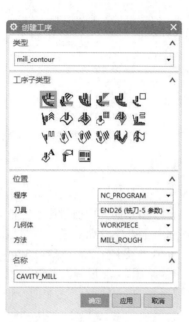

图 11-11　"创建工序"对话框　　　　图 11-12　"型腔铣"对话框

（3）在"刀轨设置"栏中设置"切削模式"为"跟随部件","步距"为"%刀具平直","平面直径百分比"为 50,"最大距离"为 10,如图 11-13 所示。

图 11-13　刀轨设置

（4）单击"切削参数"按钮 ,打开如图 11-14 所示的"切削参数"对话框,在"策略"选项卡中选择"切削顺序"为"深度优先";在"余量"选项卡中选中"使底面余量与侧面余量一致"复选框,输入"部件侧面余量"为 1;在"更多"选项卡中选中"边界逼近"和"容错加工"复选框,单击"确定"按钮。

（a）"策略"选项卡　　　　　（b）"余量"选项卡　　　　　（c）"更多"选项卡

图 11-14　"切削参数"对话框

（5）单击"非切削移动"按钮，打开如图 11-15 所示的"非切削移动"对话框，在"进刀"选项卡的"封闭区域"栏中设置"进刀类型"为"插削"，高度为 3mm；在"开放区域"栏中设置"进刀类型"为"线性"，"长度"为 3mm，"高度"为 3mm，"最小安全距离"为 3mm；在"转移/快速"选项卡的"安全设置"栏中设置"安全设置选项"为"平面"。然后单击"平面对话框"按钮，打开"平面"对话框，选择"按某一距离"类型，选取毛坯的上表面为参考平面，输入距离为 30mm，如图 11-16 所示。单击"确定"按钮。

（a）"进口"选项卡　　　　　（b）"转移/快速"选项卡

图 11-15　"非切削移动"对话框

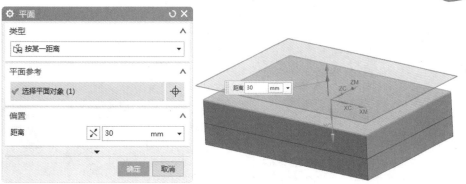

图 11-16 设置安全平面

（6）进行完以上全部设置后，在"操作"栏中单击"生成"按钮，生成刀轨，如图 11-17 所示。

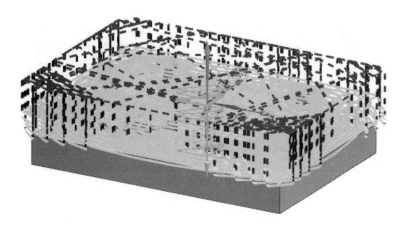

图 11-17 粗加工刀轨

11.3.2 半精加工轮廓

（1）单击"主页"选项卡"刀片"面板中的"创建工序"按钮，打开如图 11-18 所示的"创建工序"对话框，选择"类型"为"mill_contour"，"工序子类型"为"型腔铣"，"刀具"为"END16"，"几何体"为"WORKPIECE"，"方法"为"MILL_SEMI_FINISH"，其他采用默认设置，单击"确定"按钮。

（2）打开"型腔铣"对话框，在"刀轴"栏中的"轴"下拉列表中选择"指定矢量"，在"指定矢量"下拉列表中选择"-YC 轴"，单击"确定"按钮。

（3）在"刀轨设置"栏中设置"切削模式"为"跟随部件"，"步距"为"%刀具平直"，"平面直径百分比"为 25，"最大距离"为 1mm，如图 11-19 所示。

（4）单击"切削参数"按钮，打开如图 11-20 所示的"切削参数"对话框，在"策略"选项卡中选择"切削顺序"为"深度优先"；在"余量"选项卡中选中"使底面余量与侧面余量一致"复选框，设置"部件侧面余量"为 0；在"空间范围"选项卡中选择"过程工件"为"使用 3D"；在"更多"选项卡中选中"边界逼近"和"容错加工"复选框，单击"确定"按钮。

图 11-18 "创建工序"对话框　　　　图 11-19 刀轨设置

（a）"策略"选项卡

（b）"余量"选项卡

（c）"空间范围"选项卡

（d）"更多"选项卡

图 11-20 "切削参数"对话框

（5）单击"非切削移动"按钮，打开如图 11-21 所示的"非切削移动"对话框，在"进刀"选项卡"封闭区域"栏的"进刀类型"下拉列表中选择"沿形状斜进刀"，设置"斜坡角度"为 15，"高度"为 3mm，"最小安全距离"为 0，"最小斜坡长度"为"70%刀具"，在"开放区域"栏中设置"进刀类型"为"线性"，"长度"为"50%刀具"，"高度"为 3mm，"最小安全距离"为 3mm；在"转移/快速"选项卡"安全设置"栏中设置"安全设置选项"为"平面"。然后单击"平面对话框"按钮，打开"平面"对话框，选择"按某一距离"类型，选取毛坯的上表面为参考平面，输入"距离"为 30mm，单击"确定"按钮。

（a）"进刀"选项卡　　　　　（b）"转移/快速"选项卡

图 11-21　"非切削移动"对话框

（6）进行完以上全部设置后，在"操作"栏中单击"生成"按钮，生成刀轨，如图 11-22 所示。

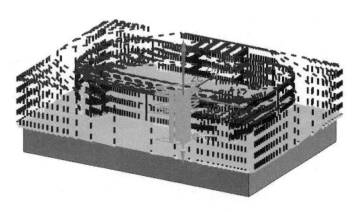

图 11-22　半精加工刀轨

11.3.3　精加工曲面

（1）单击"主页"选项卡"刀片"面板中的"创建工序"按钮，打开如图 11-23 所示的"创建工序"对话框，选择"类型"为"mill_multi-axis"，"工序子类型"为"固定轮廓铣"，"刀具"为"END6"，"几何体"为"WORKPIECE"几何体，"方法"为 END6 的刀具，选择"MILL_FINISH"，其他采用默认设置，单击"确定"按钮。

（2）打开如图 11-24 所示的"固定轮廓铣"对话框，在"刀轴"栏中的"轴"下拉列表中选择"指定矢量"选项，在"指定矢量"下拉列表中选择"-YC 轴"。

图 11-23　"创建工序"对话框　　　图 11-24　"固定轮廓铣"对话框

（3）单击"选定或编辑切削区域几何体"按钮，打开"切削区域"对话框，选取如图 11-25 所示的切削区域。

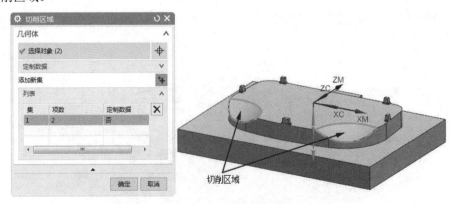

图 11-25　选取切削区域

（4）在"驱动方法"栏中选取"区域铣削"方法，单击"编辑"按钮，打开如图 11-26 所示的"区域铣削驱动方法"对话框。在"陡峭空间范围"栏中设置"方法"为"非陡峭"，"陡峭壁角度"为 65；在"驱动设置"栏中设置"非陡峭切削模式"为"跟随周边"，"步距"为"%刀具平直"，"平面直径百分比"为 20；其他采用默认设置，单击"确定"按钮。

（5）在"固定轮廓铣"对话框中单击"非切削移动"按钮，打开如图 11-27 所示的"非切削移动"对话框，在"进刀"选项卡"开放区域"栏中设置"进刀类型"为"线性"，"进刀位置"为"距离"，"长度"为 100%刀具，在"根据部件/检查"栏中设置"进刀类型"为"线性"，"进刀位置"为"距离"，"长度"为"80%刀具"，"旋转角度"为 180，"斜坡角度"为 45，在"初始"栏中设置"进刀类型"为"与开放区域相同"；在"转移/快速"选项卡"区域距离"栏中设置"区域距离"为"500%刀具"，其他采用默认设置，单击"确定"按钮。

（a）"进刀"选项卡　　（b）"转移/快速"选项卡

图 11-26　"区域铣削驱动方法"对话框　　图 11-27　"非切削移动"对话框

（6）进行完以上全部设置后，在"操作"栏中单击"生成"按钮，生成刀轨，如图 11-28 所示。

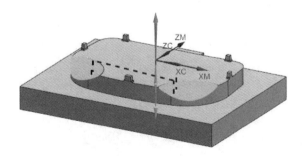

图 11-28　精加工刀轨

11.4 刀轨演示

（1）在"工序导航器-几何"中选取所有的加工工序，右击，在打开的快捷菜单中选择"刀轨"→"确认"命令，如图 11-29 所示。

（2）打开如图 11-30 所示的"刀轨可视化"对话框，在"3D 动态"选项卡中调整动画速度，然后单击"播放"按钮 ▶ ，进行动态加工模拟，如图 11-31 所示。

图 11-29 快捷菜单

图 11-30 "刀轨可视化"对话框

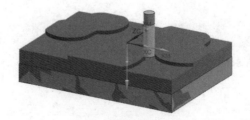

图 11-31 动态模拟加工

第12章

铣削加工齿轮

(视频讲解：27分钟)

　　本章对齿轮进行加工，该加工过程综合运用数控铣削的多种方式，包括型腔铣、插铣、钻孔、深度轮廓铣和剩余铣。通过本章的学习，读者能够对数控铣削加工的综合应用有一个深刻的了解并熟练使用不同的数控铣削加工方法进行复杂零件的加工。

☑ 概述　　　　　　　　　　　☑ 初始设置
☑ 粗加工　　　　　　　　　　☑ 精加工
☑ 刀轨演示

视频讲解

任务驱动&项目案例

12.1 概　　述

本实例对如图 12-1 所示的齿轮进行加工，采用型腔铣、插铣、钻孔、深度轮廓铣和剩余铣等工序。

该齿轮的主要参数为模数 8 和齿数 25；齿圈上 6 个小孔直径均为 18mm；中心连接孔槽直径为 50mm；键槽长为 10mm，宽 4mm；齿厚为 50mm。

根据待加工零件的结构特点，先用型腔铣粗加工出齿轮的减重槽，再用钻孔加工减重孔，然后用深度轮廓铣加工轴孔，用插铣加工齿形，用剩余铣精加工减重槽，最后用插铣加工键槽和齿形。由于零件同一特征可以使用不同的加工方法，因此，在具体安排加工工艺时，读者可以根据实际情况来确定。本实例安排的加工工艺和方法不一定是最佳的，其目的只是让读者了解各种铣削加工方法的综合应用。

图 12-1　齿轮

12.2 初 始 设 置

12.2.1 创建毛坯

（1）在建模环境中，单击"视图"选项卡"可见性"面板中的"图层设置"按钮，打开"图层设置"对话框。新建工作图层"2"，单击"关闭"按钮。

（2）选择"菜单"→"插入"→"在任务环境中绘制草图"命令，打开如图 12-2 所示的"创建草图"对话框，系统自动选取 XC-YC 平面为草图绘制面，单击"确定"按钮，进入草图绘制环境。

（3）单击"主页"选项卡"曲线"面板中的"圆"按钮○，以坐标原点为圆心绘制直径为230mm的圆，如图 12-3 所示。单击"完成"按钮，退出草图绘制。

图 12-2 "创建草图"对话框

图 12-3 绘制圆

（4）单击"主页"选项卡"特征"面板中的"拉伸"按钮，打开如图 12-4 所示的"拉伸"对话框，选取上步绘制的圆为拉伸截面，指定矢量方向为"-ZC"，输入开始距离为 0 和结束距离为 50，其他采用默认设置，单击"确定"按钮，生成毛坯，如图 12-5 所示。

图 12-4 "拉伸"对话框

图 12-5 毛坯

（5）在部件导航器中选取步骤（3）中绘制的草图，右击，在打开的快捷菜单中选择"隐藏"命令，隐藏草图。

12.2.2 创建几何体

（1）单击"应用模块"选项卡"加工"面板中的"加工"按钮，打开"加工环境"对话框，在"CAM 会话配置"列表框中选择"cam_general"，在"要创建的 CAM 组装"列表框中选择"mill_contour"，单击"确定"按钮，进入加工环境。

（2）在上边框条中单击"几何视图"按钮，在"工序导航器-几何"中双击"WORKPIECE"，打开如图 12-6 所示的"工件"对话框，单击"选择或编辑部件几何体"按钮，打开"部件几何体"对话框，选择如图 12-1 所示的部件。单击"选择或编辑毛坯几何体"按钮，打开"毛坯几何体"对话框，选择如图 12-5 所示的毛坯，单击"确定"按钮。

图 12-6　"工件"对话框

（3）单击"视图"选项卡"可见性"面板中的"图层设置"按钮，打开"图层设置"对话框。双击图层"1"为工作层，取消选中图层"2"，隐藏毛坯，单击"关闭"按钮。

12.2.3　创建刀具

1．创建铣刀

（1）单击"主页"选项卡"刀片"面板中的"创建刀具"按钮，打开如图 12-7 所示的"创建刀具"对话框，"类型"为"mill_contour"，"刀具子类型"为"MILL"，输入"名称"为 END16，其他采用默认设置，单击"确定"按钮。

（2）打开如图 12-8 所示的"铣刀-5 参数"对话框，输入"直径"为 16，其他采用默认设置，单击"确定"按钮。

（3）重复"创建刀具"命令，新建 END6 刀具，输入"直径"为 6，"长度"为 75，"刀刃长度"为 50。

（4）重复"创建刀具"命令，新建 END4 刀具，输入"直径"为 4，"长度"为 75，"刀刃长度"为 50。

（5）重复"创建刀具"命令，新建 END2 刀具，输入"直径"为 2，"长度"为 75，"刀刃长度"为 50。

2．创建钻刀

（1）单击"主页"选项卡"刀片"面板中的"创建刀具"按钮，打开如图 12-9 所示的"创建刀具"对话框，"类型"为"hole_making"，"刀具子类型"为"STD_DRILL"，输入"名称"为 STD_DRILL18，其他采用默认设置，单击"确定"按钮。

（2）打开如图 12-10 所示的"钻刀"对话框，输入"直径"为 18，"刀刃长度"为 50，其他采用默认设置，单击"确定"按钮。

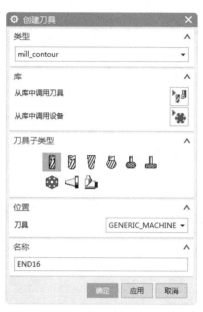

图 12-7 "创建刀具"对话框

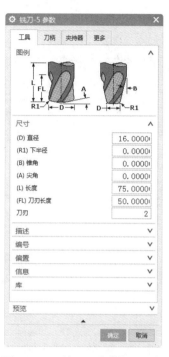

图 12-8 "铣刀-5 参数"对话框

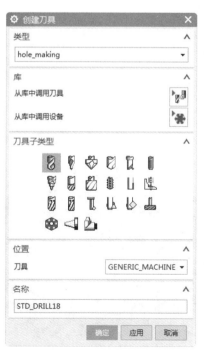

图 12-9 "创建刀具"对话框

图 12-10 "钻刀"对话框

12.3 粗 加 工

12.3.1 型腔铣减重槽

1. 创建一侧减重槽

（1）单击"主页"选项卡"刀片"面板中的"创建工序"按钮，打开如图 12-11 所示的"创建工序"对话框，选择"类型"为"mill_contour"，"工序子类型"为"型腔铣"，"刀具"为"END16"，"几何体"为"WORKPIECE"，"方法"为"MILL_ROUGH"，其他采用默认设置，单击"确定"按钮。

图 12-11 "创建工序"对话框

（2）打开"型腔铣"对话框，单击"选择或编辑切削区域几何体"按钮，打开"切削区域"对话框，选取减重槽的底面为切削区域，如图 12-12 所示。单击"确定"按钮。

图 12-12 选取切削区域

（3）在"刀轨设置"栏中设置"切削模式"为"跟随部件"，"步距"为"%刀具平直"，"平面直径百分比"为 50，"最大距离"为 3mm，如图 12-13 所示。

图 12-13　刀轨设置

（4）单击"切削参数"按钮，打开如图 12-14 所示的"切削参数"对话框，在"策略"选项卡中选择"切削顺序"为"深度优先"；在"余量"选项卡中选中"使底面余量与侧面余量一致"复选框，设置"部件侧面余量"为 1；在"空间范围"选项卡的"毛坯"栏中选择"过程工件"为"使用 3D"选项；在"更多"选项卡中选中"边界逼近"和"容错加工"复选框，单击"确定"按钮。

（a）"策略"选项卡

（b）"余量"选项卡

（c）"空间范围"选项卡

（d）"更多"选项卡

图 12-14　"切削参数"对话框

（5）进行完以上全部设置后，在"操作"栏中单击"生成"按钮，生成刀轨，如图 12-15 所示。单击"确定"按钮，完成一侧减重槽粗加工。

图 12-15　生成的刀轨

2．创建另一侧减重槽

（1）在"工序导航器-几何"中选择上步创建的"CAVITY_MILL"工序，右击，在打开的快捷菜单中选择"复制"命令，如图 12-16 所示；然后选择"WORKPIECE"节点，右击，在打开的快捷菜单中选择"内部粘贴"命令，如图 12-17 所示。复制型腔铣工序。

图 12-16　快捷菜单 1

图 12-17　快捷菜单 2

（2）双击复制后的型腔铣"CAVITY_MILL_COPY"工序，打开"型腔铣"对话框，单击"选择或编辑切削区域几何体"按钮，打开"切削区域"对话框，在列表框选取已有的切削区域，单击"移除"按钮，删除切削区域，然后选取另一侧的减重槽底面为切削区域，如图 12-18 所示。单击"确定"按钮。

图 12-18　选取切削区域

（3）在"型腔铣"对话框的"刀轴"栏中选择"指定矢量"，然后在"指定矢量"下拉列表中选择"-ZC"轴为刀轴方向。

（4）其他采用默认设置，在"操作"栏中单击"生成"按钮，生成刀轨。单击"确定"按钮，完成另一侧减重槽粗加工。

12.3.2　钻孔加工减重孔

（1）单击"主页"选项卡"刀片"面板中的"创建工序"按钮，打开如图 12-19 所示的"创建工序"对话框，选择"类型"为"hole_making"；在"工序子类型"栏中选择"钻孔"；在"位置"栏中选择"刀具"为"STD_DRILL18"，"几何体"为"WORKPIECE"；其他采用默认设置，单击"确定"按钮。

（2）打开如图 12-20 所示的"钻孔"对话框。在"几何体"栏中单击"指定特征几何体"图标，打开如图 12-21 所示的"特征几何体"对话框。

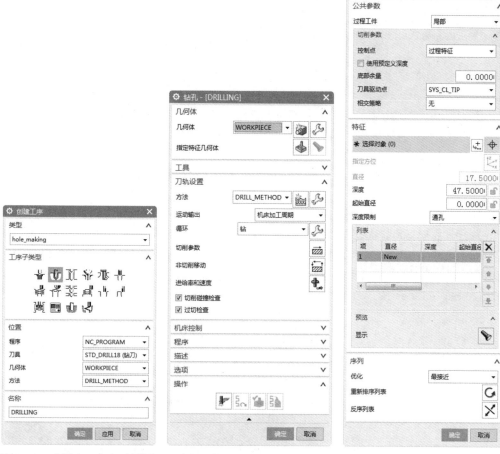

图 12-19　"创建工序"对话框　　图 12-20　"钻孔"对话框　　图 12-21　"特征几何体"对话框

（3）在视图中选取直径为 18mm 的孔，选取的孔将被添加到列表中，如图 12-22 所示。

 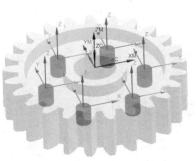

图 12-22 选取孔

（4）在优化列表中选择"最短刀轨"，单击"重新排序列表"按钮 <img>，重新对刀轨进行排序，如图 12-23 所示。单击"确定"按钮。

图 12-23 重新排序刀轨

（5）在"钻孔"对话框中选择"钻，深孔"循环，选中"切削碰撞检查"和"过切检查"复选框。

（6）单击"切削参数"按钮 <img>，打开"切削参数"对话框，设置"顶偏置"为"距离"，输入"距离"为 20，其他采用默认设置，如图 12-24 所示。单击"确定"按钮。

（7）在"钻孔"对话框的"操作"栏中单击"生成"按钮 <img>，生成如图 12-25 所示的刀轨。单击"确定"按钮，完成钻孔加工。

图 12-24 "切削参数"对话框   图 12-25 钻孔刀轨

12.3.3 深度轮廓铣轴孔

（1）单击"主页"选项卡"刀片"面板中的"创建工序"按钮，打开如图 12-26 所示的"创建工序"对话框，在"类型"栏中选择"mill_contour"；在"工序子类型"栏中选择"深度轮廓铣"；在"位置"栏中选择"刀具"为"END6"，"几何体"为"WORKPIECE"，"方法"为"MILL_ROUGH"；其他采用默认设置，单击"确定"按钮。

图 12-26 "创建工序"对话框

（2）打开"深度轮廓铣"对话框，单击"选择或编辑铣削几何体"按钮，打开"切削区域"对话框，选择如图 12-27 所示的切削区域，单击"确定"按钮。

图 12-27 选取切削区域

（3）在"刀轨设置"栏中设置"陡峭空间范围"为"无"，"合并距离"为 3mm，"最小切削长度"为 1mm，"公共每刀切削深度"为"恒定"，"最大距离"为 2mm。

（4）单击"切削参数"按钮，打开如图 12-28 所示的"切削参数"对话框，在"策略"选项卡中设置"切削顺序"为"深度优先"；在"连接"选项卡中选择"层到层"为"使用转移方法"，选中"层间切削"复选框，选择"步距"为"恒定"，设置"最大距离"为 1mm，单击"确定"按钮。

（a）"策略"选项卡 　　　　（b）"连接"选项卡

图 12-28 　"切削参数"对话框

（5）单击 "非切削移动"按钮，打开如图 12-29 所示的"非切削移动"对话框，在"进刀"选项卡中的"封闭区域"中选择"进刀类型"为"螺旋"，设置"直径"为"90%刀具"，"斜坡角度"为 15，"高度"为 3mm，"最小安全距离"为 0mm，"最小斜坡长度"为"0%刀具"；在"开放区域"栏中选择"进刀类型"为"圆弧"，设置"半径"为 5mm，"圆弧角度"为 90，"高度"为 3mm，"最小安全距离"为 3mm。在"起点/钻点"选项卡中设置"重叠距离"为 3mm；其他采用默认设置。单击"确定"按钮。

（a）"进刀"选项卡 　　　　（b）"起点/钻点"选项卡

图 12-29 　"非切削移动"对话框

（6）在"深度轮廓铣"对话框的"操作"栏中单击"生成"按钮 ，生成如图 12-30 所示的刀轨。单击"确定"按钮，完成轴孔加工。

图 12-30　深度轮廓铣刀轨

12.3.4　插铣齿形

（1）单击"主页"选项卡"刀片"面板中的"创建工序"按钮 ，打开如图 12-31 所示的"创建工序"对话框，在"类型"栏中选择"mill_contour"；在"工序子类型"栏中选择"插铣"；在"位置"栏中选择"刀具"为"END6"，"几何体"为"WORKPIECE"，"方法"为"MILL_ROUGH"；其他采用默认设置，单击"确定"按钮。

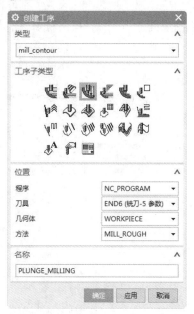

图 12-31　"创建工序"对话框

（2）打开"插铣"对话框，单击"选择或编辑铣削几何体"按钮 ，打开"切削区域"对话框，选择轮齿曲面为切削区域，如图 12-32 所示。单击"确定"按钮。

图 12-32　选取切削区域

（3）在"刀轨设置"栏中设置"切削模式"为"跟随部件"，"步距"为"%刀具平直"，"平面直径百分比"为 50，"向前步距"为"50%刀具"，"向上步距"为"25%刀具"，"最大切削宽度"为"50%刀具"，"转移方法"为"安全平面"，"退刀距离"为 3，"退刀角"为 45，如图 12-33 所示。

（4）单击"切削参数"按钮 ⬛，打开如图 12-34 所示的"切削参数"对话框，在"余量"选项卡中取消选中"使底面余量与侧面余量一致"复选框，设置"部件侧面余量"为 1；在"连接"选项卡中设置"开放刀路"为"保持切削方向"，其余选择保持默认设置，单击"确定"按钮。

（a）"余量"选项卡　　　（b）"连接"选项卡

图 12-33　"刀轨设置"栏　　　　　图 12-34　"切削参数"对话框

（5）在"插铣"对话框的"操作"栏中单击"生成"按钮 ⬛，生成如图 12-35 所示的刀轨。单击"确定"按钮，完成齿形粗加工。

图 12-35　插铣刀轨

12.4　精　加　工

12.4.1　剩余铣减重槽

1. 创建一侧减重槽

（1）单击"主页"选项卡"刀片"面板中的"创建工序"按钮 ，打开如图 12-36 所示的"创建工序"对话框，在"类型"栏中选择"mill_contour"；在"工序子类型"栏中选择"剩余铣 "；在"位置"栏中选择"刀具"为"END4"，"几何体"为"WORKPIECE"，"方法"为"MILL_FINISH"；其他采用默认设置，单击"确定"按钮。

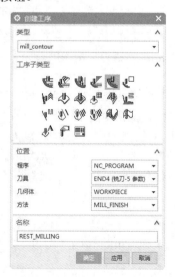

图 12-36　"创建工序"对话框

（2）打开如图 12-37 所示的"剩余铣"对话框，单击"选择或编辑切削区域几何体"按钮 ，打开"切削区域"对话框，选取减重槽的底面和圆周面为切削区域，如图 12-38 所示。单击"确定"按钮。

图 12-37 "剩余铣"对话框   图 12-38 选取切削区域

（3）单击"切削层"按钮，打开如图 12-39 所示的"切削层"对话框，设置"公共每刀切削深度"为"恒定"，"最大距离"为 1mm，"每刀切削深度"为 1，其他采用默认设置，单击"确定"按钮。

（4）在"刀轨设置"栏中设置"切削模式"为"跟随部件"，"平面直径百分比"为 20。

（5）单击"非切削移动"按钮，打开如图 12-40 所示的"非切削移动"对话框，在"进刀"选项卡的"封闭区域"栏中设置"进刀类型"为"插削"，高度为 3mm；在"开放区域"栏中设置"进刀类型"为"线性"，"长度"为"50%刀具"；其他采用默认设置，单击"确定"按钮。

（6）在"剩余铣"对话框的"操作"栏中单击"生成"按钮，生成如图 12-41 所示的刀轨。

2. 创建另一侧减重槽

（1）在"工序导航器-几何"中选择上步创建的"REST_MILLING"工序，并右击，在打开的快捷菜单中选择"复制"命令；然后选择"WORKPIECE"节点，并右击，在打开的快捷菜单中选择"内部粘贴"命令，复制剩余铣工序。

（2）双击复制后的剩余铣"REST_MILLING _COPY"工序，打开"剩余铣"对话框，单击"选择或编辑切削区域几何体"按钮，打开"切削区域"对话框，在列表框中选取已有的切削区域，单击"移除"按钮，删除切削区域，然后选取另一侧的减重槽侧面和底面为切削区域，如图 12-42 所示。单击"确定"按钮。

图 12-39 "切削层"对话框

图 12-40 "非切削移动"对话框

图 12-41 剩余铣刀轨

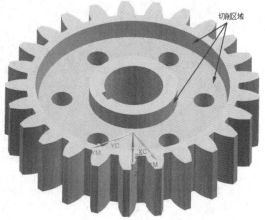

图 12-42 选取切削区域

（3）在"剩余铣"对话框的"刀轴"栏中选择"指定矢量"，然后在"指定矢量"下拉列表中选择"-ZC"轴为刀轴方向。

（4）其他采用默认设置，在"操作"栏中单击"生成"按钮，生成刀轨，如图 12-43 所示。单击"确定"按钮，完成减重槽精加工。

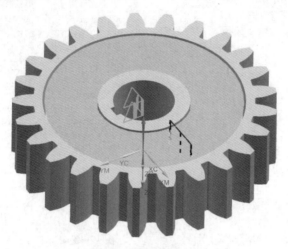

图 12-43　剩余铣刀轨

12.4.2　插铣键槽

（1）单击"主页"选项卡"刀片"面板中的"创建工序"按钮，打开"创建工序"对话框，在"类型"栏中选择"mill_contour"；在"工序子类型"栏中选择"插铣"；在"位置"栏中选择"刀具"为"END2"，"几何体"为"WORKPIECE"，"方法"为"MILL_FINISH"；其他采用默认设置，单击"确定"按钮。

（2）打开"插铣"对话框，单击"选择或编辑铣削几何体"按钮，打开"切削区域"对话框，选择键槽面为切削区域，如图 12-44 所示。单击"确定"按钮。

图 12-44　选取切削区域

（3）在"刀轨设置"栏中设置"切削模式"为"跟随部件"，步距为"%刀具平直"，"平面直径百分比"为 50，"向前步距"为"50%刀具"，"向上步距"为"25%刀具"，"最大切削宽度"为"50%刀具"，"转移方法"为"安全平面"，"退刀距离"为 3，"退刀角"为 45，如图 12-45 所示。

（4）在"插铣"对话框的"操作"栏中单击"生成"按钮，生成如图 12-46 所示的刀轨。单击"确定"按钮，完成键槽加工。

图 12-45 "刀轨设置"栏

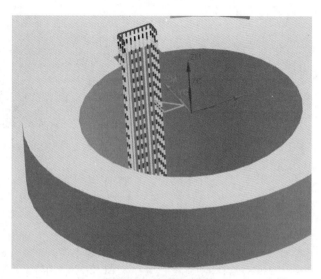

图 12-46 插铣刀轨

12.4.3 插铣齿形

（1）单击"主页"选项卡"刀片"面板中的"创建工序"按钮，打开"创建工序"对话框，在"类型"栏中选择"mill_contour"；在"工序子类型"栏中选择"插铣"；在"位置"栏中选择"刀具"为"END2"，"几何体"为"WORKPIECE"，方法为"MILL_FINISH"；其他采用默认设置，单击"确定"按钮。

（2）打开"插铣"对话框，单击"选择或编辑铣削几何体"按钮，打开"切削区域"对话框，选择轮齿曲面为切削区域，如图 12-47 所示。单击"确定"按钮。

图 12-47 选取切削区域

（3）在"刀轨设置"栏中设置"切削模式"为"跟随部件"，"步距"为"%刀具平直"，"平面直径百分比"为 50，"向前步距"为"50%刀具"，"向上步距"为"25%刀具"，"最大切削宽度"为"50%刀具"，"转移方法"为"安全平面"，"退刀距离"为3，"退刀角"为45，如图 12-48 所示。

图 12-48 "刀轨设置"栏

（4）在"插铣"对话框的"操作"栏中单击"生成"按钮，生成如图 12-49 所示的刀轨。单击"确定"按钮，完成齿形精加工。

图 12-49 插铣刀轨

12.5 刀轨演示

（1）在"工序导航器-几何"中选取所有的加工工序，右击，在打开的快捷菜单中选择"刀轨"→"确认"命令，如图 12-50 所示。

（2）打开如图 12-51 所示的"刀轨可视化"对话框，在"3D 动态"选项卡中调整动画速度，然后单击"播放"按钮，进行动态加工模拟，如图 12-52 所示。

Note

图 12-50　快捷菜单

图 12-51　"刀轨可视化"对话框

图 12-52　动态模拟加工

第13章

铣削加工底座

（ 视频讲解：27分钟 ）

本章对底座进行加工，该加工过程综合运用数控铣削的多种方式，包括型腔铣、钻孔、非陡峭区域轮廓铣、深度轮廓铣和剩余铣等。通过本章的学习，读者能够对数控铣削加工的综合应用有一个深刻的了解，并熟练使用不同的数控铣削加工方法进行复杂零件的加工。

☑ 概述　　　　　　　　☑ 初始设置

☑ 创建工序　　　　　　☑ 刀轨演示

视频讲解

任务驱动&项目案例

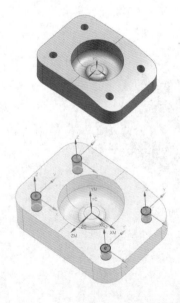

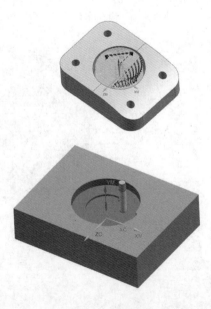

13.1 概 述

本实例对如图 13-1 所示的零件进行加工，采用型腔铣、钻孔、非陡峭区域轮廓铣、深度轮廓铣和剩余铣等方式。

从待加工零件的外形看，其结构并不复杂，主要由凹槽面、曲面、孔、外围轮廓面等组成。零件加工难度较大的部位主要集中在上表面，而外围轮廓面的加工比较容易控制。

根据待加工零件的结构特点，可以先用型腔铣加工方法粗加工零件的上部凹槽，再用孔加工方法加工零件的 4 个孔，然后用非陡峭区域轮廓铣加工零件的上顶面，用深度轮廓铣加工零件的外围轮廓面，最后用剩余铣精加工上部凹槽。由于零件同一特征可以使用不同的加工方法，因此，在具体安排加工工艺时，读者可以根据实际情况来确定。本实例安排的加工工艺和方法不一定是最佳的，其目的只是让读者了解各种铣削加工方法的综合应用。

图 13-1 底座

13.2 初 始 设 置

13.2.1 创建毛坯

（1）在建模环境中，单击"视图"选项卡"可见性"面板中的"图层设置"按钮，打开"图层设置"对话框。在工作层中输入 2，按 Enter 键，新建工作图层"2"，单击"关闭"按钮。

（2）选择"菜单"→"插入"→"在任务环境中绘制草图"命令，打开如图 13-2 所示的"创建草图"对话框，选择"原点方法"为"使用工作部件原点"，选取待加工部件的下底面为草图绘制面，单击"确定"按钮，进入草图绘制环境。

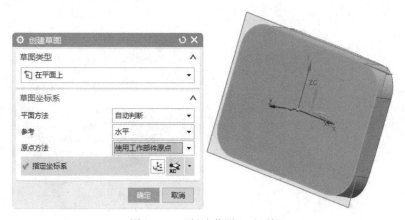

图 13-2 "创建草图"对话框

（3）单击"主页"选项卡"曲线"面板中的"矩形"按钮▢，绘制如图 13-3 所示的图形。单击"完成"按钮🏁，退出草图绘制。

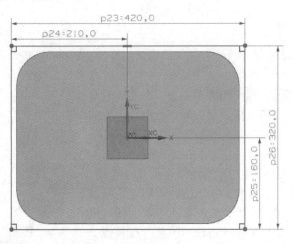

图 13-3 绘制草图

（4）单击"主页"选项卡"特征"面板中的"拉伸"按钮▦，打开如图 13-4 所示的"拉伸"对话框，选取上步绘制的矩形为拉伸截面，指定矢量方向为"YC"，输入开始距离为 0 和结束距离为 110，其他采用默认设置，单击"确定"按钮，生成毛坯，如图 13-5 所示。

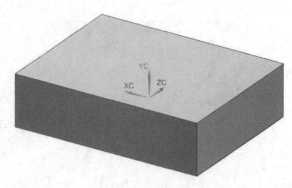

图 13-4 "拉伸"对话框   图 13-5 毛坯

（5）在部件导航器中选取步骤（3）中绘制的草图，然后右击，在打开的快捷菜单中选择"隐藏"

命令，隐藏草图。

（6）单击"视图"选项卡"可见性"面板中的"图层设置"按钮，打开"图层设置"对话框。双击图层"1"将其设置为工作层，取消选中图层"2"，隐藏毛坯，单击"关闭"按钮。

13.2.2　创建几何体

（1）单击"应用模块"选项卡"加工"面板中的"加工"按钮，打开"加工环境"对话框，在"CAM 会话配置"列表框中选择"cam_general"，在"要创建的 CAM 组装"列表框中选择"mill_contour"，单击"确定"按钮，进入加工环境。

（2）在上边框条中选择"几何视图"按钮，在"工序导航器-几何"中双击"WORKPIECE"，打开如图 13-6 所示的"工件"对话框，单击"选择或编辑部件几何体"按钮，打开"部件几何体"对话框，选择如图 13-7 所示的待加工零件为部件几何体。

图 13-6　"工件"对话框

图 13-7　选取部件几何体

（3）单击"选择或编辑毛坯几何体"按钮，打开"毛坯几何体"对话框，单击"视图"选项

Note

卡"可见性"面板中的"图层设置"按钮 ，打开"图层设置"对话框。双击图层"1"将其设置为工作层，选中图层"2"，显示毛坯，单击"关闭"按钮。选择如图 13-8 所示的毛坯，单击"确定"按钮。

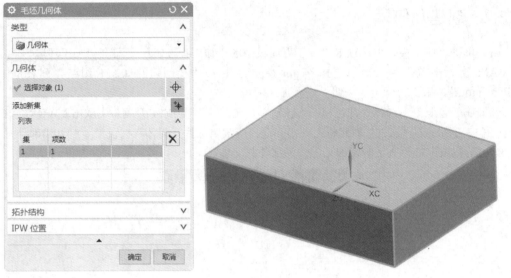

图 13-8　选取毛坯

（4）单击"视图"选项卡"可见性"面板中的"图层设置"按钮 ，打开"图层设置"对话框。取消选中图层"2"，隐藏毛坯，单击"关闭"按钮。

13.2.3　创建刀具

1. 创建铣刀

（1）单击"主页"选项卡"刀片"面板中的"创建刀具"按钮 ，打开如图 13-9 所示的"创建刀具"对话框，选择"类型"为"mill_contour"，"刀具子类型"为"MILL "，输入"名称"为 END20，其他采用默认设置，单击"确定"按钮。

（2）打开如图 13-10 所示的"铣刀-5 参数"对话框，输入"直径"为 20，"长度"为 100，"刀刃长度"为 75，其他采用默认设置，单击"确定"按钮。

（3）重复"创建刀具"命令，新建 END10 刀具，输入"直径"为 10，"长度"为 120，"刀刃长度"为 80。

（4）重复"创建刀具"命令，新建 END5 刀具，输入"直径"为 5，"长度"为 100，"刀刃长度"为 75。

2. 创建钻刀

（1）单击"主页"选项卡"刀片"面板中的"创建刀具"按钮 ，打开如图 13-11 所示的"创建刀具"对话框，选择"类型"为"hole_making"，"刀具子类型"为"STD_DRILL "，输入"名称"为 STD_DRILL30，其他采用默认设置，单击"确定"按钮。

（2）打开如图 13-12 所示的"钻刀"对话框，输入"直径"为 30，"长度"为 120，"刀刃长度"为 80，　其他采用默认设置，单击"确定"按钮。

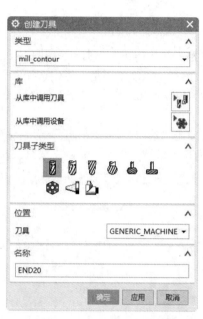

图 13-9 "创建刀具"对话框

图 13-10 "铣刀-5 参数"对话框

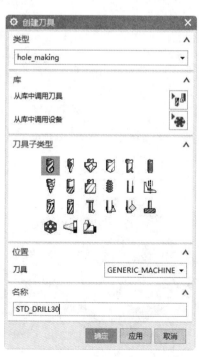

图 13-11 "创建刀具"对话框

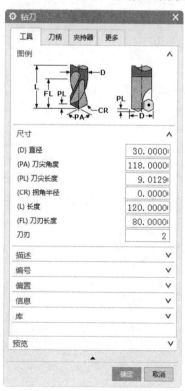

图 13-12 "钻刀"对话框

13.3 创建工序

13.3.1 型腔铣凹槽

（1）单击"主页"选项卡"刀片"面板中的"创建工序"按钮，打开如图 13-13 所示的"创建工序"对话框，在"类型"栏中选择"mill_contour"；在"工序子类型"栏中选择"型腔铣"；在"位置"栏中选择"刀具"为"END20"，"几何体"为"WORKPIECE"，"方法"为"MILL_ROUGH"；其他采用默认设置，单击"确定"按钮。

（2）打开如图 13-14 所示的"型腔铣"对话框，单击"选择或编辑切削区域几何体"按钮，打开"切削区域"对话框，选取如图 13-15 所示的面为切削区域，单击"确定"按钮。

图 13-13 "创建工序"对话框

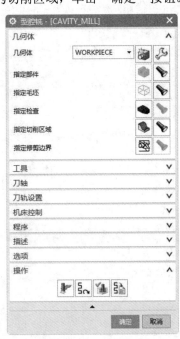

图 13-14 "型腔铣"对话框

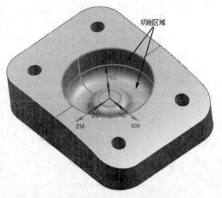

图 13-15 选取切削区域

（3）在"刀轴"栏中的"轴"下拉列表中选择"指定矢量"选项，在"指定矢量"下拉列表中选择"YC 轴"。

（4）在"刀轨设置"栏中设置"切削模式"为"跟随部件"，"步距"为"%刀具平直"，"平面直径百分比"为 50，"最大距离"为 6mm，如图 13-16 所示。

（5）单击"切削参数"按钮 ，打开如图 13-17 所示的"切削参数"对话框，在"策略"选项卡中选择"切削顺序"为"深度优先"；在"余量"选项卡中选中"使底面余量与侧面余量一致"复选框，设置"部件侧面余量"为 1；在"连接"选项卡中选择"开放刀路"为"保持切削方向"；在"更多"选项卡中选中"边界逼近"和"容错加工"复选框，单击"确定"按钮。

图 13-16 刀轨设置

（a）"策略"选项卡

（b）"余量"选项卡

（c）"连接"选项卡

（d）"更多"选项卡

图 13-17 "切削参数"对话框

（6）单击"非切削移动"按钮，打开如图 13-18 所示的"非切削移动"对话框，在"进刀"选项卡"封闭区域"栏中设置"进刀类型"为"插削"，高度为3mm，在"开放区域"栏中设置"进刀类型"为"线性"，"长度"为"50%刀具"，"高度"为3mm，"最小安全距离"为"50%刀具"；在"转移/快速"选项卡"安全设置"栏中设置"安全设置选项"为"自动平面"，安全距离为5，单击"确定"按钮。

（a）"进刀"选项卡　　　　　　（b）"转移/快速"选项卡

图 13-18　"非切削移动"对话框

（7）进行完以上全部设置后，在"操作"栏中单击"生成"按钮，生成刀轨，如图 13-19 所示。单击"确定"按钮，完成凹槽粗加工。

图 13-19　粗加工刀轨

13.3.2　钻孔加工

（1）单击"主页"选项卡"刀片"面板中的"创建工序"按钮，打开如图 13-20 所示的"创建工序"对话框，选择"类型"为"hole_making"，"工序子类型"为"钻孔 ⬇"，"刀具"为"STD_DRILL30"，"几何体"为"WORKPIECE"，其他采用默认设置，单击"确定"按钮。

（2）打开如图 13-21 所示的"钻孔"对话框。在"几何体"栏中单击"指定特征几何体"按钮 🖐，打开如图 13-22 所示的"特征几何体"对话框。

图 13-20 "创建工序"对话框　　图 13-21 "钻孔"对话框　　图 13-22 "特征几何体"对话框

（3）在视图中选取直径为 30mm 的盲孔，所选取的孔将被添加到列表中，如图 13-23 所示。

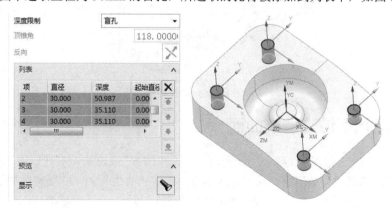

图 13-23 选取孔

Note

（4）在优化列表中选择"最短刀轨"，单击"重新排序列表"按钮，重新对刀轨进行排序，如图 13-24 所示。单击"确定"按钮。

（5）在"钻孔"对话框中选择"钻，深孔"循环，选中"切削碰撞检查"和"过切检查"复选框，单击"切削参数"按钮，打开"切削参数"对话框，设置"顶偏置"为"距离"，输入"距离"为 30，其他采用默认设置，如图 13-25 所示。单击"确定"按钮。

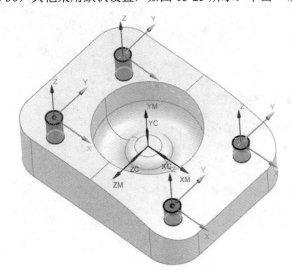

图 13-24　重新排序刀轨　　　　　　　　　　图 13-25　"切削参数"对话框

（6）在"钻孔"对话框的"操作"栏里单击"生成"按钮，生成如图 13-26 所示的刀轨。单击"确定"按钮，完成钻孔工序。

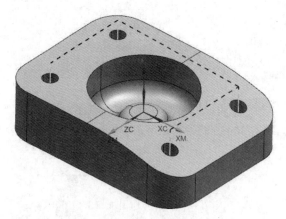

图 13-26　钻孔刀轨

13.3.3　非陡峭区域轮廓铣曲面

（1）单击"主页"选项卡"刀片"面板中的"创建工序"按钮，打开如图 13-27 所示的"创建工序"对话框，选择"类型"为"mill_contour"，"工序子类型"为"非陡峭区域轮廓铣"，"刀具"为"END10"，"几何体"为"WORKPIECE"，"方法"为"MILL_SEMI_FINISH"，其他采用默认设置，单击"确定"按钮。

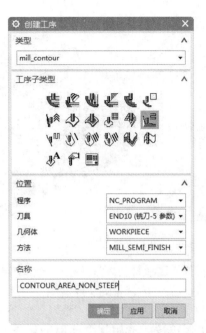

图 13-27 "创建工序"对话框

（2）打开如图 13-28 所示的"非陡峭区域轮廓铣"对话框，单击"选择或编辑铣削几何体"按钮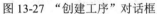，打开"切削区域"对话框，选择如图 13-29 所示的切削区域，单击"确定"按钮。

图 13-28 "非陡峭区域轮廓铣"对话框

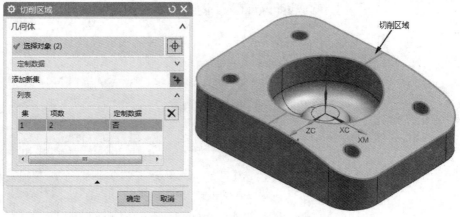

图 13-29　选取切削区域

（3）在"驱动方法"栏中选择"区域铣削"方法，单击"编辑"按钮，打开如图 13-30 所示的"区域铣削驱动方法"对话框，设置"方法"为"非陡峭"，"陡峭壁角度"为 35，"非陡峭切削模式"为"往复"，"切削方向"为"顺铣"，"步距"为"%刀具平直"，"平面直径百分比"为 50，"步距已应用"为"在平面上"，"切削角"为"指定"，"与 XC 的夹角"为 0，其他采用默认设置，单击"确定"按钮。

图 13-30　"区域铣削驱动方法"对话框

（4）在"刀轴"栏中的"轴"下拉列表中选择"指定矢量"选项，在"指定矢量"下拉列表中选择"YC 轴"。

（5）单击"切削参数"按钮，打开如图 13-31 所示的"切削参数"对话框，在"策略"选项卡中选中"在边上滚动刀具"复选框；在"余量"选项卡中输入"部件余量"为 0.3；在"更多"选项卡中输入"最大步长"为"30%刀具"，选中"优化刀轨"复选框，其他采用默认设置，单击"确定"按钮。

（a）"策略"选项卡

（b）"余量"选项卡

（c）"更多"选项卡

图 13-31 "切削参数"对话框

（6）单击"非切削移动"按钮，打开如图 13-32 所示的"非切削移动"对话框，在"进刀"选项卡的"开放区域"栏中设置"进刀类型"为"线性"，"长度"为"80%刀具"，在"根据部件/检查"栏中设置"进刀类型"为"线性"，"长度"为"80%刀具"，"旋转角度"为 180，"斜坡角度"为 45；在"转移/快速"选项卡中设置"区域距离"为"200%刀具"；其他采用默认设置，单击"确定"按钮。

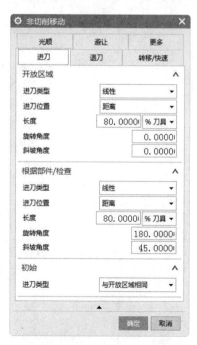

（a）"进刀"选项卡

（b）"转移/快速"选项卡

图 13-32 "非切削移动"对话框

（7）在"非陡峭区域轮廓铣"对话框的"操作"栏中单击"生成"按钮，生成如图 13-33 所示的非陡峭区域轮廓铣刀轨。单击"确定"按钮，完成上表面加工。

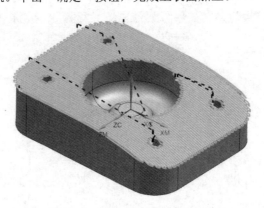

图 13-33　非陡峭区域轮廓铣刀轨

13.3.4　深度轮廓铣四周轮廓

（1）单击"主页"选项卡"刀片"面板中的"创建工序"按钮，打开如图 13-34 所示"创建工序"对话框，选择"类型"为"mill_contour"，"工序子类型"为"深度轮廓铣"，"刀具"为"END10"，"几何体"为"WORKPIECE"，"方法"为"MILL_SEMI_FINISH"，其他采用默认设置，单击"确定"按钮。

（2）打开如图 13-35 所示的"深度轮廓铣"对话框，单击"选择或编辑铣削几何体"按钮，打开"切削区域"对话框，选择待加工部件四周区域为切削区域，如图 13-36 所示。单击"确定"按钮。

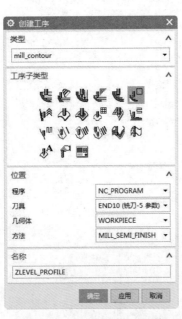

图 13-34　"创建工序"对话框

图 13-35　"深度轮廓铣"对话框

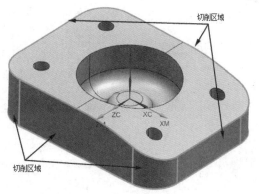

图 13-36　选取切削区域

（3）在"刀轴"栏中的"轴"下拉列表中选择"指定矢量"选项，在"指定矢量"下拉列表中选择"YC 轴"。

（4）在"刀轨设置"栏中设置"陡峭空间范围"为"无"，"合并距离"为 3mm，"最小切削长度"为 1mm，"公共每刀切削深度"为"恒定"，"最大距离"为 6mm，如图 13-37 所示。

（5）单击"切削参数"按钮 ，打开如图 13-38 所示的"切削参数"对话框，在"策略"选项卡设置"切削顺序"为"深度优先"，选中"在边上滚动刀具"复选框；在"余量"选项卡中选中"使底面余量与侧面余量一致"复选框，输入"部件侧面余量"为 0.01；其他采用默认设置，单击"确定"按钮。

（a）"策略"选项卡　　（b）"余量"选项卡

图 13-37　"刀轨设置"栏　　　　图 13-38　"切削参数"对话框

（6）单击"非切削移动"按钮 ，打开如图 13-39 所示的"非切削移动"对话框，在"进刀"选项卡的"封闭区域"栏中设置"进刀类型"为"沿形状斜进刀"，"斜坡角度"为 15，"高度"为 3mm，"最小安全距离"为 3mm，"最小斜坡长度"为 0；在"开放区域"栏中设置"进刀类型"为"圆弧"，"半径"为"50%刀具"，"圆弧角度"为 90，"高度"为 3mm，"最小安全距离"为 3mm；其他采用默认设置，单击"确定"按钮。

图 13-39　"非切削移动"对话框

（7）在"深度轮廓铣"对话框的"操作"栏中单击"生成"按钮 ，生成如图 13-40 所示的刀轨。单击"确定"按钮，完成周围轮廓加工。

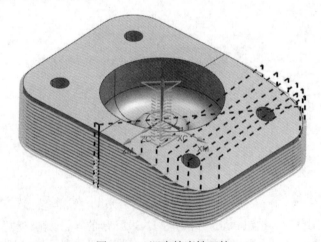

图 13-40　深度轮廓铣刀轨

13.3.5　剩余铣凹槽

（1）单击"主页"选项卡"刀片"面板中的"创建工序"按钮 ，打开如图 13-41 所示的"创建工序"对话框，在"类型"栏中选择"mill_contour"；在"工序子类型"栏中选择"剩余铣 "；

在"位置"栏中选择"刀具"为"END5","几何体"为"WORKPIECE","方法"为"MILL_FINISH"；其他采用默认设置，单击"确定"按钮。

（2）打开如图 13-42 所示的"剩余铣"对话框，单击"选择或编辑切削区域几何体"按钮，打开"切削区域"对话框，选取凹槽为切削区域，如图 13-43 所示。单击"确定"按钮。

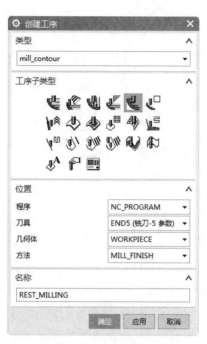

图 13-41 "创建工序"对话框

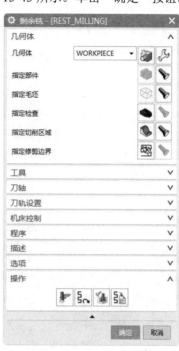

图 13-42 "剩余铣"对话框

图 13-43 选取切削区域

（3）在"刀轴"栏中的"轴"下拉列表中选择"指定矢量"选项，在"指定矢量"下拉列表中选择"YC 轴"。

（4）在"刀轨设置"单击"切削层"按钮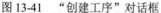，打开如图 13-44 所示的"切削层"对话框，设置"公共每刀切削深度"为"恒定"，"最大距离"为 2mm，"每刀切削深度"为 2，其他采用默认设置，单击"确定"按钮。

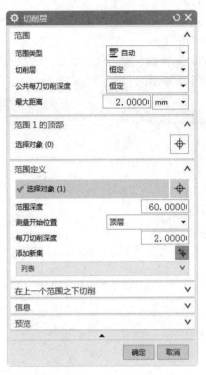

图 13-44 "切削层"对话框

（5）在"刀轨设置"栏中设置切削模式为"跟随部件"，平面直径百分比为20。

（6）单击"切削参数"按钮，打开如图 13-45 所示的"切削参数"对话框，在"策略"选项卡中设置"切削顺序"为"深度优先"；在"余量"选项卡中选中"使底面余量与侧面余量一致"复选框，输入"部件侧面余量"为0；其他采用默认设置，单击"确定"按钮。

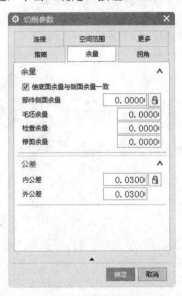

（a）"策略"选项卡　　　　　　　　（b）"余量"选项卡

图 13-45 "切削参数"对话框

（7）单击"非切削移动"按钮，打开如图 13-46 所示的"非切削移动"对话框，在"进刀"选项卡的"封闭区域"栏中设置"进刀类型"为"插削"，"高度"为 3mm，在"开放区域"栏中设置"进刀类型"为"线性"，"长度"为"50%刀具"，"高度"为 3mm，"最小安全距离"为"50%刀具"；在"转移/快速"选项卡的"安全设置"栏中设置"安全设置选项"为"自动平面"，"安全距离"为 5，单击"确定"按钮。

（a）"进刀"选项卡　　　　（b）"转移/快速"选项卡

图 13-46　"非切削移动"对话框

（8）在"剩余铣"对话框的"操作"栏中单击"生成"按钮，生成如图 13-47 所示的刀轨。单击"确定"按钮，完成凹槽精加工。

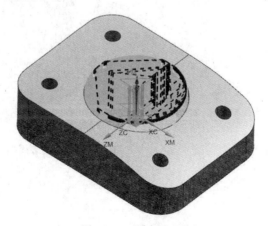

图 13-47　剩余铣刀轨

13.4 刀 轨 演 示

（1）在"工序导航器-几何"中选取所有的加工工序，单击"主页"选项卡"工序"面板中的"确认刀轨"按钮 。

（2）打开如图 13-48 所示的"刀轨可视化"对话框，在"3D 动态"选项卡中调整动画速度，然后单击"播放"按钮 ，进行动态加工模拟，如图 13-49 所示。

图 13-48 "刀轨可视化"对话框

图 13-49 动态模拟加工

第14章

车削加工综合实例

(视频讲解：38分钟)

　　本章的车削加工过程综合运用车削的多种方式，包括外径粗车、面加工、外径开槽、外径螺纹铣和中心线钻孔等。通过本章的学习，读者能够对数控车削加工的综合应用有一个深刻的了解，并熟练使用不同的数控车削加工方法，对复杂零件进行加工。

☑　概述　　　　　　　　☑　初始设置

☑　创建工序　　　　　　☑　刀轨演示

视频讲解

任务驱动&项目案例

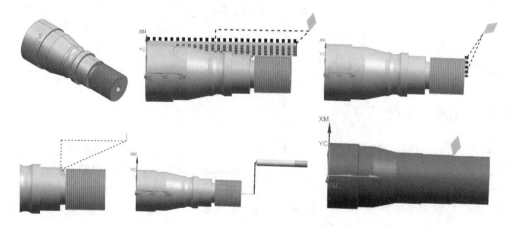

14.1 概　　述

本实例对如图 14-1 所示的零件进行加工，采用外径粗车、面加工、外径开槽、外径螺纹铣和中心线钻孔等方式。

从待加工零件的外形看，其主要由外圆柱面、圆弧面、凹槽、孔以及外螺纹等组成。结合零件的外形，加工时可先加工外轮廓，再加工螺纹，最后加工孔。

根据待加工零件的结构特点，先用外径粗车粗加工出零件的外形轮廓，再用面加工方法加工零件的端面，然后用外径精车对外形轮廓进行精加工，用螺纹车削加工零件的外螺纹，最后用中心线钻孔加工孔。由于零件同一特征可以使用不同的加工方法，因此，在具体安排加工工艺时，读者可以根据实际情况来确定。本实例安排的加工工艺和方法不一定是最佳的，其目的只是让读者了解各种车削加工方法的综合应用。

图 14-1　待加工零件

14.2 初 始 设 置

14.2.1　创建几何体

（1）单击"应用模块"选项卡"加工"面板中的"加工"按钮，打开如图 14-2 所示的"加工环境"对话框，在"CAM 会话配置"列表框中选择"cam_general"，在"要创建的 CAM 组装"列表框中选择"turning"，单击"确定"按钮，进入加工环境。

（2）在上边框中单击"几何视图"按钮，将"导航器"转换到"工序导航器-几何"状态，在"工序导航器-几何"中双击"MCS_SPINDLE"。

（3）打开如图 14-3 所示的"MCS 主轴"对话框，单击"坐标系对话框"图标，打开如图 14-4 所示的"坐标系"对话框，将坐标绕 YM 轴旋转 90°，单击"确定"按钮，返回"MCS 主轴"对话框中，指定平面为 ZM-XM，单击"确定"按钮，MCS 主轴如图 14-5 所示。

图 14-2　"加工环境"对话框

图 14-3　"MCS 主轴"对话框

图 14-4　"坐标系"对话框

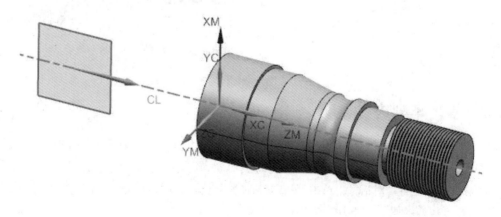

图 14-5　设置 MCS 主轴

（4）在"工序导航器-几何"中双击"WORKPIECE"，打开如图 14-6 所示的"工件"对话框，单击"选择或编辑部件几何体"按钮 ，打开"部件几何体"对话框，选择实体为几何体，如图 14-7 所示。单击"确定"按钮。

图 14-6 "工件"对话框

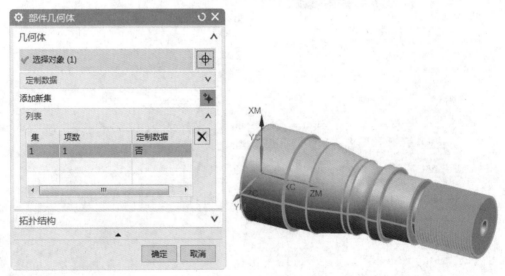

图 14-7 选取部件几何体

14.2.2 指定车削边界

（1）在"工序导航器-几何"中双击"TURNING_WORKPIECE"，打开如图 14-8 所示的"车削工件"对话框，进行车削边界设置。

（2）在"车削工件"对话框中单击"指定部件边界"按钮 ，打开"部件边界"对话框，显示系统创建的部件边界，如图 14-9 所示。单击"确定"按钮。

图 14-8 "车削工件"对话框

（3）在"车削工件"对话框中单击"指定毛坯边界"按钮 ，打开如图 14-10 所示的"毛坯边界"对话框，选择"类型"为"棒材"，"安装位置"为"在主轴箱处"，"指定点"为棒材的起点，输入"长度"为 820，"直径"为 350，指定的毛坯边界如图 14-11 所示。单击"确定"按钮，完成毛坯几何体的定义。

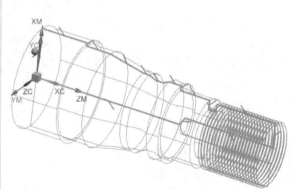

图 14-9 显示部件边界

图 14-10 "毛坯边界"对话框

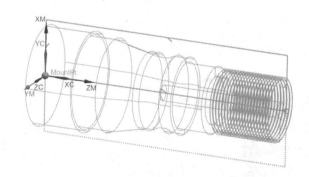

图 14-11 指定的毛坯边界

14.2.3　创建刀具

1．创建外粗车刀具

（1）单击"主页"选项卡"刀片"面板中的"创建刀具"按钮，打开如图 14-12 所示的"创建刀具"对话框，选择"类型"为"turning"，"刀具子类型"为"OD_55_L"，输入"名称"为 OD_55_L_ROUGH，其他采用默认设置，单击"确定"按钮。

（2）打开如图 14-13 所示的"车刀-标准"对话框，输入"刀尖半径"为1.5，"方向角度"为50，"长度"为60，其他采用默认设置，单击"确定"按钮。

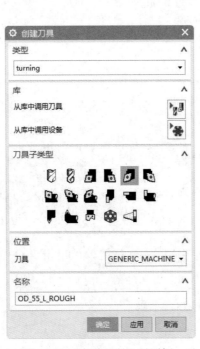

图 14-12　"创建刀具"对话框

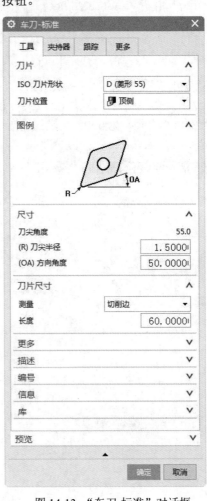

图 14-13　"车刀-标准"对话框

2．创建面加工刀具

（1）单击"主页"选项卡"刀片"面板中的"创建刀具"按钮，打开"创建刀具"对话框，选择"类型"为"turning"，"刀具子类型"为"OD_55_L"，输入"名称"为 OD_55_L_FACE，其他采用默认设置，单击"确定"按钮。

（2）打开"车刀-标准"对话框，输入"刀尖半径"为0.2，"方向角度"为10，"长度"为60，其他采用默认设置，单击"确定"按钮。

3. 创建精车外轮廓刀具

（1）单击"主页"选项卡"刀片"面板中的"创建刀具"按钮，打开"创建刀具"对话框，选择"类型"为"turning"，"刀具子类型"为"OD_55_L"，输入"名称"为 OD_55_L_FINISH，其他采用默认设置，单击"确定"按钮。

（2）打开"车刀-标准"对话框，输入"刀尖半径"为0.2，"方向角度"为50，"长度"为60，其他采用默认设置，单击"确定"按钮。

4. 创建槽刀

（1）单击"主页"选项卡"刀片"面板中的"创建刀具"按钮，打开"创建刀具"对话框，选择"类型"为"turning"，"刀具子类型"为"OD_GROOVE_L"，输入"名称"为 OD_GROOVE_L，其他采用默认设置，单击"确定"按钮。

（2）打开如图 14-14 所示的"槽刀-标准"对话框，输入"方向角度"为90，"刀片长度"为40，"刀片宽度"为6，"半径"为0.2，其他采用默认设置，单击"确定"按钮。

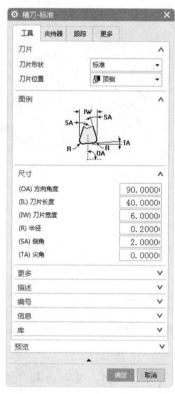

图 14-14 "槽刀-标准"对话框

5. 创建螺纹刀具

（1）单击"主页"选项卡"刀片"面板中的"创建刀具"按钮，打开"创建刀具"对话框，选择"类型"为"turning"，"刀具子类型"为"OD_THREAD_L"，输入"名称"为 OD_THREAD_L，其他采用默认设置，单击"确定"按钮。

（2）打开如图 14-15 所示的"螺纹刀-标准"对话框，输入"方向角度"为90，"刀片长度"为40，"刀片宽度"为10，"左角"为30，"右角"为30，其他采用默认设置，单击"确定"按钮。

Note

6. 创建钻刀

（1）单击"主页"选项卡"刀片"面板中的"创建刀具"按钮 <img>，打开"创建刀具"对话框，选择"类型"为"turning"，"刀具子类型"为"DRILLING_TOOL <img>"，输入"名称"为 DRILLING_TOOL_50，其他采用默认设置，单击"确定"按钮。

（2）打开如图 14-16 所示的"钻刀"对话框，输入"直径"为 50，"长度"为 400，"刀刃长度"为 300，其他采用默认设置，单击"确定"按钮。

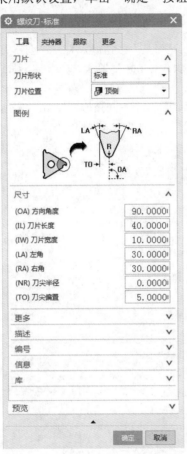

图 14-15　"螺纹刀-标准"对话框

图 14-16　"钻刀"对话框

14.3　创 建 工 序

14.3.1　外径车

（1）单击"主页"选项卡"刀片"面板中的"创建工序"按钮 <img>，打开"创建工序"对话框，在"类型"栏中选择"turning"；在"工序子类型"栏中选择"外径粗车 <img>"；在"位置"栏中选择"刀具"为"OD_55_L_ROUGH"，"几何体"为"TURNING_WORKPIECE"；其他采用默认设置，单击"确定"按钮。

（2）打开"外径粗车"对话框，单击"切削区域"右边的"编辑"按钮，打开"切削区域"对话框，利用修剪点方式指定切削区域，指定的修剪点 1（TP1）和修剪点 2（TP2），指定切削区域如图 14-17 所示，单击"确定"按钮。

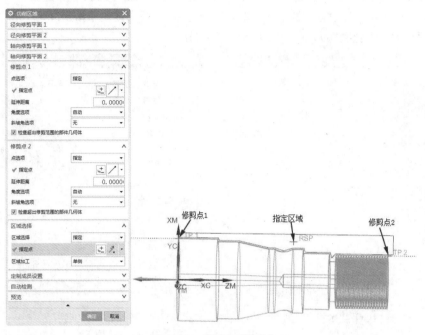

图 14-17　指定切削区域

（3）在"切削策略"栏中选择"单向线性切削"；在"刀轨设置"栏中设置"与 XC 的夹角"为 180°，"方向"为"前进"；在"步进"栏中设置"切削深度"为"变量平均值"，"最大值"为 4mm，"最小值"为 0mm，"变换模式"为"根据层"，"清理"为"全部"，如图 14-18 所示。

图 14-18　参数设置

（4）单击"切削参数"按钮，打开如图 14-19 所示的"切削参数"对话框，在"余量"选项卡的"粗加工余量"栏中设置"恒定"值为3。在"轮廓类型"选项卡的"面和直径范围"栏中设置"最小面角角度"为80，"最大面角角度"为100，"最小直径角度"为350，"最大直径角度"为10；在"陡峭和水平范围"栏中设置"最小陡峭壁角度"为80，"最大陡峭壁角度"为100，"最小水平角度"为-10，"最大水平角度"为10，单击"确定"按钮。

（a）"余量"选项卡　　　　　　（b）"轮廓类型"选项卡

图 14-19　"切削参数"对话框

（5）非切削移动参数设置

① 单击"非切削移动"按钮，打开如图 14-20 所示的"非切削移动"对话框，在"进刀"选项卡的"轮廓加工"栏中设置"进刀类型"为"圆弧-自动"，"自动进刀选项"为"自动"，"延伸距离"为4；在"毛坯"栏中设置"进刀类型"为"线性"，"角度"为180；"长度"为6；"安全距离"为3；在"安全"栏中设置"进刀类型"为"线性-自动"，"自动进刀选项"为"自动"，"延伸距离"为4。

② 在"退刀"选项卡的"轮廓加工"栏中设置"退刀类型"为"圆弧-自动"，"自动退刀选项"为"自动"，"延伸距离"为4；在"毛坯"栏中设置"退刀类型"为"线性"，"角度"为90，"长度"为20，"延伸距离"为0。

③ 在"逼近"选项卡的"运动到起点"栏中设置"运动类型"为"直接"，"点选项"为"点"。单击"点对话框"按钮，打开如图 14-21 所示的"点"对话框，设置"参考"为 WCS，输入"XC"为 900，"YC"为 240，"ZC"为 0，单击"确定"按钮。

④ 在"离开"选项卡的"运动到返回点/安全平面"栏中设置"运动类型"为"径向->轴向"，"点选项"为"点"，单击"点对话框"按钮，打开"点"对话框，设置"参考"为 WCS，输入"XC"为 900，"YC"为 240，"ZC"为 0，单击"确定"按钮。返回"非切削移动"对话框中，在"离开"选项卡的"运动到回零点"栏中设置"运动类型"为"直接"，"点选项"为"点"，单击"点对话框"按钮，打开"点"对话框，设置"参考"为 WCS，输入"XC"为 900，"YC"为 240，"ZC"为 0，单击"确定"按钮。

（a）"进刀"选项卡　（b）"退刀"选项卡　（c）"逼近"选项卡　（d）"离开"选项卡

图 14-20　"非切削移动"对话框

（6）在"外径粗车"对话框中单击"生成"按钮 ，生成外径粗车刀轨，如图 14-22 所示。

图 14-21　"点"对话框

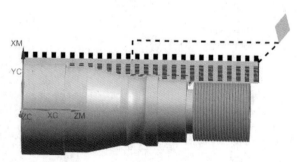

图 14-22　外径粗车刀轨

14.3.2　面加工

（1）单击"主页"选项卡"刀片"面板中的"创建工序"按钮，打开"创建工序"对话框，在"类型"栏中选择"turning"；在"工序子类型"栏中选择"面加工"；在"位置"栏中选择"刀具"为"OD_55_L_FACE"，"几何体"为"TURNING_WORKPIECE"；其他采用默认设置，单击"确定"按钮。

（2）打开如图 14-23 所示的"面加工"对话框，单击"切削区域"右边的"编辑"图标，打开"切削区域"对话框,在"径向修剪平面2"栏中选择"限制选项"为"点",捕捉右侧圆心为 Radial 2 所指点;在"轴向修剪平面1"栏中选择"限制选项"为"点",捕捉边界线端点为 Axial 1 所指点; 在"区域选择"栏中选择"指定",指定切削区域,如图 14-24 所示。

图 14-23 "面加工"对话框

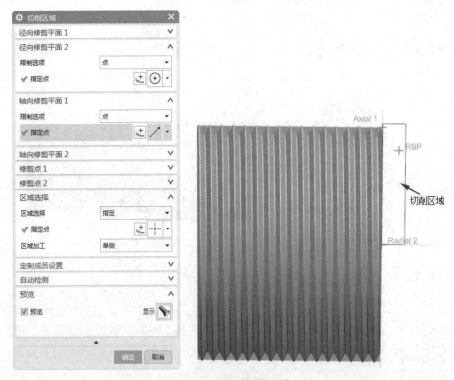

图 14-24 指定切削区域

（3）在"面加工"对话框的"切削策略"栏中设置"策略"为"单向线性切削"，在"刀轨设置"栏中设置"与 XC 的夹角"为 270°，"方向"为"前进"；在"步进"栏中设置"切削深度"为"变量平均值"，"最大值"为 3mm，"最小值"为 0mm，如图 14-25 所示。

（4）单击"切削参数"按钮 ，打开如图 14-26 所示的"切削参数"对话框，在"轮廓类型"选项卡的"面和直径范围"栏中设置"最小面角角度"为 80，"最大面角角度"为 100，"最小直径角度"为 350，"最大直径角度"为 10；在"陡峭和水平范围"栏中设置"最小陡峭壁角度"为 80，"最大陡峭壁角度"为 100，"最小水平角度"为-10，"最大水平角度"为 10，如图 14-26 所示。

图 14-25 设置参数

图 14-26 "切削参数"对话框

（5）非切削移动参数设置，对应的步骤如下所示。

① 单击"非切削移动"按钮，打开如图 14-27 所示的"非切削移动"对话框，在"进刀"选项卡的"轮廓加工"栏中设置"进刀类型"为"圆弧-自动"，"自动进刀选项"为"自动"，"延伸距离"为 2；在"毛坯"栏中设置"进刀类型"为"线性"，"角度"为 270，"长度"为 6，"安全距离"为 3；在"安全"栏中设置"进刀类型"为"线性-自动"，"自动进刀选项"为"自动"，"延伸距离"为 0。

② 在"退刀"选项卡的"轮廓加工"栏中设置"退刀类型"为"圆弧-自动"，"自动退刀选项"为"自动"，"延伸距离"为 2；在"毛坯"栏中设置"退刀类型"为"线性"，"角度"为 0，"长度"为 4，"延伸距离"为 0。

③ 在"逼近"选项卡的"运动到起点"栏中设置"运动类型"为"直接"，"点选项"为"点"，单击"点对话框"按钮，打开"点"对话框，设置"参考"为 WCS，输入"XC"为 900，"YC"为 240，"ZC"为 0，单击"确定"按钮。

④ 在"离开"选项卡的"运动到返回点/安全平面"栏中设置"运动类型"为"直接"，"点选项"为"点"，单击"点对话框"按钮，打开"点"对话框，设置"参考"为 WCS，输入"XC"为 900，"YC"为 240，"ZC"为 0，单击"确定"按钮。

（a）"进刀"选项卡　　（b）"退刀"选项卡　　（c）"逼近"选项卡　　（d）"离开"选项卡

图 14-27　"非切削移动"对话框

（6）在"面加工"对话框中单击"生成"按钮 ，生成面加工刀轨，如图 14-28 所示。

图 14-28　面加工刀轨

14.3.3　外径精车

（1）单击"主页"选项卡"刀片"面板中的"创建工序"按钮 ，打开"创建工序"对话框，在"类型"栏中选择"turning"；在"工序子类型"栏中选择"外径精车 "；在"位置"栏中选择"刀具"为"OD_55_L_FINISH"，"几何体"为"TURNING_WORKPIECE"，"方法"为"LATHE_FINISH"；其他采用默认设置，单击"确定"按钮。

（2）打开如图 14-29 所示的"外径精车"对话框，"切削区域"利用粗车后形成的区域，不必再指定。在"切削策略"栏中设置"策略"为"全部精加工"；在"刀轨设置"栏中设置"与 XC 的夹角"为 180°，"方向"为"前进"；在"步进"栏中设置"多刀路"为"恒定深度"；"最大距离"为 1mm。

图 14-29　"外径精车"对话框

（3）单击"切削参数"按钮 ，打开"切削参数"对话框，在"余量"选项卡的"精加工余量"栏中设置"恒定"为 0；在"轮廓类型"选项卡的"面和直径范围"栏中设置"最小面角角度"为 80，"最大面角角度"为 100，"最小直径角度"为 350，"最大直径角度"为 10，如图 14-30 所示。单击"确定"按钮。

（a）"余量"选项卡　　　（b）"轮廓类型"选项卡

图 14-30　"切削参数"对话框

（4）非切削移动参数设置，对应的步骤如下所示。

① 单击"非切削移动"按钮 ，打开如图 14-31 所示的"非切削移动"对话框，在"进刀"选

项卡的"轮廓加工"栏中设置"进刀类型"为"线性","角度"为180,"长度"为4,"延伸距离"为0。

② 在"退刀"选项卡的"轮廓加工"栏中设置"退刀类型"为"线性","角度"为90,"长度"为4,"延伸距离"为0。

③ 在"逼近"选项卡的"运动到起点"栏中设置"运动类型"为"径向->轴向","点选项"为"点",单击"点对话框"按钮，打开"点"对话框,设置"参考"为WCS,输入"XC"为900,"YC"为240,"ZC"为0,单击"确定"按钮。

④ 在"离开"选项卡的"运动到返回点/安全平面"栏中设置"运动类型"为"径向->轴向","点选项"选择"点",单击"点对话框"按钮，打开"点"对话框,设置"参考"为WCS,输入"XC"为900,"YC"为240,"ZC"为0,单击"确定"按钮。返回"非切削移动"对话框中,在"离开"选项卡的"运动到回零点"栏中设置"运动类型"为"直接","点选项"为"点"。单击"点对话框"按钮，打开"点"对话框,设置"参考"为WCS,输入"XC"为900,"YC"为240,"ZC"为0,单击"确定"按钮。

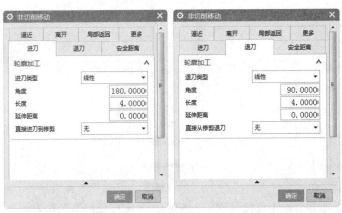

（a）"进刀"选项卡　　　　（b）"退刀"选项卡

（c）"逼近"选项卡　　　（d）"离开"选项卡

图14-31　"非切削移动"对话框

（5）在"外径精车"对话框中单击"生成"按钮 ，生成精车刀轨，如图 14-32 所示。

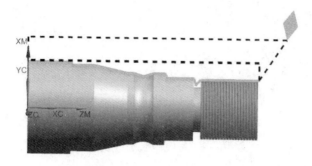

图 14-32　精车刀轨

14.3.4　槽加工

（1）单击"主页"选项卡"刀片"面板中的"创建工序"按钮 ，打开如图 14-33 所示的"创建工序"对话框，在"类型"栏中选择"turning"；在"工序子类型"栏中选择"外径开槽 "；在"位置"栏中选择"刀具"为"OD_GROOVE_L"，"几何体"为"TURNING_WORKPIECE"；其他采用默认设置，单击"确定"按钮。

（2）打开如图 14-34 所示的"外径开槽"对话框，单击"切削区域"右边的"编辑"图标 ，打开"切削区域"对话框，在"轴向修剪平面 1"栏中选择"限制选项"为"点"，捕捉槽边线端点；在"轴向修剪平面 2"栏中选择"限制选项"为"点"，捕捉槽边线端点；在"区域选择"栏中选择"指定"，指定切削区域，如图 14-35 所示。

图 14-33　"创建工序"对话框

图 14-34　"外径开槽"对话框

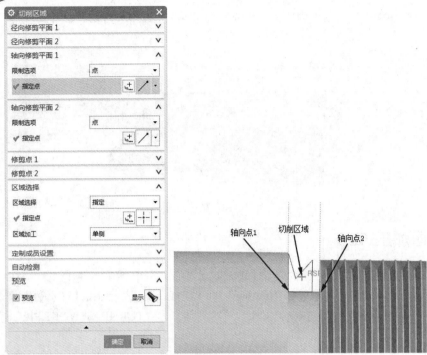

图 14-35　指定切削区域

（3）在"外径开槽"对话框的"切削策略"栏中设置"策略"为"单向插削"；在"刀轨设置"栏中设置"与 XC 的夹角"为 180°，"方向"为"前进"；在"步进"栏中设置"步距"为"变量平均值"，"最大值"为"75%刀具"，"清理"为"仅向下"，如图 14-36 所示。

图 14-36　设置参数

（4）单击"切削参数"按钮 ，打开如图 14-37 所示的"切削参数"对话框，在"轮廓类型"选项卡的"面和直径范围"栏中设置"最小面角角度"为 80，"最大面角角度"为 100，"最小直径角度"为 350，"最大直径角度"为 10；在"陡峭和水平范围"栏中设置"最小陡峭壁角度"为 80，"最大陡峭壁角度"为 100，"最小水平角度"为-10，"最大水平角度"为 10，如图 14-37 所示。

（5）非切削移动参数设置，对应的步骤如下所示。

① 单击"非切削移动"按钮 ，打开如图 14-38 所示的"非切削移动"对话框，在"进刀"选项卡的"轮廓加工"栏中设置"进刀类型"为"线性-自动"，"自动进刀选项"为"自动"，"延伸距离"为 0；在"插削"栏中设置"进刀类型"为"线性-自动"，"自动进刀选项"为"自动"，"安全距离"为 3。

图 14-37 "切削参数"对话框

② 在"退刀"选项卡的"轮廓加工"栏中设置"退刀类型"为"线性-自动"，"自动退刀选项"为"自动"，"延伸距离"为 0；在"插削"栏中设置"退刀类型"为"线性-自动"，"自动退刀选项"为"清除壁"。

③ 在"逼近"选项卡的"运动到起点"栏中设置"运动类型"为"直接"，"点选项"为"点"，单击"点对话框"按钮 ，打开"点"对话框，设置"参考"为 WCS，输入"XC"为 900，"YC"为 240，"ZC"为 0，单击"确定"按钮。

④ 在"离开"选项卡的"运动到返回点/安全平面"栏中设置"运动类型"为"径向→轴向"，"点选项"为"点"，单击"点对话框"按钮 ，打开"点"对话框，设置"参考"为 WCS，输入"XC"为 900，"YC"为 240，"ZC"为 0，单击"确定"按钮。返回"非切削移动"对话框中，在"离开"选项卡的"运动到回零点"栏中设置"运动类型"为"直接"，"点选项"为"点"，单击"点对话框"按钮 ，打开"点"对话框，设置"参考"为 WCS，输入"XC"为 900，"YC"为 240，"ZC"为 0，单击"确定"按钮。

（a）"进刀"选项卡　　（b）"退刀"选项卡　　（c）"逼近"选项卡　　（d）"离开"选项卡

图 14-38 "非切削移动"对话框

（6）在"外径开槽"对话框中单击"生成"按钮，生成刀轨，如图 14-39 所示。

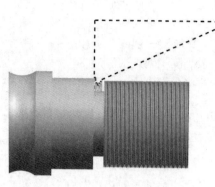

图 14-39　槽加工刀轨

14.3.5　螺纹加工

（1）单击"主页"选项卡"刀片"面板中的"创建工序"按钮，打开如图 14-40 所示的"创建工序"对话框，在"类型"栏中选择"turning"；在"工序子类型"栏中选择"外径螺纹铣"；在"位置"栏中选择"刀具"为"OD_THREAD_L"，"几何体"为"TURNING_WORKPIECE"；其他采用默认设置，单击"确定"按钮。

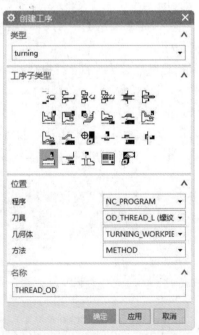

图 14-40　"创建工序"对话框

（2）打开"外径螺纹铣"对话框，单击"选择顶线"右边的按钮选择顶线，指定螺纹形状如图 14-41 所示。选择"深度选项"为"深度和角度"；输入"深度"为 7，"与 XC 的夹角"为 180°；单击"显示起点和终点"按钮，显示选择的顶线、起点和终点，如图 14-41 所示。

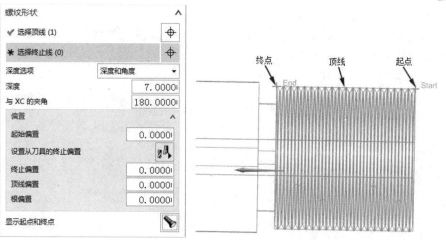

图 14-41 指定螺纹形状

（3）单击"切削参数"按钮，打开如图 14-42 所示的"切削参数"对话框，在"策略"选项卡中设置"螺纹头数"为 1，"切削深度"为"恒定"，"最大距离"为 1mm；在"螺距"选项卡中设置"螺距选项"为"螺距"，"螺距变化"为"恒定"，"距离"为 10，"输出单位"为"与输入相同"；在"附加刀路"选项卡的"精加工刀路"栏中设置"刀路数"为 7，"增量"为 1，单击"确定"按钮。

（a）"策略"选项卡　　　　　（b）"螺距"选项卡　　　　　（c）"附加刀路"选项卡

图 14-42 "切削参数"对话框

（4）单击"非切削移动"按钮，打开如图 14-43 所示的"非切削移动"对话框，在"逼近"选项卡的"运动到起点"栏中设置"运动类型"为"直接"，"点选项"为"点"，单击"点对话框"按钮，打开"点"对话框，设置"参考"为 WCS，输入"XC"为 900，"YC"为 240，ZC 为 0，单击"确定"按钮。返回"非切削移动"对话框中，在"离开"选项卡的"运动到返回点/安全平面"栏中设置"运动类型"为"径向->轴向"，"点选项"为"点"，单击"点对话框"按钮，打开"点"对话框，设置"参考"为 WCS，输入"XC"为 900，"YC"为 240，ZC 为 0，单击"确定"按钮。

（a）"逼近"选项卡 （b）"离开"选项卡

图14-43 "非切削移动"对话框

（5）在"外径螺纹铣"对话框中单击"生成"按钮，生成刀轨，如图14-44所示。

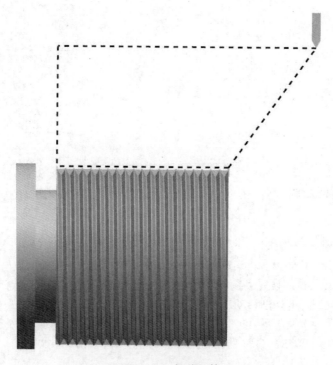

图14-44 螺纹刀轨

14.3.6　钻孔

（1）单击"主页"选项卡"刀片"面板中的"创建工序"
按钮，打开如图 14-45 所示的"创建工序"对话框，在"类
型"栏中选择"类型"为"turning"；在"工序子类型"栏中
选择"中心线钻孔"；在"位置"栏中选择"几何体"为
"TURNING_WORKPIECE"；其他采用默认设置，单击"确
定"按钮。

（2）打开如图 14-46 所示的"中心线钻孔"对话框，在
"循环类型"栏中设置"循环"为"钻，深"，"输出选项"
为"已仿真"；在"排屑"栏中设置"增量类型"为"恒定"，
"恒定增量"为 30，"安全距离"为 10。

（3）在"起点和深度"栏中设置"起始位置"为"指定"，
单击"点对话框"按钮，打开"点"对话框，设置"参考"
为 WCS，输入"XC"为 900，"YC"为 0，"ZC"为 0。返回
"中心线钻孔"对话框中，在"起点和深度"栏中设置"深
度选项"为"距离"，"距离"为 300；在"刀轨设置"栏中
设置"安全距离"为 0，"驻留"为"时间"，"秒"为 2，"钻
孔位置"为"在中心线上"，如图 14-47 所示。

图 14-45　"创建工序"对话框

图 14-46　"中心线钻孔"对话框

图 14-47　参数设置

（4）单击"非切削移动"按钮，打开如图 14-48 所示的"非切削移动"对话框，在"逼近"选项卡的"运动到起点"栏中设置"运动类型"为"直接"，"点选项"为"点"，单击"点对话框"按钮，打开"点"对话框，设置"参考"为 WCS，输入"XC"为 900，"YC"为 0，"ZC"为 0，单击"确定"按钮；在"离开"选项卡的"运动到返回点/安全平面"栏中设置"运动类型"为"径向->轴向"，"点选项"为"点"，单击"点对话框"按钮，打开"点"对话框，设置"参考"为 WCS，输入"XC"为 900，"YC"为 240，"ZC"为 0，单击"确定"按钮。

（5）在"中心线钻孔"对话框中单击"生成"按钮，生成中心线钻孔刀轨，如图 14-49 所示。

（a）"逼近"选项卡　　　　　（b）"离开"选项卡

图 14-48　"非切削移动"对话框

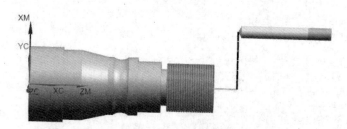

图 14-49　中心线钻孔刀轨

14.4　刀　轨　演　示

（1）在"工序导航器-几何"中选取所有的加工工序，单击"主页"选项卡"工序"面板中的"确认刀轨"按钮。

（2）打开如图 14-50 所示的"刀轨可视化"对话框，在"3D 动态"选项卡中调整动画速度，然后单击"播放"按钮，进行动态加工模拟，如图 14-51 所示。

图 14-50 "刀轨可视化"对话框

图 14-51 动态模拟加工

书 目 推 荐（一）

   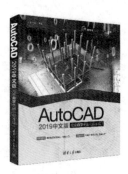

◎ 面向初学者，分为标准版、电子电气设计、CAXA、UG 等不同方向。

◎ 提供 AutoCAD、CAXA、UG 命令合集，工程师案头常备的工具书。根据功能用途分类，即时查询，快速方便。

◎ 资深 3D 打印工程师工作经验总结，产品造型与 3D 打印实操手册。

◎ 选材+建模+打印+处理，快速掌握 3D 打印全过程。

◎ 涵盖小家电、电子、电器、机械装备、航空器材等各类综合案例。

书 目 推 荐（二）

◎ 高清微课+常用图块集+工程案例+1200 项 CAD 学习资源。

◎ Autodesk 认证考试速练。256 项习题精选，快速掌握考试题型和答题思路。

◎ AutoCAD 命令+快捷键+工具按钮速查手册，CAD 制图标准。

◎ 98 个 AutoCAD 应用技巧，178 个 AutoCAD 疑难问题解答。